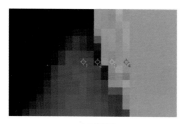

(a) 像素

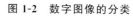

(b) 颜色

图 1-1　彩色数字图像中的像素及像素颜色

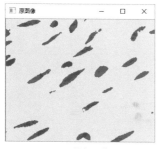

(a) 彩色图像

(b) 灰度图像

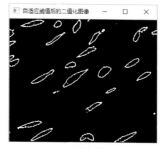

(c) 二值图像

图 1-2　数字图像的分类

(a) 原图

(b) B 通道图像

(c) G 通道图像

(d) R 通道图像

(e) R 和 G 合成通道图像

(f) G 和 B 合成通道图像

图 1-11　彩色图像的 BGR 通道图像示例

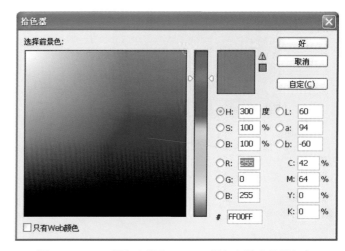

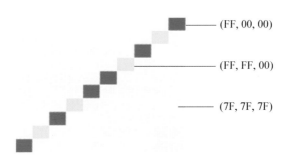

图 1-12　CMYK 颜色空间　　　　图 1-13　RGB 颜色空间和 CMYK 颜色空间中的品红色

　　　　　　　　　　　　　　　　　　　　　　　　—— (FF, 00, 00)

　　　　　　　　　　　　　　　　　　　　　　　　—— (FF, FF, 00)

　　　　　　　　　　　　　　　　　　　　　　　　—— (7F, 7F, 7F)

图 1-21　图像编码示例

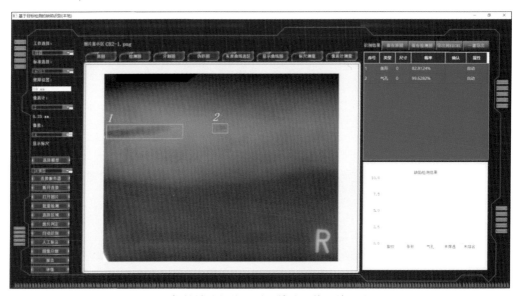

图 1-36　焊接缺陷智能识别及辅助评片系统工作界面

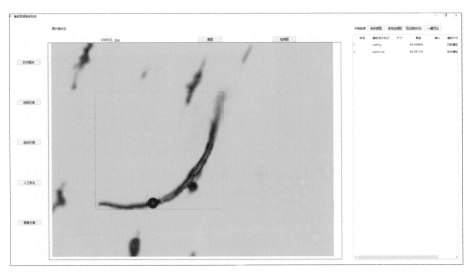

图 1-37　大型机械设备磨粒图谱智能识别系统工作界面

图 1-38　钢包挂钩安全检测系统工作界面

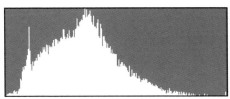

(a) 较好对比度图像及其直方图

图 2-18　灰度直方图及图像对比度

(b) 整体偏暗图像及其直方图

(c) 整体偏亮图像及其直方图

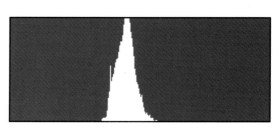

(d) 亮度集中图像及其直方图

图 2-18 （续）

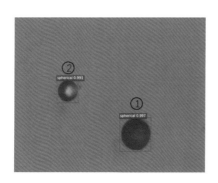

(a) 原图   (b) 分割结果

图 2-49 图像分割的示例

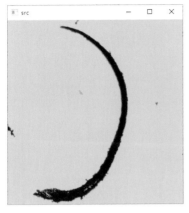 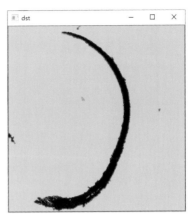

(a) 原图   (b) 分割结果

图 2-56   分水岭算法分割示例

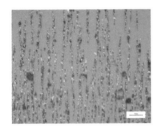  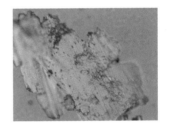

(a) 正常磨粒 (分形维数为 1.8005)   (b) 切削磨粒 (分形维数为 1.3168)   (c) 疲劳磨粒 (分形维数为 1.5361)

图 2-79   分形维数计算示例

图 4-3   污损较为严重的钢包包号图像

图 4-4   带有较强光照背景的钢包包号图像

图 4-5   常温状态下的板坯号图像

图 4-6　钢板号图像（目标出现位置不定）

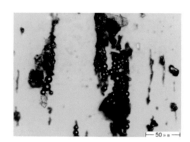

(a) 球状磨粒1　　　　　　　　　　(b) 球状磨粒2

图 5-7　球状磨粒的示例

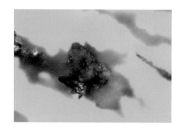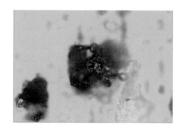

(a) 黑色氧化物磨粒1　　　　　　　　(b) 黑色氧化物磨粒2

图 5-11　黑色氧化物磨粒的示例

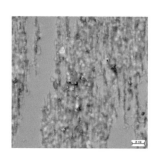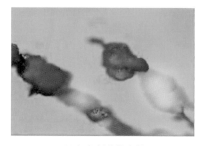

(a) 红色氧化物磨粒1　　　　　　　　(b) 红色氧化物磨粒2

图 5-12　红色氧化物磨粒的示例

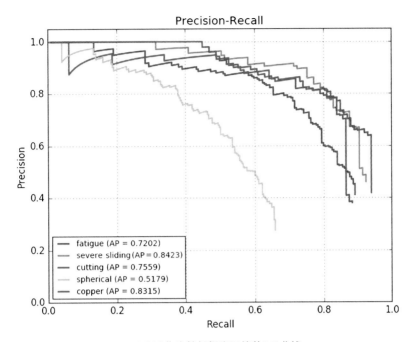

(a) VGG16 作为特征提取网络的P-R曲线

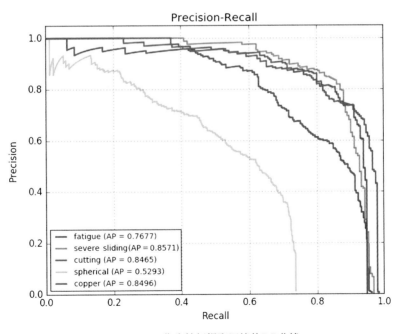

(b) ResNet101 作为特征提取网络的P-R曲线

图 5-18　VGG16 和 ResNet101 作为特征提取网络的 P-R 曲线

(a) 根部未熔合   (b) 坡口未熔合   (c) 层间未熔合

图 6-8   X 射线检测的焊缝未熔合缺陷

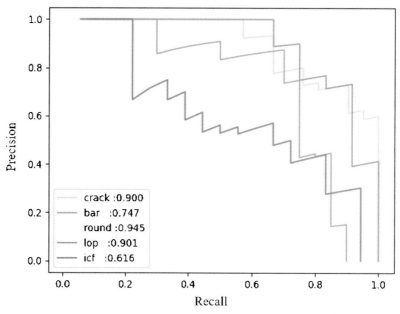

图 6-20   原始数据训练模型的 P-R 曲线

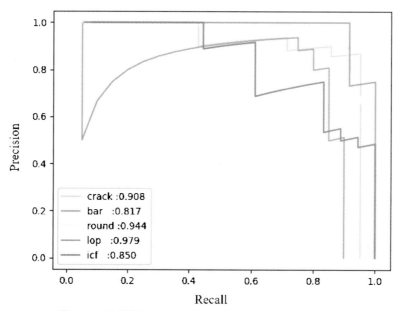

图 6-21   原始数据和几何扩增数据训练模型的 P-R 曲线

高 | 等 | 学 | 校 | 计 | 算 | 机 | 专 | 业 | 系 | 列 | 教 | 材

数字图像处理与深度学习

汪红兵　李莉　编著

清华大学出版社

北京

内 容 简 介

本书以机器视觉系统为研究背景,紧密结合实际工业应用案例,介绍传统数字图像处理方法和基于深度学习的数字图像处理方法。本书共8章,内容包括数字图像处理概述、基于传统方法的数字图像处理、基于深度学习的数字图像处理、工业字符智能识别、磨粒图谱识别与分割、射线检测的焊缝缺陷识别、嵌入式机器视觉系统开发、工业数字图像处理相关工具和平台。

本书逻辑结构清晰、内容通俗易懂、案例丰富、图文并茂,突出构建机器视觉系统的实用性。本书教学资源丰富,每章配置了大量的习题以巩固基本概念、基础理论和算法,附录还给出4个典型实验以培养综合开发和运用能力。

本书可作为具有一定计算机基础和程序设计基础知识的本科生教材,也可作为从事机器视觉、数字图像等相关工作的工程师的参考书。

图书在版编目(CIP)数据

数字图像处理与深度学习/汪红兵,李莉编著. —北京:清华大学出版社,2023.2(2024.8重印)
高等学校计算机专业系列教材
ISBN 978-7-302-62688-6

Ⅰ.①数… Ⅱ.①汪… ②李… Ⅲ.①图像处理软件-高等学校-教材 Ⅳ.①TN911.73

中国国家版本馆 CIP 数据核字(2023)第 023832 号

责任编辑:龙启铭 常建丽
封面设计:何凤霞
责任校对:韩天竹
责任印制:刘 菲

出版发行:清华大学出版社
   网 址:https://www.tup.com.cn,https://www.wqxuetang.com
   地 址:北京清华大学学研大厦 A 座   邮 编:100084
   社 总 机:010-83470000   邮 购:010-62786544
   投稿与读者服务:010-62776969,c-service@tup.tsinghua.edu.cn
   质量反馈:010-62772015,zhiliang@tup.tsinghua.edu.cn
   课件下载:https://www.tup.com.cn,010-83470236
印 装 者:三河市人民印务有限公司
经 销:全国新华书店
开 本:185mm×260mm **印 张:**16.25 **彩 插:**4 **字 数:**387 千字
版 次:2023 年 4 月第 1 版   **印 次:**2024 年 8 月第 2 次印刷
定 价:59.00 元

产品编号:090244-01

前言

人工智能（Artificial Intelligence，AI）已经成为新一代工业生产和生活方式变革的核心驱动力，正在对各行各业产生深远的影响。通俗来说，人工智能就是使用人工的方法在计算机上实现的智能。人工智能领域中，机器视觉和深度学习是最为活跃的研究方向，也是目前人工智能领域中最受关注的广泛性技术应用。

随着智能制造的深入推进，机器视觉以其非接触式感知、处理速度快和计算精准等优点，广泛应用在物流跟踪、质量检测和安全监控等各种工业场景。传统的数字图像处理方法，如滤波、边缘检测、分割、纹理特征提取和形态学运算等，对于复杂工业场景的机器视觉已经显得越来越"力不从心"，而将深度学习与传统数字图像处理方法结合，以深度学习为主构建识别、检测和分割模型，以传统数字图像处理方法进行预处理、后处理或辅助处理，已经成为工业场景中主流的技术路线。因此，传统数字图像处理方法与深度学习方法正在进行深度融合，以构建更加可靠、更高精度、更快速度的机器视觉系统。本书内容组织如下。

第 1 章对数字图像、图像数字化过程、工业数字图像、机器视觉系统组成及开发过程等基础知识进行概述，从硬件、软件两个角度展现实际的机器视觉系统的全貌，揭示传统数字图像处理方法和深度学习方法对构建机器视觉系统的重要作用。

第 2 章对基于传统方法的数字图像处理进行一般性介绍，以像素及像素之间的位置关系为主线，涉及像素的算术和逻辑运算、图像滤波、边缘检测、图像分割、纹理计算和形态学运算等常见的计算和处理方法，掌握对图像或图像中感兴趣目标的颜色、形状以及纹理等特征进行分析和抽取的经典方法。同时，本章通过实际案例分析基于传统方法进行数字图像处理的优点和不足。

第 3 章对基于深度学习的数字图像处理进行全面介绍，涉及人工智能、机器学习、深度学习的基本概念，深度学习的训练、损失函数设计、评价指标计算等基本方法，深度学习模型开发的一般过程，普通神经网络的基本结构，深度卷积神经网络的基本算子，代表性的深度卷积神经网络以及深度卷积神经网络中的新技术，使读者深入理解深度卷积神经网络对数字图像进行特征抽取的原理和过程，体会深度学习应用于工业数字图像处理和机器视觉系统开发的优势。

第4章以钢铁工业中的字符识别问题为任务,介绍使用传统数字图像处理方法进行识别的一般过程,对传统数字图像处理方法应用于实际工业场景的不足和局限性进行了简单分析,对两阶段目标检测的深度卷积神经网络发展、原理和应用进行重点讨论,展示使用深度学习方法进行工业场景中较为简单的目标检测的案例。

第5章以磨粒图谱识别与分割问题为任务,介绍铁谱分析技术、设备磨损机理和磨粒图谱,对使用传统图像处理方法提取磨粒颜色、形状和纹理特征进行展示,同时对使用深度卷积神经网络进行磨粒图谱检测并使用传统数字图像处理方法对检测出的目标区域进行分割的全过程进行详细讨论,展示结合深度学习方法和传统图像处理方法进行工业场景中较为复杂的目标检测和分割的案例。

第6章以X射线的焊缝缺陷识别为任务,介绍射线检测技术、射线检测成像方式、焊缝缺陷中的典型图谱,系统讨论焊缝缺陷识别的困难和应对策略,基于两阶段目标检测的深度卷积神经网络,面向多尺度、小目标检测任务,对数据扩增方法、特征金字塔网络等进行重点介绍,系统、完整地展示以深度学习为主、以传统数字图像处理方法为辅的技术路线,以应对工业场景中的多尺度、小目标、边缘模糊等困难的检测任务。

第7章为嵌入式机器视觉系统开发,针对机器视觉深度学习模型在边缘进行部署的需求,简单介绍边缘计算的基本概念以及常见的嵌入式机器视觉开发板,对适合边侧部署和推理的轻量级卷积神经网络MobileNet进行较为详细的讨论,同时对一阶段目标检测算法SSD的原理进行概要描述,最后以实际案例展示嵌入式机器视觉系统开发的过程。

第8章对传统数字图像处理算法库OpenCV和深度学习框架PyTorch进行概要介绍,为本书相关内容的实践奠定基础。本章内容在实际教学过程中,可根据需要灵活组织。

本书共8章,第1、2章由李莉编写,第3~8章由汪红兵编写。全书由汪红兵统稿。在本书编写过程中,得到黄蓉、魏书琪、高丽园、陈新坜、康帅、刘靖谊、季晨、王佐铭、霍云、李航、周建飞、张文翰、杨灏瀛、闫岩、赵文慈等研究生同学的大力协助,在此一并表示感谢。

此外,本书第4章"工业字符智能识别"、第5章"磨粒图谱识别与分割"、第6章"射线检测的焊缝缺陷识别"及第7章"嵌入式机器视觉系统开发",是在课题组承担的科研项目基础上总结提炼而成的,书中使用了课题相关单位提供的一些图谱和素材,在此表示最诚挚的感谢。

感谢各位审稿专家对本书的编排提出的宝贵意见。本书的编写得到了北京科技大学教材建设经费的资助,在此一并谢过。

由于作者水平有限,书中错误在所难免,恳请读者批评指正。

编　者

2023年2月

目 录

第1章

数字图像处理概述

本章主要介绍图像、像素、颜色及颜色空间、图像数字化的基本概念,列举常见的工业数字图像的类型和典型案例,对工业数字图像处理的基本步骤和系统组成进行简单描述,希望读者建立图像、数字图像以及工业数字图像的基本概念,了解工业数字图像处理的相关应用及功能、性能需求。

1.1 数 字 图 像

数字图像是由模拟图像经过数字化过程得到的、以像素为基本元素的、可以用数字计算机或专用数字电路存储和处理的网格化的像素。模拟图像指的是图像的二维坐标及颜色值变化是连续的,即在空间和颜色两个维度上都是连续的、无限的。可以简单地理解为,模拟图像的像素个数是无穷多的,分辨率是无穷大的,颜色值有无穷多个。自然界中的图像就是模拟图像。数字图像指的是具有一定分辨率和一定的颜色数量(或量化深度)的图像,组成图像的每个像素均具有一个唯一且特定的颜色值,相邻像素的颜色值变化是离散的。数字计算机中的图像就是数字图像。

数字图像是网格化的像素,是像素在空间维度上的二维排列,可用一个或多个矩阵进行描述。每个像素具有空间和颜色两方面属性。像素的位置,使用(x,y)描述,x 和 y 分别是该像素在图像中的横坐标和纵坐标,即该像素在水平方向处于第 x 个位置,在垂直方向处于第 y 个位置;像素的颜色,使用 $f(x,y)$ 描述,表示(x,y)位置的像素颜色。一个像素的颜色是唯一的,但颜色表达需要根据图像类型的不同而采用不同的表达方式。彩色数字图像中的像素及像素颜色如图 1-1 所示。图 1-1(a)是一个分辨率为 25×15 像素的图像,其中水平方向上的分辨率是 25 像素,垂直方向上的分辨率是 15 像素,这意味着该图像含有 25×15 个像素;图 1-1(b)是对应图 1-1(a)中 4 个像素点的颜色。其中,点 1 的颜色为(156,21,51)、点 2 的颜色为(77,0,0)。这里,每个颜色值使用三个值构成的三元组进行描述,颜色表达基于 RGB(Red Green Blue)颜色空间。

在生活和科研工作过程中,图像的类型非常丰富,有缤纷多彩、富有表现力的彩色图像,有高冷的灰色系图像,也有只有黑、白两色的图像。据此,将数字图像分为彩色图像、灰度图像和二值图像,如图 1-2 所示。

彩色图像是根据红、绿、蓝三原色加法原理对自然界中的色彩进行描述,彩色图像中一般含有三个通道 R、G、B,即红色通道(Red)、绿色通道(Green)和蓝色通道(Blue)。这里使用 RGB 颜色空间(或颜色模式)描述彩色图像,其他颜色空间还包括 HSB、CMYK 和

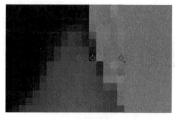

(a) 像素   (b) 颜色

图 1-1　彩色数字图像中的像素及像素颜色(见彩插)

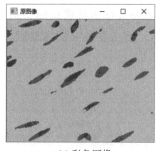
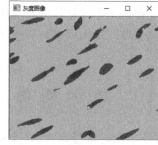
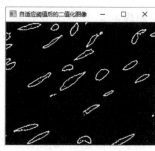

(a) 彩色图像   (b) 灰度图像   (c) 二值图像

图 1-2　数字图像的分类(见彩插)

YUV 等,大多数常见的颜色在不同颜色空间中可以进行转换。

灰度图像指的是每个像素的亮度由不同的灰度等级描述的图像,灰度图像中不包含色彩信息,可以简单地认为灰度图像只有一个亮度通道。常见的灰度图像等级为 256,即 256 色灰度图像。可以简单地将灰度图像理解为从彩色图像中去除色彩信息而仅保留亮度信息。因此,可以认为颜色是由亮度和色彩两部分构成的。

二值图像指的是每个像素只能取 0 或 1 两个值中的一个,一般使用 0 代表黑色,使用 1 代表白色。反之也可。

图 1-2(a)是细胞的彩色图像,图 1-2 (b)是对该彩色图像进行灰度化只保留亮度信息后的灰度图像,图 1-2(c)是通过图像边缘检测算法将细胞边缘提取后的二值图像,基于该二值图像可以方便地观察细胞的位置和轮廓。数字图像处理领域常使用二值图像显示边缘提取的目标边界或图像分割出的目标区域。

1.2　数字图像处理

视觉是人类最重要的感觉方式,在人类感知中占有举足轻重的作用。有关研究表明:人类各种感觉器官从外界获得的信息中,视觉信息占 60% 左右。计算机视觉的载体就是数字图像。

数字图像处理(Digital Image Processing)是计算机学科的一个重要研究方向,是研究使用计算机技术对图像进行去噪、增强、提取特征和分割等处理的方法和技术。早期的应用领域包括医学成像、遥感监测、航空航天等,目的是改善或增强图像质量,以方便人眼观察或解释图像。随着计算机和 AI 技术的飞速发展,数字图像处理的应用领域越来越广,典型应用包括人脸识别、表情识别、车牌号识别、指纹识别、危险源图像监控、人流量监测、产品表面质量视觉检测、产品内部质量 X 射线检测等,逐渐发展演变为使用计算机模拟人类视觉对图像进行自动理解和处理,即计算机视觉(Computer Vision,CV)或机器视觉(Machine Vision)。本书对计算机视觉和机器视觉不作区分,认为其含义一致。

一般来说,可以认为计算机视觉是数字图像处理更高级的处理形式。计算机视觉中的图像处理方法可以是传统的数字图像处理,也可以是深度学习、强化学习等人工智能方法。

按照数字图像处理的层次,可以将数字图像处理技术划分为低级的图像处理、中级的图像分析和高级的图像理解。因此,数字图像处理的概念有狭义和广义之分。狭义的数字图像处理指的是低级的图像处理。广义的数字图像处理泛指所有以图像为处理对象的方法,涵盖狭义的数字图像处理和计算机视觉,计算机视觉更多地涉及中级的图像分析和高级的图像理解。

低级的数字图像处理指的是对输入图像进行变换并获得输出图像,使得输出图像在视觉效果上有所改善,或增强了目标区域,突出了目标边缘,或消除了噪声。这种低级的图像处理的输入是图像,输出也是图像,典型的技术包括降噪、增强和锐化等。代表性的低级的图像处理示例如图 1-3 所示。图 1-3(a)是原图,图 1-3(b)是增强后的图像,对比度明显得到了增强,方便进行图像细节的观察。

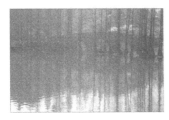　　

　　　　(a)原图　　　　　　　　　　　　　　(a)图像增强效果示例

图 1-3　低级的图像处理

中级的图像分析指的是对图像中感兴趣(Region Of Interest,ROI)的目标进行检测和测量,以便获得对图像感兴趣目标的定量或定性描述。图像分析是一个从图像到非图像变换的处理过程,其输入是图像,输出是特征,而特征具有较为复杂的表达形式。典型的分析技术包括特征提取和图像分割等。提取的特征有频域特征、形状特征、灰度或颜色特征以及纹理特征等。图像分割的结果一般使用二值图表达,目标为黑色部分像素,背景为白色部分像素。典型的中级图像分析如图 1-4 所示。图 1-4(a)是一个磨粒图谱中的正常磨粒图像,计算其分形维数特征为 1.8005;图 1-4(b)是一个磨粒图谱中的球状磨粒图像,计算其分形维数特征为 1.0092。通过分形维数特征的定量计算,可以为磨粒图谱分类、检测等提供判定依据。

高级的图像理解指的是在图像分析的基础上,进一步分割图像中的目标并发现图像

(a) 正常磨粒(分形维数特征为1.8005)　　　(b) 球状磨粒(分形维数特征为1.0092)

图 1-4　典型的中级图像分析

中各个物体或目标之间的关系,从而实现对图像场景的理解和认知。典型的高级图像理解如图 1-5 所示。图像理解的过程是:首先,通过目标检测算法,检测到图像中有一只狗、一个人和一匹马,并且通过目标的位置可以判断狗、人和马的几何关系;其次,通过对背景的纹理特征和颜色特征等进行分析,可以认为背景是一块草地和一片蓝天;最后,根据各个目标之间的位置关系及背景信息,获得对图像的理解,即一个人带着一只狗在草地上放马吃草。高级的图像理解的最终目标是获得图像的高层次语义信息。

图 1-5　典型的高级图像理解

1.3　工业数字图像

数字图像在工业生产中具有广泛的应用,产生了大量的工业数字图像或图谱。一般情况下,传统意义上的图像指的是可见光波长范围内的感知成像,使用 CCD(Charge Coupled Device)或 CMOS(Complementary Metal Oxide Semiconductor)成像手段获取的数字图像。由于工业生产过程中广泛使用了除可见光以外的其他各种非接触式测量手段,包括 X 射线、红外、声呐、超声波、激光测量等,对这些非可视范围内信号的数值使用彩色或灰度进行描述的伪彩色化过程,也可获得数字化图像,因此本书中的工业数字图像泛指使用各种工业测量技术所获得的信号经过彩色或灰度化后的各种数字图像。

无线电波、红外线(InfraRed,IR)、可见光、紫外线(UltraViolet,UV)、X 射线(X rays)、伽马射线(γ rays)等都是电磁波,都可以成为工业数字图像的探测或感知手段。为了对各种电磁波进行深入的研究,人们将这些电磁波按照它们的波长或频率的大小顺序进行排列,形成了电磁波谱,如图 1-6 所示,从左至右,波长逐渐增大,频率逐渐降低。

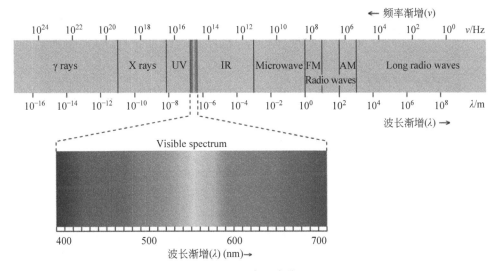

图 1-6　电磁波谱

由图 1-6 可见,可见光的波长为 390～780nm,在整个电磁波谱中是极狭窄的范围。波长比可见光长的是红外线,它具有热效应,可用于热成像、夜视仪、红外制导和红外体温计等。红外线的稳定性强,不受其他无线电波干扰,还可用于近距离通信,如家用电器遥控器、遥控玩具。工业生产中,可以在生产线上通过红外成像进行产品质量监测,如石油化工管道内部缺陷检测、熔融金属容器内表面的残损检测等。

波长比可见光短的是紫外线。紫外线具有杀菌作用,可用于环境消杀。紫外线还具有荧光效应,可用于金融行业中的纸币防伪、机械制造工业中的零件探伤等。

X 射线的波长短、能量大,具有较强的穿透性,且穿透能力与物质密度有关,常用于医学辅助检查和工业生产中的探伤。X 射线有干涉、衍射、反射、折射作用,可用于波长测定、晶体结构分析、内部探伤等。

γ 射线是波长短于 0.2nm 的电磁波。γ 射线有很强的穿透力,工业中可用来进行探伤。此外,γ 射线对细胞有杀伤力,医疗上常用来治疗肿瘤。

无线电波中,长波(Long radio waves)的穿透能力强,常用于军用远距离无线通信。FM、AM 属于中波,用于近距离本地无线电广播、海上通信等。微波(Microwave)适合直线通信,常用作定点及移动通信、导航、雷达定位测速、卫星通信、中继通信、气象以及射电天文学研究等。

目前,工业生产过程中,按照所使用的传感器不同,工业数字图像可以分为 CCD 图像、红外图像、声呐图像、激光点云图像和 X 射线图像等,如图 1-7 所示。这里,激光波长一般位于红外波段,激光常用来扫描物体,通过物体表面反射获得形状信息,红外是通过物体表面温度和能量辐射推算物体表面温度并对温度数值进行伪彩色化的图像。

图 1-7(a)是钢铁生产中的钢包的底部可见光图像,反映钢包底部的结构、纹理等信息;图 1-7(b)是钢包底部的红外图像,颜色越亮的像素,温度越高;图 1-7(c)是声呐扫描水下结构信息,其原理是根据收到声呐的回声时间而渲染的图像,回声时间越长,说明目

(a) 钢包底部的CCD图像

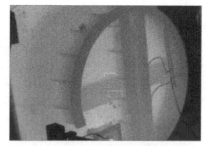
(b) 钢包底部的红外图像

(c) 声呐扫描水下结构信息

(d) 激光扫描的天车挂钩点云图像

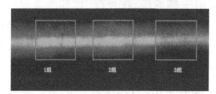
(e) X射线的胶片成像(多条裂纹和条形缺陷)

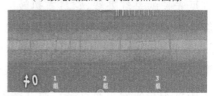
(f) X射线的数字成像(多条裂纹和条形缺陷)

图 1-7　工业数字图像示例

标距声呐越远。声呐图像中,颜色越亮的像素,与声呐的距离越近;图 1-7(d)是激光扫描的天车挂钩点云图像,其原理是根据飞行时间(Time of Flight,ToF)测量相机与目标之间的距离,像素的颜色反映该点距离相机的远近;图 1-7(e)和图 1-7(f)分别是 X 射线的胶片图像和数字图像,从图像中可见明显的裂纹和条形缺陷。

1.4　图像的数字化

模拟图像到数字图像的转换过程,称为图像的数字化。图像数字化包括采样、量化和编码三个阶段,如图 1-8 所示。图像的数字化过程实际是一个对模拟图像进行离散化的过程,采样完成空间维度的离散化,量化完成颜色维度的离散化。

模拟图像　　采样　　量化　　编码　　数字图像

图 1-8　图像的数字化过程

数字图像中,颜色的表示是一个较为复杂的问题,涉及颜色空间或颜色模式的概念。

1.4.1 颜色及颜色空间

数字图像是由网格状的像素组成的,每个像素有且只有唯一的一种颜色。数字图像中使用颜色空间描述和管理颜色。

颜色空间,又称为颜色模式或颜色模型,指的是描述颜色的一套规则或方法。典型的颜色空间包括 RGB 颜色空间、CMYK 颜色空间、HSL 颜色空间、YUV 颜色空间、YCbCr 颜色空间、YIQ 颜色空间和 Lab 颜色空间。

1. RGB 颜色空间

RGB 颜色空间指的是一种以红色(Red)、绿色(Green)和蓝色(Blue)为基本色并通过混合而获得其他颜色的颜色定义和构造的规则。传统的电视机和计算机的显示器使用的阴极射线管(Cathode Ray Tube,CRT)是一个有源物体,可以发出三种颜色的光。CRT 使用三个电子枪分别产生红色、绿色和蓝色三种波长的光,并以不同强度相加混合以产生其他颜色。CRT 显示器是 RGB 颜色空间的一个实际应用。

RGB 颜色空间的立方体模型如图 1-9 所示。红色、绿色和蓝色分别在立方体的 3 个顶点上,黄(Yellow)、青(Cyan)、品红(Magenta)在立方体的另外三个顶点上。黑色(Black)在原点,白色(White)在另外一个远端顶点。亮度沿着黑白两点的连线从黑延伸到白,逐渐增强。在此连线上的颜色只有灰度或亮度的变化,没有色彩。其他各种颜色对应立方体内或周围的各个点。

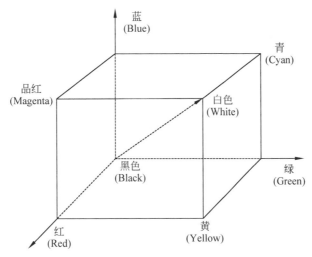

图 1-9 RGB 颜色空间的立方体模型

RGB 颜色空间是一种相加混色模式。相加混色指的是任何一种颜色都可以使用红色、绿色和蓝色三种基本颜色按照不同的比例混合得到。三种颜色的光的比例不同,所看到的颜色也就不同,可以使用式(1-1)进行描述。

$$颜色 = 红色 \times 红色的百分比 + 绿色 \times 绿色的百分比 + 蓝色 \times 蓝色的百分比$$

$$(1-1)$$

RGB 相加混色,如图 1-10 所示。当三种基本颜色的光都取最大值(一般为 255)并等量相加时,得到白色,如图 1-10(a)所示;当红绿两种颜色的光取最大值并等量相加而蓝色光为 0 时得到纯光谱色的黄色,如图 1-10(b)所示;当红蓝两种颜色的光取最大值并等量相加而绿色光为 0 时得到纯光谱色的品红色,如图 1-10(c)所示;当绿蓝两种颜色的光取最大值并等量相加而红色光为 0 时得到纯光谱色的青色,如图 1-10(d)所示。这里,纯光谱色指的是饱和度为 100％的特定色调的光。

(a) 白色

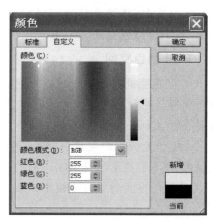

(b) 黄色

(c) 品红色

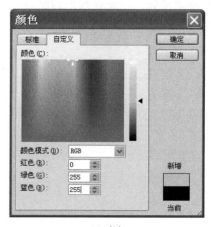

(d) 青色

图 1-10　RGB 相加混色

根据 RGB 颜色空间,可以将每幅彩色图像分解为三个单独通道或只合成两个通道来观察各个通道对数字图像整体颜色的贡献。彩色图像的 BGR 通道图像示例如图 1-11 所示。图 1-11(a)中的"学习"两字,主体呈现黄色,由前面颜色合成规则可知,黄色由红色和绿色合成,对三个通道进行分离后,黄色在单独的绿色通道图像和单独的红色通道图像上呈现较大的亮度,分别如图 1-11(c)和图 1-11(d)所示,而在单独的蓝色通道图像上呈现较小的亮度,如图 1-11(b)所示。当只保留红色和绿色两个通道时,图像中的文字整体呈现黄色和绿色,如图 1-11(e)所示;而当只保留绿色和蓝色两个通道时,图像中的文字整体呈现绿色和蓝色,如图 1-11(f)所示。

(a) 原图

(b) B 通道图像

(c) G 通道图像

(d) R 通道图像

(e) R 和 G 合成通道图像

(f) G 和 B 合成通道图像

图 1-11　彩色图像的 BGR 通道图像示例(见彩插)

RGB 颜色空间是应用最广泛的颜色空间,常用于彩色监视设备、摄像机、扫描仪等硬件设备中,是较为直观的一种颜色空间。

2. CMYK 颜色空间

CMYK(Cyan Magenta Yellow blacK)颜色空间指的是一种以青色(Cyan)、品红(Magenta)、黄色(Yellow)和黑色(blacK)为基本色并通过相减混合而获得其他颜色的颜色定义和构造的规则。CMYK 颜色空间大多用于印刷、平面设计、广告等行业。

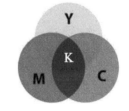

图 1-12　CMYK 颜色空间(见彩插)

CMYK 颜色空间是一种相减混色模型,如图 1-12 所示。相减混色利用滤光特性,在白光中过滤不需要的颜色,留下需要的颜色。例如,黄颜色的颜料之所以呈现黄色,是因为它吸收蓝光、反射黄色光;而青颜色的颜料之所以呈青色,是因为它吸收红光、反射青色光。如果将黄与青两种颜料混合,则由于同时吸收蓝光和红光,只能反射绿光,因此呈现绿色。相减混色是以吸收各种颜色光的比例不同而形成不同的颜色。

常见的相减混色关系式如下。

$$黄色＝白色－蓝色$$
$$青色＝白色－红色$$
$$品红＝白色－绿色$$

$$红色＝白色－蓝色－绿色$$
$$绿色＝白色－蓝色－红色$$
$$蓝色＝白色－绿色－红色$$

根据相减混色公式,青色、品红和黄色三种颜色颜料合成后应该呈现纯正的黑色,如下所示。

$$黑色＝白色－蓝色－绿色－红色$$

但是,实际印刷生产过程中,油墨中存在杂质以及其他原因,青色、品红和黄色三种颜色颜料合成产生的是一种很暗的不纯净的棕色。为了得到纯正的黑色,人们加入了第四种颜色,即黑色,作为基色,形成 CMYK 颜色空间。

RGB 颜色空间中的颜色和 CMYK 颜色空间中的颜色可以进行转换。例如,品红色在 RGB 颜色空间与 CMYK 颜色空间的具体数值如图 1-13 所示。对于品红色,RGB 颜色空间中的值是(255,0,255),CMYK 颜色空间中的值是(42,64,0,0)。

3. HSL 颜色空间

HSL(Hue Saturation Lightness)颜色空间最能反映人眼对颜色感知的心理特性,如图 1-14 所示。人眼对颜色的感知通常包括色调、饱和度、亮度、对比度和清晰度等。在 HSL 颜色空间中,H(Hue)表示颜色对应的电磁波的波长,称为色调;S(Saturation)表示颜色中纯光谱色的比例,即颜色的深浅程度,称为饱和度;L(Lightness)表示颜色的强度,称为亮度。亮度有时使用 B(Brightness)表示。HSL 颜色空间又称为 HSB 颜色空间。

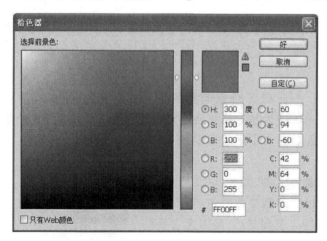

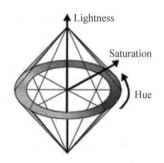

图 1-13　RGB 颜色空间和 CMYK 颜色空间中的品红色(见彩插)　　　图 1-14　HSL 颜色空间

由前述可知,颜色由亮度和色彩两部分构成。饱和度和色调是颜色的色彩属性。色调可以理解为颜色属于或靠近某种波长对应的颜色。例如,红色波长为 625～740nm;绿色波长为 500～560nm;蓝色波长为 440～485nm。因此,色调的本质是电磁波的波长。

若把饱和度 S 和亮度 L 的值设置为 100%,当改变色调 H 时就是选择不同的纯光谱色。若将亮度 L 和色调 H 设置为定值,降低饱和度 S,则可以理解为掺入了部分白色的色光。而降低亮度 L 可以认为降低了颜色的强度。

Photoshop 是一种图像处理软件,可以通过 Photoshop 相关工具观察颜色及颜色空间。打开 Photoshop 的拾色器,设置红、黄、绿、青、蓝、品红六种颜色,可以观察同一颜色在 RGB 颜色空间和 HSL 颜色空间的不同数值,如图 1-15 所示。

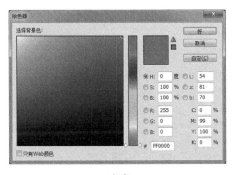

(a) 红色　　　　　　　　　　　　　(b) 黄色

(c) 绿色　　　　　　　　　　　　　(d) 青色

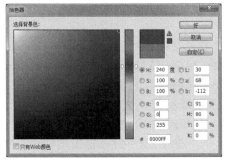

(e) 蓝色　　　　　　　　　　　　　(f) 品红色

图 1-15　HSL 颜色空间和 RGB 颜色空间中的颜色

从图 1-15 可知,对于 HSL 颜色空间,当色调 H 分别为 0°、60°、120°、180°、240°和 300°且饱和度 S 和亮度 B 为 100％时,分别对应纯光谱色的红、黄、绿、青、蓝和品红。这里,描述色调的电磁波的波长通过转化后的角度进行表达。

对于 Photoshop 拾色器,当选择一种纯光谱色后(如绿色),向左移动即降低饱和度,向下移动即降低亮度,如图 1-16 所示。图 1-16(a)为纯光谱色的绿色,HSB 值为(120,100,100),图 1-16(b)为饱和度为 50％的绿色,HSB 值为(120,50,100),图 1-16(c)为亮度为 50％的绿色,HSB 值为(120,100,50)。比较图 1-16(a)和图 1-16(b)中的两种颜色,色调和亮度没有变化,只是饱和度降低到 50％;比较图 1-16(a)和图 1-16(c)中的两种颜色,色调和饱和度没有变化,只是亮度降低到 50％。

(a) 纯光谱色的绿色

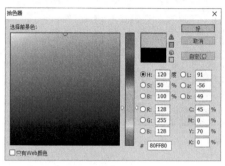

(b) 饱和度为50%的绿色

(c) 亮度为50%的绿色

图 1-16　绿色及饱和度和亮度

同样,大部分颜色在 RGB 颜色空间和 HSL 颜色空间也可以进行转换。为了描述的方便,设(r,g,b)是 RGB 颜色空间中的一个颜色,(h,s,l)是 HSL 颜色空间中的一个颜色。将 RGB 颜色空间中各个坐标分量从[0,255]变换到[0,1],即 r、g、b 的取值均为 0～1,并设 max 和 min 为 r、g、b 三个值中的最大值和最小值。从 RGB 颜色空间的颜色到 HSL 颜色空间的颜色转换,可通过式(1-2)、式(1-3)和式(1-4)进行。可以看出,色调 h 的取值为[0,360],饱和度 s 和亮度 l 的取值为[0,1]。根据式(1-2)可以得出结论:纯光谱色的红、黄、绿、青、蓝和品红的色调分别为 0°、60°、120°、180°、240°和 300°。

$$h=\begin{cases}0° & \max=\min \\ 60°\times\dfrac{g-b}{\max-\min}+0° & \max=r \text{ 且 } g\geqslant b \\ 60°\times\dfrac{g-b}{\max-\min}+360° & \max=r \text{ 且 } g<b \\ 60°\times\dfrac{g-b}{\max-\min}+120° & \max=g \\ 60°\times\dfrac{r-g}{\max-\min}+240° & \max=b\end{cases} \tag{1-2}$$

$$l = \frac{\max + \min}{2} \tag{1-3}$$

$$s = \begin{cases} 0 & l = 0 \text{ 或 } \max = \min \\[2mm] \dfrac{\max - \min}{\max + \min} = \dfrac{\max - \min}{2l} & 0 < l \leqslant \dfrac{1}{2} \\[2mm] \dfrac{\max - \min}{2 - (\max + \min)} = \dfrac{\max - \min}{2 - 2l} & l > \dfrac{1}{2} \end{cases} \tag{1-4}$$

同样,也可以将彩色图像的色调、饱和度和亮度通道分离,方便观察各个通道对数字图像整体颜色的贡献,如图 1-17 所示。可以看出,"学习"和"科学"的文字颜色较背景具有较高的亮度,在亮度通道上表现比较突出。

　　　　(a) 原图　　　　　　　　　　　　　　　　　(b) H通道图像

　　　　(c) S通道图像　　　　　　　　　　　　　　(d) L通道图像

图 1-17　彩色图像的 HSL 通道的图像

4. YUV 颜色空间

YUV 颜色空间指的是使用一个亮度信号 Y 以及两个色差信号 U 和 V 的颜色定义、构造的规则,与 HSL 颜色空间一样,都是将颜色表达为亮度和色彩或色差的组合。现代彩色电视或数字视频中大多采用 YUV 或同类型的颜色空间。电视行业使用 YUV 颜色空间,主要源自兼容彩色电视机和黑白电视机的需求。对于黑白电视机,只接收亮度信号 Y,忽略色差信号 U 和 V;对于彩色电视机,需要同时接收亮度信号 Y 以及色差信号 U 和 V。

在现代数字视频中使用 YUV 颜色空间,还可以方便地分离亮度和色差通道,然后对亮度和色差通道进行不同程度的采样和压缩处理。有关研究表明:人眼对亮度的分辨能力明显强于对色彩的分辨能力。因此,对亮度信号 Y 可以采用较高的采样频率,而对色差信号 U 和 V 采用较低的采样频率。

同样,RGB 颜色空间中的颜色和 YUV 颜色空间中的颜色也可以相互转换。设 (r, g, b) 是 RGB 颜色空间中的一个颜色,(y, u, v) 是 YUV 颜色空间中的一个颜色,可以通过式(1-5)进行转换。

$$
\begin{bmatrix} y \\ u \\ v \end{bmatrix} = \begin{bmatrix} 0.299 & 0.587 & 0.114 \\ -0.147 & -0.289 & 0.436 \\ 0.615 & -0.515 & -0.100 \end{bmatrix} \begin{bmatrix} r \\ g \\ b \end{bmatrix} \tag{1-5}
$$

根据式(1-5),一些代表性颜色在 RGB 和 YUV 颜色空间中的取值如表 1-1 所示。

表 1-1　一些代表性颜色在 RGB 和 YUV 颜色空间中的取值

颜　　色	RGB 颜色	YUV 颜色
白色	255,255,255	255,0,0
红色	255,0,0	76.25,−37.49,156.83
黄色	255,255,0	225.93,−111.18,25.50
绿色	0,255,0	149.69,−73.70,−131.33
青色	0,255,255	178.76,37.49,−156.83
蓝色	0,0,255	29.07,111.18,−25.50
品红色	255,0,255	105.32,73.70,131.33
黑色	0,0,0	0,0,0

从表 1-1 中可以看出,对于 YUV 颜色空间,白色色光的亮度最高为 255,两个色差均为 0;比较纯光谱色的红色、绿色和蓝色,绿色具有最高的亮度,其值为 149.69,红色次之,其值为 76.25,蓝色的亮度最低,其值为 29.07。黑色的亮度和色差均为 0。对于黄色、青色和品红色来说,黄色亮度最高,品红色亮度最低。

将彩色图像的亮度 Y 和色差 U 和 V 通道分离,便于观察各个通道对数字图像整体颜色的贡献,如图 1-18 所示。同样可以看出,"学习"和"科学"的文字颜色较背景具有较高的亮度,在亮度通道图像上表现比较突出。

(a) 原图

(b) Y通道图像

(c) U通道图像

(d) V通道图像

图 1-18　彩色图像的 YUV 通道的图像

1.4.2　图像的采样

图像的采样就是对模拟图像在二维空间上进行离散化处理,将二维空间上连续的模拟图像转化为一系列有限的离散的采样点。图像的采样是在二维空间上的一种均匀切分。采样是一种工程学科中经常采用的方法,实现从连续模拟量到离散数字量的转换,化连续为离散。

采样时,在自然场景的模拟图像的横向和纵向上分别设置 n 和 m 个相等的间隔,得到 $n \times m$ 个点组成的二维网格状点阵,每个点称为数字图像的一个像素。$n \times m$ 为数字图像的分辨率(Resolution),也称为数字图像的空间分辨率。图 1-19(a)在 X 方向有 12 个像素,在 Y 方向有 14 个像素,空间分辨率是 12×14 像素;图 1-19(b)在 X 方向有 24 个像素,在 Y 方向有 28 个像素,其分辨率是 24×28 像素。

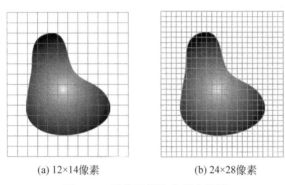

(a) 12×14像素　　　　　　　(b) 24×28像素

图 1-19　图像采样和空间分辨率

图像的空间分辨率是用来描述像素密度或像素数量的指标。一般来说,空间采样间隔越大,像素数量越少,空间分辨率越低,图像质量越差,严重时甚至出现马赛克效应;空间采样间隔越小,像素数量越多,空间分辨率越高,能展现图像中更加丰富的细节,图像质量越好,但需要更大的存储空间。

图像的空间分辨率与显示分辨率是两个不同的概念。显示分辨率一般指显示器在水平和垂直方向能够显示的像素点。例如,显示分辨率为 640×480 像素表示显示器分成 480 行,每行显示 640 个像素,整个显示器共有 $640 \times 480 = 307\,200$ 个显像点。屏幕能够显示的像素越多,说明显示设备的分辨率越高,可显示的图像质量也就越高。显示分辨率确定显示图像的区域大小。例如,显示分辨率为 640×480 像素时,一幅空间分辨率为 320×240 像素的图像正常情况下只能占据显示屏幕的 1/4。

1.4.3　图像的量化

图像的采样只是解决了图像在空间维度上的离散化。每个像素点的颜色和亮度的取值仍然是连续的,还需要进一步对像素的颜色进行离散化。图像的量化就是在颜色维度上进行采样,从而得到每个像素的离散的颜色值。

数字图像中的颜色数量是由量化位数决定的。量化位数指的是存储每个像素所使用的二进制的位数,也称为像素深度。量化位数决定了彩色图像的每个像素可能使用的颜色数量,或者确定灰度图像的每个像素可能使用的灰度等级。

如果图像的量化位数是 1,则只能表示 $2^1=2$ 种颜色数量,可用来表示二值图像的颜色;如果图像的量化位数是 8,则可表示 $2^8=256$ 种颜色数量,可用来表示灰度图像的 256 个等级,也可以用来表示彩色图像的 256 种颜色;如果使用 3 字节(共 24 位)的二进制数进行图像量化,则有 $2^{24}=16\,777\,216$ 种颜色,这个颜色数量已经超越了人眼对颜色的分辨能力,通常将这种量化位数的彩色图像称为真彩色图像。显然,量化位数越大,图像中的每个像素可以使用的颜色越多,可描述更加细致逼真的图像,同时也会占用更大的存储空间。

相同分辨率不同量化位数的图像示例如图 1-20 所示。从图 1-20(a)和图 1-20(c)可以看出,8 位量化可以表达 256 种颜色。如果表达的是 256 个灰度等级,则为图 1-20(a)的灰度图像;如果表达的是 256 个彩色,则为图 1-20(c)的彩色图像;比较图 1-20(b)和图 1-20(d)可以看出,当量化位数降低到一定程度时,图像的清晰度受到较大影响。

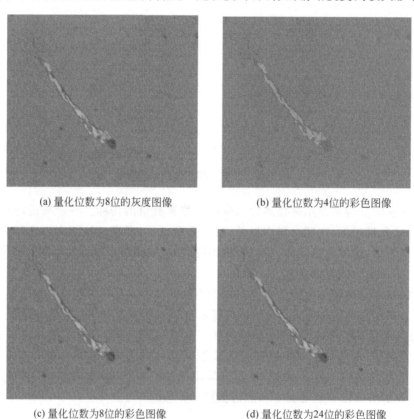

(a) 量化位数为8位的灰度图像　　　　　　(b) 量化位数为4位的彩色图像

(c) 量化位数为8位的彩色图像　　　　　　(d) 量化位数为24位的彩色图像

图 1-20　相同分辨率(433×381)不同量化位数的图像示例

1.4.4　图像的编码

对图像进行采样和量化后,就可以对图像中的每个像素的颜色使用一定长度的二进制数逐点进行记录,完成图像的编码。图 1-21 展示了一个分辨率为 10×10 像素的数字图像,它有三种颜色的像素,分别是红色(FF,00,00)、黄色(FF,FF,00)和灰色(7F,7F,7F)。

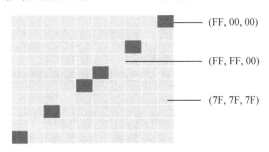

（FF, 00, 00）

（FF, FF, 00）

（7F, 7F, 7F）

图 1-21　图像编码示例(见彩插)

这里,为了描述简单,使用十六进制表示颜色中的 R、G、B 分量值。按照从左至右、从上至下且按行优先的顺序逐个记录像素的颜色,数据如下。

```
(7F,7F,7F) (7F,7F,7F) (7F,7F,7F) (7F,7F,7F) (7F,7F,7F) (7F,7F,7F) (7F,7F,7F)
(7F,7F,7F) (7F,7F,7F) (FF,00,00)
(7F,7F,7F) (7F,7F,7F) (7F,7F,7F) (7F,7F,7F) (7F,7F,7F) (7F,7F,7F) (7F,7F,7F)
(7F,7F,7F) (FF,FF,00) (7F,7F,7F)
(7F,7F,7F) (7F,7F,7F) (7F,7F,7F) (7F,7F,7F) (7F,7F,7F) (7F,7F,7F) (7F,7F,7F)
(FF,00,00) (7F,7F,7F) (7F,7F,7F)
(7F,7F,7F) (7F,7F,7F) (7F,7F,7F) (7F,7F,7F) (7F,7F,7F) (7F,7F,7F) (FF,FF,00)
(7F,7F,7F) (7F,7F,7F) (7F,7F,7F)
(7F,7F,7F) (7F,7F,7F) (7F,7F,7F) (7F,7F,7F) (7F,7F,7F) (FF,00,00) (7F,7F,7F)
(7F,7F,7F) (7F,7F,7F) (7F,7F,7F)
(7F,7F,7F) (7F,7F,7F) (7F,7F,7F) (7F,7F,7F) (FF,00,00) (7F,7F,7F) (7F,7F,7F)
(7F,7F,7F) (7F,7F,7F) (7F,7F,7F)
(7F,7F,7F) (7F,7F,7F) (7F,7F,7F) (FF,FF,00) (7F,7F,7F) (7F,7F,7F) (7F,7F,7F)
(7F,7F,7F) (7F,7F,7F) (7F,7F,7F)
(7F,7F,7F) (7F,7F,7F) (FF,00,00) (7F,7F,7F) (7F,7F,7F) (7F,7F,7F) (7F,7F,7F)
(7F,7F,7F) (7F,7F,7F) (7F,7F,7F)
(7F,7F,7F) (FF,FF,00) (7F,7F,7F) (7F,7F,7F) (7F,7F,7F) (7F,7F,7F) (7F,7F,7F)
(7F,7F,7F) (7F,7F,7F) (7F,7F,7F)
(FF,00,00) (7F,7F,7F) (7F,7F,7F) (7F,7F,7F) (7F,7F,7F) (7F,7F,7F) (7F,7F,7F)
(7F,7F,7F) (7F,7F,7F) (7F,7F,7F)
```

1.4.5　数字图像的存储空间

衡量图像采样精度的指标是图像空间分辨率,衡量图像量化精度的指标是量化位数。量化位数越大,图像中可使用的颜色数量越多。数字图像的质量与图像的空间分辨率和颜色数量直接相关,空间分辨率越高,颜色数量越多,数字图像的质量越高,占用的存储空间也越大。

不进行任何压缩时的数字图像的存储空间的计算如式(1-6)所示。

$$S_{\text{image}} = R \times d / 8 \tag{1-6}$$

其中:S_{image} 是数字图像的存储空间,单位为字节(B);R 是图像的空间分辨率;d 是图像的量化位数,单位为比特(bit)。

图像的量化位数还有以下几种表达方式。

(1)图像是真彩色图像,默认图像的量化位数是 24 位;

(2)图像是二值图像,默认图像的量化位数是 1 位;

(3)图像是灰度图像或彩色图像,具有 256 个灰度等级或颜色数量,图像的量化位数是 8 位。

【例 1.1】　一幅空间分辨率为 1024 像素×768 像素的真彩色图像,无压缩存储时至少占用多大的存储空间?如果为标准 4K 分辨率 4096 像素×2160 像素,又至少占用多大的存储空间?

解:真彩色图像的量化位数是 24 位。

根据计算公式

$$S_{image} = R \times d/8 = 1024 \times 768 \times 24/8 = 2\ 359\ 296B$$

若采用标准 4K 分辨率 4096×2160,则

$$S_{image} = R \times d/8 = 4096 \times 2160 \times 24/8 = 26\ 542\ 080B$$

转换为 MB:

$$26\ 542\ 080B/1024/1024 = 25.3125MB$$

由以上计算结果可知,图像空间分辨率越大,数字图像占用的存储空间越大,这对计算机的存储能力、处理能力和传输带宽都提出了较高的要求。大部分应用场景中,都需要对数字图像进行压缩。

1.5　机器视觉系统

机器视觉强调使用先进的人工智能技术对图像进行分析和理解,属于高级的数字图像处理范畴。从系统的角度,机器视觉系统不仅涉及高级数字图像处理的软件技术,还涉及相机、光源、传输等关键的硬件设备。

1.5.1　机器视觉系统概述

机器视觉系统指的是利用可见光相机、红外相机、点云相机等各种非接触式传感器,结合先进的人工智能算法赋予相机人眼的功能,进行物体的识别、检测和测量等。相机确保"看得见",人工智能算法确保"看得懂"。

工业机器视觉系统侧重研究将先进的机器视觉技术应用于工业生产。工业机器视觉系统的目标侧重解决以往需要人眼进行的设备、物料和产品的定位、测量、检测等重复性劳动。工业机器视觉系统已经广泛应用在冶金、机械、石化、半导体、汽车等多个行业。

典型的工业机器视觉系统包括硬件和软件两部分。硬件系统由被测物体、光源及控制器、工业相机和机器工业视觉处理机等组成;软件系统包括图像处理软件和外部接口等,图像处理软件又分为图像处理前台界面和后台模型。工业机器视觉系统如图 1-22 所示。

实际工业应用中,被测物体可能是工业字符,可能是产品表面质量,也可能是产品内

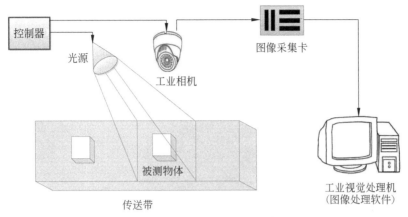

图 1-22　工业机器视觉系统

部质量(一般使用 X 射线或其他可穿透设备并对信号进行上色或灰度化),也可能是安全监控区域。

　　硬件系统的设备配置原则应该是在满足系统功能和性能要求的前提下,成本最低、成像质量最好。

1.5.2　光源

　　工业机器视觉系统的核心是图像的采集和处理,图像本身的成像质量极为关键。而光源则是影响成像质量的最重要因素,特别是在复杂工业生产环境中使用可见光相机的应用场景中,光源选型和安装对于突出图像的关键特征至关重要。

　　图 1-23(a)和图 1-23(b)展示了天车挂钩与钢包耳轴的现场拍摄图像。有背景强光干扰时,天车挂钩、钢包耳轴与背景的边界较模糊,图像清晰度和对比度不足,将会对后期的目标识别和分割带来较大的困难。对于工业机器视觉系统,考虑到生产环境的复杂性因素以及生产过程的稳定性要求,如果使用可见光相机,大多需要配置独立的光源。

　　合适的光源和照明效果对于图像质量至关重要,其主要作用如下。

　　(1)照亮目标,提高亮度,增强感兴趣区域(Region Of Interest,ROI)的特征。

　　(2)减少环境光、照射角度或物体材质等不利因素影响,保证成像稳定。

　　(3)提高信噪比,改善图像质量,形成有利于图像处理的成像效果,降低系统的复杂性和对后期图像处理算法更苛刻的要求。

　　对于机器视觉系统来说,虽然算法和模型具有一定的人工智能,但是从成本和系统稳定性角度,如果能使用光源和其他手段保证成像稳定,一般不通过算法和模型解决。例如,如果能使用光源保证成像没有阴影,尽量不要在算法上考虑抗阴影或光照不均匀的问题。

　　常用的光源主要有发光二极管(Light Emitting Diode,LED)灯、激光、卤素灯、氙灯、高频荧光灯等。工业机器视觉系统主要选择 LED 光源,其基本结构是一块电致发光的半导体芯片,封装在环氧树脂中,通过针脚作为正负电极并起到固定支撑作用,如图 1-24所示。

(a) 无背景强光干扰　　　　　(b) 有背景强光干扰

图 1-23　天车挂钩与钢包耳轴的现场拍摄图像

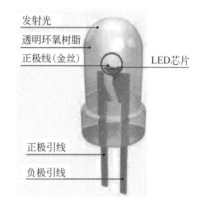

图 1-24　LED 光源

LED 光源以其约 30000 小时的长寿命、纳米级的高响应速度、节能环保、形状设计灵活等优点,在工业机器视觉系统中得到了广泛应用。

按照光源的几何形状,光源可分为如下几种。

(1) 环形光源。环形光源的 LED 灯珠排列成环形且与光轴有一定的夹角,如图 1-25 所示。

图 1-25　环形光源

环形光源安装方便,可以低角度安装,也可以高角度安装,能突出物体的三维信息,有效解决照射阴影问题,如图 1-26 所示。环形光源的亮度高,有利于增强图像特征,常用于小目标的精细化检测。工业上,环形光源常应用于较小尺寸产品外观缺陷检测、产品标签检测、PCB 基板检测和电子元件表面质量检测等。

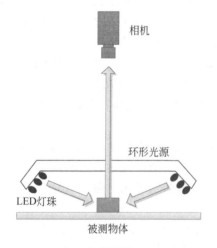 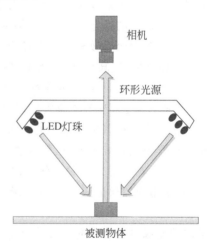

(a) 低角度　　　　　　　　　　　　(b) 高角度

图 1-26　环形光源照射方式

（2）条形光源。条形光源的 LED 灯珠成直线排列，多个条形光源可以根据照射区域组合使用，适合大场景检测。条形光源及其照射方式如图 1-27 所示。

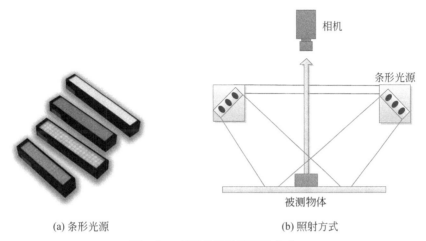

(a) 条形光源　　　　　　　　　　　(b) 照射方式

图 1-27　条形光源及其照射方式

条形光源的指向性强，光照均匀性高，散热性好，常应用于较大尺寸产品表面缺陷检测和边缘缺陷检测等。

（3）同轴光源。光源发出的光首先通过漫射板均匀地照射到半透明的反射分光片，然后分光片将光反射到目标物体，最后由目标物体反射到相机，使得目标物体反射后的光与相机处于同一直线，所以称为同轴光源。同轴光源及其照射方式如图 1-28 所示。

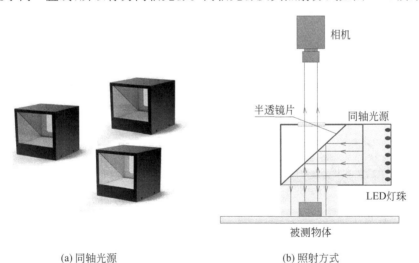

(a) 同轴光源　　　　　　　　　　　(b) 照射方式

图 1-28　同轴光源及其照射方式

由于同轴光源照射的方式，只有平整的目标物体表面才能较好地将光反射到镜头中，而不平整的目标物体表面上的光可能被斜向反射到其他位置，该目标区域在图像中的亮度较弱，因此，同轴光源最适于反射率较高的物品表面的平整性检测，常应用于金属、玻璃、胶片、晶片等表面的划伤、破损等缺陷检测。

（4）背光源。背光源通常放置于待测目标物体背面,使用高密度 LED 阵列提供高强度背光照射,突出物体的外形轮廓特征。背光源及其照射方式如图 1-29 所示。

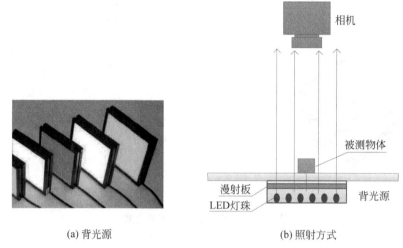

(a) 背光源　　　　　　　　　　　　　　(b) 照射方式

图 1-29　背光源及其照射方式

背光源的亮度高,照射面积大,照射均匀性好,主要应用于目标物体的轮廓检测、透明物体的污点缺陷检测、小型电子元件尺寸和外形检测,以及轴承外观和尺寸检查等。

（5）圆顶光源。圆顶光源是一种具有高照射均匀性的光源,由高亮度贴片 LED 发出的光经过球面漫反射后形成均匀的光线。圆顶光源及其照射方式如图 1-30 所示。

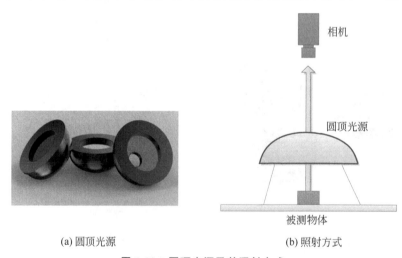

(a) 圆顶光源　　　　　　　　　　　　　　(b) 照射方式

图 1-30　圆顶光源及其照射方式

圆顶光源的优点是照射面积大、照射均匀性好、无阴影,特别适合表面不平整物体的缺陷检测,如线缆检测或电阻检测、食品或药品外观检测、烟盒或包装印刷检测等。

对于工业机器视觉系统,适当的光源和照明设计可以使图像的目标信息与背景信息得到最佳的分离,降低图像处理算法识别、分割的难度,提高系统的定位、测量精度,使系统的可靠性和稳定性得到提高。反之,如果光源设计不当,感兴趣目标区域不够突出,图像质量不佳,则会导致在图像处理算法开发中投入巨大的成本,事倍功半。因此,实际的工业场景应用中,如果采用可见光相机,光源的选择和照射方式的设计可能是决定系统成败的首要因素。

1.5.3　相机

相机(Camera)是机器视觉系统的最重要的组成部分,其功能是通过 CCD 或 CMOS 成像传感器将镜头收集的光信号转换为对应的模拟或数字信号,并将这些信号通过相机与计算机的接口传到后续的工业视觉处理机。

早期的工业相机多采用 PAL/NTSC/CCIR/EIA-170 等模拟输出标准,随着 GigE、IEEE 1394、USB 2.0、USB 3.0 和 Camera Link 等数字接口技术的发展及应用的普及,越来越多的数字相机取代传统的模拟相机出现在各种机器视觉系统中。

传感器是相机的核心部件,目前相机常用的感光传感器芯片有 CCD(Charge Coupled Device,电荷耦合器件)和 CMOS(Complementary Metal Oxide Semiconductor,互补金属氧化半导体)两类。CCD 和 CMOS 图像传感器的感光原理类似,都是利用感光二极管进行光信号与电信号的转换,将图像转换为数字信息,主要差异是数字信号的传送方式不同。CCD 传感器的成像质量更高,制作工艺复杂,价格较高;而 CMOS 传感器的结构相对简单,体积小,功耗低,成本较低,但噪声会影响成像质量。

相机种类繁多,类型多样,可以按照不同的分类标准进行分类,具体如下。

(1) 按照传感器的类型,可分为 CCD 相机、CMOS 相机;

(2) 按照传感器的结构特性,可分为线阵相机、面阵相机;

(3) 按照扫描方式,可分为隔行扫描相机、逐行扫描相机;

(4) 按照分辨率大小,可分为普通分辨率相机、高分辨率相机;

(5) 按照输出信号方式,可分为模拟相机、数字相机;

(6) 按照输出色彩,可分为单色(黑白)相机、彩色相机;

(7) 按照输出信号速度,可分为普通速度相机、高速相机;

(8) 按照响应波长范围,可分为可见光(普通)相机、红外相机、紫外相机等。

设计机器视觉系统时,需要根据具体的应用场景选择合适的相机。相机的主要技术参数如下。

(1) 相机分辨率(Resolution):指的是相机每次采集图像的像素点数。相机分辨率越高,成像后的数字图像中的像素数量越多,图像越清晰。常用的面阵相机分辨率有 130 万、200 万、500 万等;对于线阵相机而言,分辨率就是传感器水平方向上的像素数,常见的有 1K、2K、6K 等。

(2) 像素尺寸(Pixel Size):指的是每个像素占据的面积。单个像素占据面积小,单位面积内的像素数量多,相机的分辨率大,有利于检测细小缺陷或增大检测视场。

(3) 像素深度(Pixel Depth):指的是描述每个像素颜色使用的二进制的位数。通常,每个像素的像素深度大,可使用的比特位数多,能表达的颜色数量多,表达图像细节的能力强。一般来说,像素深度有 1 位、8 位、16 位、24 位和 32 位。

(4)最大帧率(Frame Rate):指的是相机每秒能够采集并输出的最大帧数。最大帧率依赖于传感器芯片和数据输出带宽。有些工业场景,需要选择高帧率相机,如拍摄高速运动物体、拍摄剧烈反应过程、捕捉高速运动粒子等。

(5)曝光(Exposure)方式:工业相机常见的曝光方式有帧曝光和行曝光两种。帧曝光指的是传感器阵列中所有像素同时曝光,曝光周期由预先设定的快门时间确定。帧曝光方式的相机适合拍摄运动物体,图像不会偏移,不会失真。行曝光指的是同一行上的像素同时曝光,不同行的曝光起始时间不同,但每行的曝光时间是相同的,行间的延迟不变。行曝光方式的相机适用于拍摄静止物体,拍摄运动物体时图像会出现偏移。

(6)快门(Shutter)速度:指的是传感器将光信号转换为电信号形成一帧图像的时间,又称为曝光时间。

(7)接口类型:相机接口类型有 GigE(千兆网)接口、IEEE 1394 接口、USB 接口、Camera Link 接口、CoaXPress 接口等。

例如,某型号面阵工业相机及参数如图 1-31 所示。

图 1-31 某型号面阵工业相机及参数

由图 1-31 可知,该型号相机的分辨率为 6580 像素×4935 像素,采用 XGS 32000 感光芯片(CMOS),帧率为 35fps(frame per second),单色或灰度成像,像素深度为 10 或 12 位,接口类型为 CoaXPress,是一个面阵相机。

工业相机按照传感器的结构特性可分为面阵相机和线阵相机,二者的工作方式如图 1-32 所示。

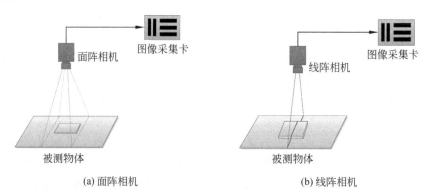

(a) 面阵相机   (b) 线阵相机

图 1-32 面阵相机与线阵相机的工作方式

面阵相机实现的是像素矩阵拍摄,能非常直观地进行成像。面阵相机通过镜头的分辨率表现图像的细节。面阵相机的应用范围较广,可以实现面积、形状、尺寸、位置等测量。

线阵相机则采用线阵图像传感器,单次扫描生成的二维图像呈现"线"状,宽度只有1~4个像素,但是长度可以达到几K。当被测目标物体和相机之间具有相对稳定运动时,通过线阵相机可实现高速、高密度采集,每次采集完一条"线"后正好运动到下一条"线",如此重复,最后拼接成一幅二维图像。因此,线阵相机适合长宽比较大的运动物体的成像。

例如,某型号线阵工业相机及参数如图1-33所示。

相机数据		感光芯片	
接口	GigE	水平/垂直分辨率	2048 px x 1 px
分辨率	2K	感光芯片供应商	Awaiba
黑白/彩色	Mono	感光芯片	DR-2k-7
行频	51 kHz	快门	Global Shutter
像素位深	8/12 bits	感光芯片类型	CMOS
同步	▪ software trigger ▪ hardware trigger ▪ free-run	感光芯片尺寸	14.3 mm
		水平/垂直像素尺寸	7 μm x 7 μm
曝光控制	▪ trigger width or timed		

图 1-33　某型号线阵工业相机及参数

由图1-33可知,该产品的接口类型为GigE,分辨率为2K(2048×1),像素深度为8/12位,单色成像,行频为51kHz。采用CMOS传感器,像素尺寸为$7\mu m \times 7\mu m$,是一个线阵工业相机。

设计机器视觉系统时,需要根据系统的检测精度和速度要求确定线阵相机的分辨率和行扫描速度,以选择合适的相机和镜头。选型计算过程如下。

(1) 计算分辨率:幅宽/最小检测精度 = 每行需要的像素;

(2) 根据分辨率选定相机:幅宽/像素数 = 实际检测精度;

(3) 计算行频:物体最大移速/精度 = 每秒扫描行数。

例如,目标物体幅宽为2000 mm、最小检测精度为1 mm,物体最大移速为25 000mm/s,则有:

(1) 分辨率 = 2000 / 1 = 2000 像素;

(2) 选定2K相机,实际检测精度 = 2000 / 2048 ≈ 0.98 mm/像素;

(3) 行频 = 25 000 / 0.98 ≈ 25.5 kHz,可选定2K像素、26kHz的线阵工业相机。

面阵相机和线阵相机均有各自的优点和缺点,在不同场景下选择适宜的工业相机至关重要。

1.5.4　图像采集卡

图像采集卡(Image Capture Card)是一种获取和存储数字化视频和图像信息的硬件设备,是机器视觉系统中图像采集部分和图像处理部分的接口,其作用是将相机与视觉处理机连接起来,从相机中采集图像数据,转换成处理机能处理的格式并以数据文件的形式保存。

图像采集卡一般通过 PCI-E 接口安装在计算机上。同时,图像采集卡的接口应与其连接的工业相机的接口类型一致,如 Camera Link 接口的工业相机需要配置 Camera Link 接口的图像采集卡工作。例如,某型号图像采集卡及其技术参数如图 1-34 所示。

用于单个完整配置 Camera Link 相机的图像采集卡

特性一览

- 适用于单路 Camera Link 80 位、72 位、Full、Medium 或 Base 级配置相机
- 直接兼容市场上数以百计的 Camera Link 相机
- ECCO: 延长的 Camera Link 线缆长度
- PCIe x4 总线: 850 Mb/s 持续传输带宽
- 特征丰富的 10 条数字 I/O 线
- Memento 事件日志工具

图 1-34　某型号图像采集卡及其技术参数

一般来说,图像采集卡通常需要专用软件进行配置和测试,如触发信号、曝光时间、快门速度等设置,也可以通过厂家提供的软件开发工具包(Software Development Kit,SDK)将图像采集卡和相机集成到用户应用程序。

需要说明的是,相机的接口类型丰富,有 GigE、IEEE 1394、USB 2.0、USB 3.0、Camera Link 等,对于 GigE 和 USB 接口,由于网口和 USB 接口的通用性,一般无须配置图像采集卡。

1.5.5　工业视觉处理机

工业视觉处理机通常是一台 PC 或工作站,完成图像预处理、算法模型运行和现场逻辑控制。在一些应用场景中,考虑到工业现场电磁、振动、灰尘、高温等因素,需要选择工业级计算机。

工业视觉处理机中的图像处理软件是机器视觉系统的控制核心。图像处理软件可以基于传统图像处理技术实现对图像的各种处理(如图像滤波、图像分割、边缘提取、纹理计算、目标识别等),通常可以使用专门的图像处理工具包(如 OpenCV)完成。随着人工智能技术的蓬勃发展,深度学习技术在视觉领域取得了骄人的成绩,越来越多的视觉系统采用各种深度学习模型进行图像处理,并广泛应用在各种工业场景下,如生产现场安全监测、管道缺陷检测、产品表面字符识别等。

1.6　机器视觉系统的典型案例

本节列举面向生产效率改进的工业字符图像识别系统、面向质量保证的产品质量图像判定系统、面向安全预警的生产过程安全监控系统的典型应用案例,以期形成对机器视觉系统,特别是工业机器视觉系统的感性认识。

1.6.1　钢铁生产过程的钢板号智能识别系统

钢铁生产过程中采用流水线作业方式,需要对每个批次的产品进行识别和跟踪。人工的钢板号识别方式效率低下,准确度难以保障。

基于机器视觉技术,收集各个工位、各个角度和各种光照条件下的钢板号图片,构建钢板号识别深度学习模型,开发钢板号智能识别系统。通过该系统,可以准确识别钢板号,防止异材,辅助进行钢板调度和天车调度。该系统属于面向生产效率改进的物流领域。钢板号智能识别系统工作界面如图 1-35 所示。

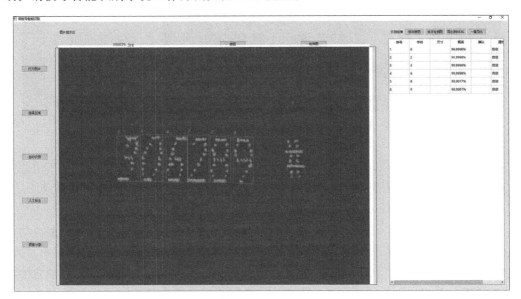

图 1-35　钢板号智能识别系统工作界面

1.6.2　焊接缺陷智能识别及辅助评片系统

钢铁产品的制造和使用过程中存在不可忽视的内部缺陷或外部缺陷。例如,钢板表面会产生各种表面缺陷,如裂纹、划伤、夹渣等,钢板焊接过程中在焊缝内部易发生各种内部缺陷,如未熔合、未焊透、气孔等。为提高钢板生产的质量,确保焊缝的使用安全,通常需要耗费大量资源对钢板表面、内部缺陷进行检测。

基于机器视觉技术,通过收集焊接缺陷典型图片,包括气孔、未熔合和未焊透等,构建焊接缺陷图谱数据库和深度学习模型,设计开发焊接缺陷智能识别系统,对缺陷进行智能辅助评定。通过该系统,可以辅助进行底片的焊接缺陷的智能识别和数量统计,极大地减轻人的工作量,杜绝人工评片的主观性。该系统属于面向质量保证的产品质量检测领域。焊接缺陷智能识别及辅助评片系统工作界面如图 1-36 所示。

1.6.3　机械设备磨粒图谱智能识别系统

机械设备在长期使用过程中存在着普遍的机械摩擦和磨损,这对机械设备工作可靠

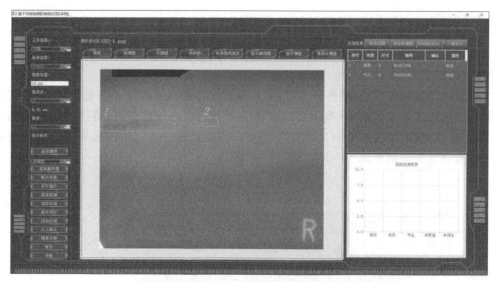

图 1-36　焊接缺陷智能识别及辅助评片系统工作界面（见彩插）

性和使用寿命带来了不利的影响。铁谱分析技术是一种机械磨损测试方法，将在用润滑剂或工作介质中的各种磨损微粒和污染物微粒按其尺寸大小依次沉积在透明载体上，对其进行观察、测量和分析，从而判断机械的磨损程度和磨损机理。

　　基于机器视觉技术，通过收集设备磨粒图，包括正常、球状、疲劳、切削和严重滑动等典型磨粒，可以构建磨粒图谱数据库和深度学习模型，设计开发磨粒图谱智能识别系统，辅助进行设备状态判定。通过该系统，可以准确判断大型设备的磨损状态，做到预防性维修，防止因设备损坏影响正常生产。该系统属于面向设备安全的设备状态监控领域。大型机械设备磨粒图谱智能识别系统工作界面如图 1-37 所示。

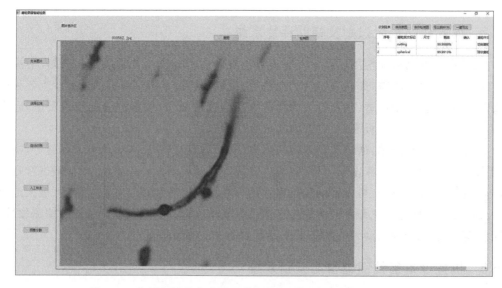

图 1-37　大型机械设备磨粒图谱智能识别系统工作界面（见彩插）

1.6.4 钢包挂钩安全检测系统

对于炼钢生产,熔融金属生产和储运过程易发生重大安全事故。储运过程中的事故通常为储运容器的倾翻、坠落、碰撞和泄漏等,需要对熔融金属储运过程中的天车吊运钢包过程进行实时检测。尤其是天车挂钩吊运钢包过程中,需要判断挂钩与耳轴是否正确吻合,以防止发生倾翻事故。人工检测方法存在效率低、易疲劳等问题,可以结合机器视觉技术进行钢包挂钩安全实时检测。

基于机器视觉技术,通过收集钢包挂钩各种场景的图片,特别是各个典型的吊包位的挂钩过程图像,构建钢包挂钩图谱数据库和深度学习模型,设计开发钢包挂钩安全检测系统。通过该系统,对未挂好钩的钢包及时发出报警,杜绝钢包倾翻等特大事故。该系统属于面向安全预警的生产过程监控领域。钢包挂钩安全检测系统工作界面如图1-38所示。

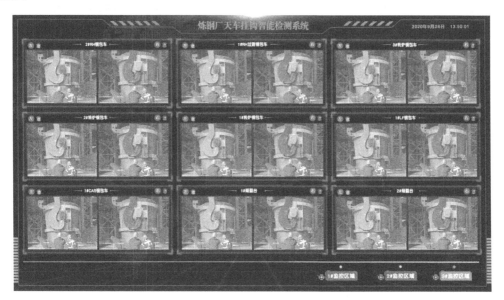

图 1-38 钢包挂钩安全检测系统工作界面(见彩插)

1.7 机器视觉系统的开发流程

一般来说,机器视觉系统的开发流程如下。

1. 收集工业需求,包括功能需求和性能需求

功能需求指的是系统需要实现的功能。例如,工业字符图像中的字符的识别,工业产品中的缺陷区域的识别和缺陷数量的统计,工业生产过程中的人员操作规范性监控,工业生产过程中的设备状态监控等都属于功能需求。性能需求指的是工业数字图像处理或机器视觉系统应达到的处理速度、识别准确率等指标。例如,工业字符图像中的字符识别准确率应达到99.99%,工业产品中的缺陷数量检测准确率达到98.00%,生产设备人员进入危险区域的报警准确率达到 100%，误报率低于 5%，报警的响应时间在 500ms 以下，这些都属于性能指标。

2. 设计硬件系统

工业机器视觉系统的硬件一般包括相机、光源、采集卡、专用传输数据线和图像处理机等。硬件系统主要根据系统功能和性能需求进行选择或定制。例如，如果测量的视场较大且感兴趣的目标较小，则可能需要较大分辨率的相机；如果测量对象抖动或移动较快，则可能需要帧率较大的相机；对于安全监控相关应用，对系统可靠性和响应速度有较高要求，可能需要配置较高处理性能的专用 GPU 图像处理平台进行加速处理，或对模型进行软件方面的加速处理。

3. 设计软件系统

机器视觉系统的软件一般包括图像采集、图像处理算法和模型识别。图像采集功能一般由相机硬件厂家提供 SDK 并由软件人员进行定制开发，涉及对帧率、曝光时间等参数进行控制；图像处理算法包括滤波、增强、分割和纹理计算等基本功能；模型识别则是针对特定应用领域，综合使用图像处理算法和深度学习模型等进行定制开发。

4. 进行现场部署与应用

机器视觉系统的现场应用较为复杂，特别是复杂工业场景应用，一般除完成系统规定的功能和性能外，还要考虑与工业现场运行的其他系统的通信和数据共享。同时，如果应用在工业现场，还要考虑设备的防尘、防水、抗高温等硬件防护。

本 章 小 结

本章主要介绍了数字图像处理中涉及的基本概念，包括数字图像、数字图像处理、典型工业数字图像，以及图像数字化过程及相关指标。

本章从系统的角度对机器视觉系统的组成、典型案例和开发流程进行了较为详细的描述，期望展示机器视觉系统的硬、软件的全貌。

习 题

一、选择题

1. 下列用于电视信号的颜色空间是（　　　）。
　　A. RGB　　　　　　B. HSL　　　　　　C. CMYK　　　　　D. YUV

2. 下列最接近人眼视觉感知的颜色空间是（　　　）。
　　A. RGB　　　　　　B. HSL　　　　　　C. CMYK　　　　　D. YUV

3. CRT 显示器采用的颜色空间是（　　　）。
　　A. RGB　　　　　　B. HSL　　　　　　C. CMYK　　　　　D. YUV

4. 下列选项中，与其他三个选项不同的图像处理是（　　　）。
　　A. 分割　　　　　　B. 降噪　　　　　　C. 增强　　　　　　D. 锐化

5. 一般来说,用于透明物体的污点检测的光源是(　　)。

    A. 环形光源　　　　B. 条形光源　　　　C. 同轴光源　　　　D. 背光源

6. 若一个灰度图像的量化位数是 5,则该图像中的亮度等级是(　　)。

    A. 32 个　　　　　B. 64 个　　　　　C. 128 个　　　　D. 256 个

7. 关于数字图像,下列说法正确的是(　　)。

    A. 空间坐标是离散的,灰度是连续的

    B. 灰度是离散的,空间坐标是连续的

    C. 两者都是连续的

    D. 两者都是离散的

8. 对物体表面温度进行伪彩化的图像是(　　)。

    A. 红外图像　　　　B. 可见光图像　　　　C. 点云成像　　　　D. X 射线图像

二、填空题

1. 一个典型的工业机器视觉系统包括被测对象、_____、相机、图像采集卡、视觉处理机及图像处理软件。

2. 图像数字化过程包括采样、_____、编码。

3. 一个灰度等级为 256 的图像,其量化位数最少是_____。

4. 工业上常见的图像感知手段包括可见光、_____、红外和激光等。

5. 可见光的波长在 380～740nm,比可见光波长大的是_____,比可见光波长小的是_____。

6. 相机常用的感光传感器芯片有 CCD 和_____两类。

7. 按照传感器的结构特性,相机可分为线阵相机和_____。

8. 工业相机的接口包括_____、IEEE 1394、USB 2.0、USB 3.0 和 Camera Link 等。

9. 机器视觉系统部署到工业场景应用时,如果采用可见光相机,一般需要配置光源,光源的类型包括_____、条形光源、同轴光源和背光源等。

10. 分辨率为 4096 像素×2160 像素的真彩色图像不压缩时占用_____MB(保留两位小数)。

三、简答题

1. 比较说明数字图像所采用的各种颜色空间。

2. 简述机器视觉系统的组成。

3. 简述机器视觉系统的开发流程。

4. 列举机器视觉系统的常见功能和性能指标。

5. 调研、分析和讨论机器视觉系统的工业应用场景。

第 2 章

基于传统方法的数字图像处理

传统数字图像处理技术是计算机视觉或机器视觉的基础。本章首先介绍数字图像中像素之间的基本关系和基本运算,然后按照数字图像处理的一般过程介绍滤波、边缘检测、图像分割和形态学运算等典型处理算法,最后以一个典型的数字图像处理案例——金相组织分析为例,展示常见数字图像处理算法的应用。

2.1 数字图像中像素间的空间关系

数字图像是二维空间上网格状的像素。可以简单地认为数字图像中单个连通目标区域是由多个特征差异较小的相邻像素组成的,目标边缘是由具有较大亮度或其他特征差异的相邻像素组成的。因此,数字图像中的像素间的空间关系是研究数字图像处理算法的基础。

2.1.1 像素的邻域

数字图像中的像素之间存在着几何邻接关系。以图像中某一个像素为研究对象,按照周围相邻像素与该像素的空间位置关系,可以将周围相邻像素分为 4-邻域、对角-邻域和 8-邻域,如图 2-1 所示。

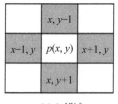
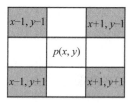
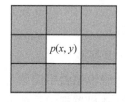

| (a) 4-邻域 | (b) 对角-邻域 | (c) 8-邻域 |

图 2-1 像素的邻域

(1) 4-邻域:若像素 p 位于(x,y)处,在其水平和垂直方向上分别有 2 个像素与其相邻,坐标分别是$(x-1,y)$、$(x+1,y)$、$(x,y-1)$和$(x,y+1)$,这 4 个像素被称为像素 p 的 4 邻域,用 $N\_4(p)$ 表示。4-邻域如图 2-1(a)所示。这里,假设图像最左上角的像素是坐标原点,坐标分别向右、向下为正,水平方向为 X 方向,垂直方向为 Y 方向。因此,$(x-1,y)$位于(x,y)的左侧,$(x+1,y)$位于(x,y)的右侧,$(x,y-1)$位于(x,y)的上方,$(x,y+1)$位于(x,y)的下方。

（2）对角-邻域：若像素 p 同样位于 (x,y) 处，在其对角线方向上有 4 个像素与其相邻，坐标分别是 $(x-1,y-1)$、$(x+1,y+1)$、$(x-1,y+1)$ 和 $(x+1,y-1)$，这 4 个像素被称为像素 p 的对角邻域，用 $N\_D(p)$ 表示。对角-邻域如图 2-1(b)所示。这里，$(x-1,y-1)$ 位于 (x,y) 的左上方，$(x+1,y+1)$ 位于 (x,y) 的右下方，$(x-1,y+1)$ 位于 (x,y) 的左下方，$(x+1,y-1)$ 位于 (x,y) 的右上方。

（3）8-邻域：4-邻域的 4 个像素和对角-邻域的 4 个像素构成像素 p 的 8-邻域，用 $N\_8(p)$ 表示。显然，有 $N\_8 = N\_4 + N\_D$。8-邻域如图 2-1(c)所示。

2.1.2　像素间的邻接关系

像素的邻域刻画的是像素间的几何邻接关系。基于像素间的几何邻接关系，考虑像素值大小变化，形成了数字图像中像素间的邻接关系。对于数字图像来说，这种邻接需要综合考虑两个要素：物理位置上的邻接性（邻域）、灰度值上的邻接性（值域）。例如，二值图像中像素值都为 1（或都为 0）的像素才有可能被称为邻接的；一般数字图像中，可定义一个值域 V 刻画具有邻接关系的像素值允许的变化范围，V 是 $[0,255]$ 的一个子集，像素值均在 V 中才有可能被称为邻接的。

数字图像中两个像素间的邻接关系可以分为 4-邻接、8-邻接和 m-邻接，如图 2-2 所示。

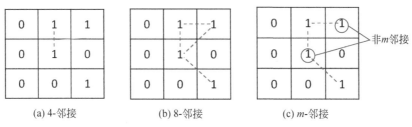

(a) 4-邻接　　　　　　(b) 8-邻接　　　　　　(c) m-邻接

图 2-2　二值图像中像素间的邻接关系

（1）4-邻接：如果像素 q 在像素 p 的 4-邻域 $N\_4(p)$ 中，且灰度值满足某个相似准则要求（即灰度值上邻接，如数值在 V 中），则称像素 p 和 q 是 4-邻接的。4-邻接如图 2-2(a)所示。如果将"灰度值完全相等"作为相似准则，则中心像素只有 1 个 4-邻接的像素。

（2）8-邻接：如果像素 q 在像素 p 的 8-邻域 $N\_8(p)$ 中，且灰度满足某个相似准则要求，则称像素 p 和 q 是 8-邻接的。8-邻接如图 2-2(b)所示。同样，如果将"灰度值完全相等"作为相似准则，则中心像素有 3 个 8-邻接的像素。

（3）m-邻接（混合邻接）：如果像素 q 在像素 p 的 4-邻域 $N\_4(p)$ 或对角-邻域 $N\_D(p)$ 中，且集合 $N\_4(p) \bigcap N\_4(q)$ 中没有像素满足相似准则要求，则称像素 p 和 q 是 m-邻接的。m-邻接如图 2-2(c)所示。

这里，m-邻接的提出是为了消除 8-邻接的二义性。图 2-2(b)的 8-邻接中，由中间像素 p（值为 1）到右上方像素 q（值为 1）有两条 8-邻接的通路，产生二义性。而图 2-2(c)中描述的 m-邻接，两个标识为①的像素之间没有直接的 m-邻接关系，它们之间的 m-邻接通路是唯一的。

2.1.3 通路

根据两个像素之间的邻接关系，可以定义通路。从像素 $p(x_0, y_0)$ 到像素 $q(x_n, y_n)$，中间经过一系列 $(x_1, y_1)(x_2, y_2)\cdots(x_{n-1}, y_{n-1})$ 的像素，若任意相邻的两个像素 (x_i, y_i) 和 (x_{i+1}, y_{i+1}) 具有一定邻接关系，则称从像素 p 到像素 q 存在长度为 n 的通路。根据 4-邻接、8-邻接或 m-邻接不同类型的邻接关系，称通路为基于 4-邻接、8-邻接或 m-邻接的通路。

图 2-3 中，对于 m-邻接通路，p 到 q 的路径是唯一的。如果是 8-邻接通路，则 p 到 q 的路径不是唯一的。

如果像素 $p(x_0, y_0)$ 和像素 $q(x_n, y_n)$ 是同一个像素，则该通路又称为闭合通路。图 2-4(a) 为 4-邻接闭合通路。图 2-4(b) 为 8-邻接闭合通路，其中从 p 到 q 的 8-邻接闭合通路不唯一，m-邻接闭合通路则是唯一的。

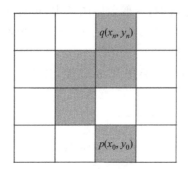

图 2-3　m-邻接通路

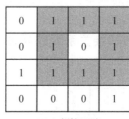 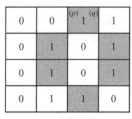

(a) 4-邻接通路　　　(b) 8-邻接通路

图 2-4　闭合通路

2.2　数字图像中像素的基本运算

数字图像中的像素级运算包括点运算、算术运算和逻辑运算等。

2.2.1 线性点运算

点运算是对单个像素的灰度或亮度进行的运算，不考虑像素间的空间几何关系。点运算包括线性点运算和非线性点运算，这里只介绍线性点运算。

假设算子 H 对给定的输入图像 $f(x, y)$，产生输出图像 $g(x, y)$，如式 (2-1) 所示。

$$g(x, y) = H[f(x, y)] \tag{2-1}$$

如果满足

$$H[a_m \times f_m(x, y) + a_n \times f_n(x, y)] = a_m \times H[f_m(x, y)] + a_n \times H[f_n(x, y)]$$
$$= a_m \times g_m(x, y) + a_n \times g_n(x, y) \tag{2-2}$$

则称 H 是一个线性算子，该运算称为线性运算。式中，a_m 和 a_n 是任意常数，$f_m(x, y)$ 和 $f_n(x, y)$ 是大小相同的图像。

对于单个数字图像，线性点运算如式 (2-3) 所示。

$$f_o(x,y) = a * f_i(x,y) + b \tag{2-3}$$

其中，$f_o(x,y)$ 为输出像素的亮度或灰度，$f_i(x,y)$ 为输入像素的亮度或灰度。

(1) 如果 $a=1$，$b=0$，则为恒等变换；

(2) 如果 $a<0$，则为黑白反转，像素值一般为正值，如果是负值，一般需要使用"255-像素值"进行变换；

(3) 如果 $a>1$，则为增加对比度；

(4) 如果 $0<a<1$，则为减少对比度；

(5) 如果 $b>0$，则为增加亮度；

(6) 如果 $b<0$，则为减小亮度。

线性点运算只对图像中的像素的灰度进行独立处理，输入是图像中像素的灰度，输出取决于输入像素点灰度的值。点运算是从像素到像素的操作。

线性点运算示例如图 2-5 所示。图 2-5(a) 是电炉底部红外伪彩图像对应的灰度图像，一般来说，亮度越大的像素，温度越高，对应区域的耐材厚度越小；红外图像中的温度与颜色之间的关系，取决于选择的调色板。图 2-5(b) 是 $a=-1$、$b=255$ 进行的反色运算的结果；图 2-5(c) 是 $a=1.6$、$b=0$ 的对比度增加的结果；图 2-5(d) 是 $a=0.5$、$b=0$ 的对比度减小的结果；图 2-5(e) 是 $a=1$、$b=50$ 的亮度增加的结果；图 2-5(f) 是 $a=1$、$b=-50$ 的亮度减小的结果。

(a) 原图

(b) 反色($a=-1$、$b=255$)

(c) 对比度增加($a=1.6$、$b=0$)

(d) 对比度减小($a=0.5$、$b=0$)

图 2-5　线性点运算示例

(e) 亮度增加(a=1、b=50)　　　　　　　(f) 亮度减小(a=1、b=-50)

图 2-5　（续）

2.2.2　算术运算

数字图像中的像素级的算术运算包括加、减、乘和除。设 $s(x,y)$ 为运算结果图像，$f(x,y)$ 和 $g(x,y)$ 为输入图像，算术运算在相应的像素对之间进行，如式（2-4）～式（2-7）所示。

$$s(x,y) = f(x,y) + g(x,y) \tag{2-4}$$

$$s(x,y) = f(x,y) - g(x,y) \tag{2-5}$$

$$s(x,y) = f(x,y) \times g(x,y) \tag{2-6}$$

$$s(x,y) = f(x,y) \div g(x,y) \tag{2-7}$$

算术运算示例如图 2-6 所示。其中，图 2-6(a) 和图 2-6(b) 为输入图像。

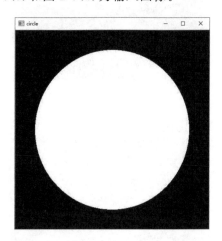

(a) 三角形　　　　　　　　　　　　　(b) 圆形

图 2-6　算术运算示例

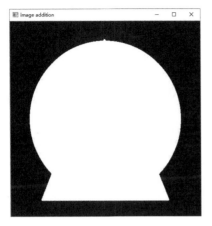
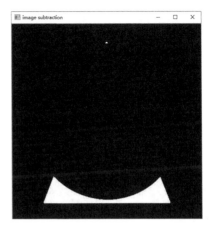

(c) 图像加法运算结果　　　　　　　　　　　(d) 图像减法运算结果

图 2-6　（续）

　　加法运算可以将一幅图像的内容叠加在另一幅图像上,结果如图 2-6(c)所示。减法运算可以将一幅图像中与另一幅图像中相同的内容扣除,结果如图 2-6(d)所示。

　　如果进行算术运算的一幅图像中的所有像素值均相同,算术运算退化为线性点运算,如图 2-7 所示。

(a) 原图像　　　　　　　　　　(b) 加常数100　　　　　　　　　　(c) 减常数100

图 2-7　通过图像加法运算改变图像的亮度

　　加法运算的一个经典应用是多个噪声图像相加进行降噪。假设 $g(x,y)$ 是无噪声图像, $f(x,y)$ 是被加性噪声 $z(x,y)$ 污染后的图像,即 $g(x,y)=f(x,y)+z(x,y)$,噪声是不相关的,且均值为 0。如果新的图像 g' 是由 g_1 、 g_2 、……、 g_k 的 k 幅图像平均叠加形成的,即 $g'=(g_1+g_2+\cdots+g_k)/k$,随着带噪声图像数量 k 的增加, g' 将逼近 f。

　　利用图像相加平均可以降噪的特点,可以消除相机噪声、高斯噪声和椒盐噪声。图 2-8(a)是一组带有高斯噪声的原图,利用图像相加平均实现降噪的效果,如图 2-8(b)和图 2-8(c)所示。可以看出,8 幅图像平均的效果明显优于 4 幅图像平均的效果。

　　图像减法指的是在两幅图像之间对应像素做减法运算,可以检测出两幅图像的差异信息。例如,基于图像减法运算可以检测出同一场景下两幅图像之间的差异变化、运动目

(a) 原图像

(b) 4幅图像平均效果

(c) 8幅图像平均效果

图 2-8   图像相加平均实现降噪

标等,在工业、医学、气象以及军事等领域中有广泛的应用。例如,医生需要观察药物在人体内的流动情况,但是,由于人体骨骼的影响,因此拍摄的图像较模糊。为了获取清晰的图像,可以分别拍摄一张未吃药的图像和吃完药的图像,两者相减,即可消除骨骼等的干扰,留下药物的影像。

基于图像相减实现目标跟踪示例如图 2-9 所示,可以看到头部、手臂、腿部和脚部的动作发生了变化。

乘法运算可以实现图像的掩膜处理。对于需要保留下来的目标区域,将掩膜图像的值设为 1;而需要被抑制掉的区域,则将掩膜图像的值设为 0。将原始图像与掩膜图像相乘,可以获取感兴趣目标区域。基于图像乘法运算提取感兴趣目标区域如图 2-10 所示。

(a) 原图像1　　　　　　　　　(b) 原图像2　　　　　　　　　(c) 图像相减效果

图 2-9　基于图像相减实现目标跟踪示例

(a) 原图像　　　　　　　　　(b) 掩膜图像　　　　　　　　　(c) 图像相乘效果

图 2-10　基于图像乘法运算提取感兴趣目标区域

2.2.3　逻辑运算

图像的逻辑运算是对两幅大小相同的图像的每个像素点进行对应逻辑运算,得到一幅新的图像。图像的逻辑运算主要应用于图像增强、图像识别、图像复原和区域分割等。

常用的逻辑运算包括与运算 AND、或运算 OR、非运算 NOT 和异或运算 XOR。逻辑运算示例如图 2-11 所示。图 2-11(a)和图 2-11(b)是参与逻辑运算的原图 A 和 B;图 2-11(c)是对图 2-11(a)中的图像 A 进行逻辑非运算的结果,由于对 255 进行非运算的结果为 0,对 0 进行非运算的结果为 255,此处的逻辑非运算将原图中的黑、白进行了互换;图 2-11(d)是逻辑与运算结果,提取了两张图的公共白色部分;图 2-11(e)是逻辑或运算结果,获取了两张图的白色部分;图 2-11(f)是逻辑异或运算结果,获取了两张图的白色部分再扣除公共交叉的白色部分。

逻辑与运算得到两幅图像的相交子图,可用于提取感兴趣目标区域,如图 2-12 所示。模板图像的感兴趣区域设置为白色,其余部分设置为黑色。

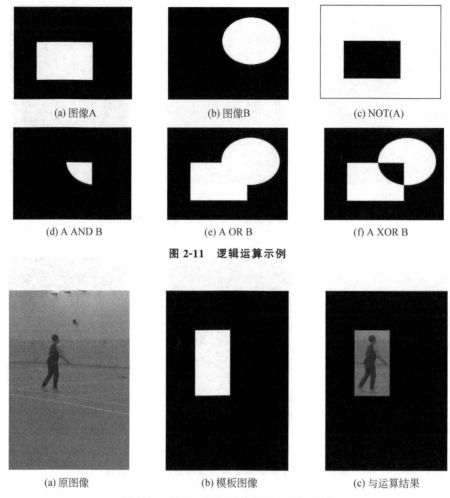

(a) 图像A   (b) 图像B   (c) NOT(A)

(d) A AND B   (e) A OR B   (f) A XOR B

图 2-11   逻辑运算示例

(a) 原图像   (b) 模板图像   (c) 与运算结果

图 2-12   基于逻辑与运算获取感兴趣区域

或运算用于合并两幅图像,也可用于提取感兴趣区域,如图 2-13 所示。模板图像的感兴趣区域设置为黑色,其余部分设置为白色。

非运算的基本原理是对一幅图像的每个像素点进行取反,实现反色变换,如图 2-14 所示。

异或运算的基本原理:对于两幅图像的同一个像素点,若像素值相同,则结果为 0;若像素值不同,则结果为 1。对一幅原始图像设计特定的模板图像,也可提取感兴趣区域,如图 2-15 所示。同样,模板图像的感兴趣区域设置为黑色,其余部分设置为白色。

2.2.4   直方图均匀化

1. 图像直方图

一般来说,**图像直方图**(Histogram)指的是图像的灰度或亮度直方图。如果图像是彩色图像,可以在各个通道上分别生成直方图。灰度直方图描述的是一定灰度级别的像

(a) 原图像　　　　　　　　　　(b) 模板图像　　　　　　　　　　(c) 或运算结果

图 2-13　基于逻辑或运算获取感兴趣区域

(a) 原图像　　　　　　　　　　　　　　(b) 非运算结果

图 2-14　基于逻辑非运算实现反色变换

(a) 原图像　　　　　　　　　　(b) 模板图像　　　　　　　　　　(c) 异或运算结果

图 2-15　基于逻辑异或运算获取感兴趣区域

素出现的频率或个数的分布。灰度直方图中，X 轴为灰度级别，Y 轴为对应灰度级别的像素出现的频率或个数。顾名思义,灰度直方图反映的是图像灰度的统计分布情况。

一个灰度级为$[0,L-1]$的数字图像,其灰度直方图如式(2-8)所示。

$$p(r_k) = n_k/n \tag{2-8}$$

其中,n是像素总个数,n_k是灰度级为r_k的像素个数,r_k是图像中第k个灰度级,k取$0,1,\cdots,L-1$。将以上离散函数绘制在XOY坐标系中,得到图像的灰度直方图,如图2-16所示。

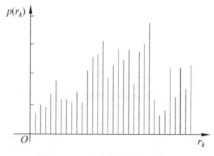

图 2-16　图像的灰度直方图

举例说明:一个8×8的图像,各像素的灰度如图2-17(a)所示。此处的灰度等级为$[0,9]$;统计每个灰度等级的像素个数,如图2-17(b)所示;绘制对应的灰度直方图,如图2-17(c)所示。

0	5	5	4	3	2	3	5
3	5	5	6	4	6	8	6
4	4	6	6	1	1	7	4
5	5	4	7	5	6	5	5
0	5	6	6	7	6	7	4
3	4	7	8	9	5	2	6
4	3	4	9	5	4	4	6
4	4	4	2	5	4	6	6

灰度级	0	1	2	3	4	5	6	7	8	9
像素个数	2	2	3	5	16	14	13	5	2	2

(a) 图像中各像素灰度　　　　　　(b) 各灰度等级对应像素个数统计

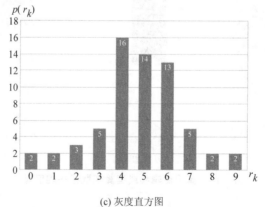

(c) 灰度直方图

图 2-17　图像的灰度直方图生成过程

通过灰度直方图可以分析图像的明暗程度以及对比度,如图 2-18 所示。图 2-18(a)中的像素较为均匀分布在各个灰度级,为对比度较好的正常图像;图 2-18(b)中的大部分像素集中在低灰度区,图像整体偏暗,对比度较差;图 2-18(c)中的大部分像素集中在高灰度区,图像整体偏亮,对比度较差;图 2-18(d)中大部分像素集中在中部较狭窄灰度区间,其他灰度级的像素很少,对比度也较差。

 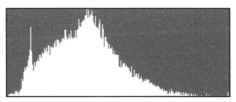

(a) 较好对比度图像及其直方图

(b) 整体偏暗图像及其直方图

(c) 整体偏亮图像及其直方图

 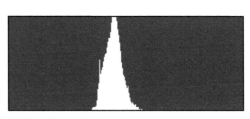

(d) 亮度集中图像及其直方图

图 2-18　灰度直方图及图像对比度(见彩插)

通过以上分析可以看出,灰度直方图具有如下性质。

(1) 灰度直方图反映数字图像中灰度取值的统计分布信息,但不能描述像素之间的空间位置关系;

(2) 一个数字图像对应唯一的灰度直方图,而一个灰度直方图可能对应多个数字图像;

(3) 一个数字图像的灰度直方图是组成该图像的各个区域所对应的灰度直方图之和,具有可加性。

数字图像是由像素构成的,反映像素分布的灰度直方图是图像分析最为重要的全局特征之一。实际应用中,灰度直方图在特征提取、目标检测和目标分割等方面都有重要应用。

2. 直方图均匀化

直方图均匀化(Histogram Equalization)指的是将原始图像的灰度直方图从比较集中的某个灰度区间变成在全部灰度范围内的较为均匀地分布,即实现对图像灰度分布的拉伸。直方图均匀化就是重新分配像素灰度值,使得各个范围内像素数量大致相同,达到"均匀化"的目的,从而增强图像整体对比度。

直方图均匀化在数学上可以描述为一个映射或变换,如式(2-9)所示。

$$s = T(r) \tag{2-9}$$

这里,r 的取值为 $[0, L-1]$,是原图像的灰度等级,s 为均匀化后的图像灰度等级,T 是实现图像均匀化的变换。

变换 T 需要满足如下两个条件。

(1) $T(r)$ 在 $[0, L-1]$ 严格单调递增;

(2) $T(r)$ 的取值范围为 $[0, L-1]$。

这里,条件(1)的严格单调递增确保输出灰度值与输入灰度值一一对应,条件(2)保证输出灰度不会产生灰度越界,在原有灰度范围内。

下面针对图 2-17 的案例,以灰度的累积概率作为变换进行具体说明。

一幅数字图像的灰度直方图为 $p(r_k) = n_k/n$,$k = 0, 1, \cdots, L-1$。根据灰度累积概率的变换,对 r_k 均匀化后的灰度等级 s_k 的计算,如式(2-10)所示。

$$s_k = T(r_k) = (L-1) \sum_{j=0}^{k} p(r_k) \tag{2-10}$$

对于图 2-17 的图像,灰度等级 $L = 10$,像素数量 $n = 64$,根据式(2-10),计算均匀化后的灰度如下。

$$s_0 = 9 \times 2/64 = 0.2813, \quad 近似取 0$$

$$s_1 = 9 \times (2/64 + 2/64) = 0.5625, \quad 近似取 1$$

$$s_2 = 9 \times (2/64 + 2/64 + 3/64) = 0.9844, \quad 近似取 1$$

$$s_3 = 9 \times (2/64 + 2/64 + 3/64 + 5/64) = 1.6875, \quad 近似取 2$$

$$s_4 = 9 \times (2/64 + 2/64 + 3/64 + 5/64 + 16/64) = 3.9375, \quad 近似取 4$$

$$s_5 = 9 \times (2/64 + 2/64 + 3/64 + 5/64 + 16/64 + 14/64) = 5.9063, \quad 近似取 6$$

$s_6 = 9 \times (2/64 + 2/64 + 3/64 + 5/64 + 16/64 + 14/64 + 13/64) = 7.7344,$　近似取 8

$s_7 = 9 \times (2/64 + 2/64 + 3/64 + 5/64 + 16/64 + 14/64 + 13/64 + 5/64) = 8.4375,$　近似取 8

$s_8 = 9 \times (2/64 + 2/64 + 3/64 + 5/64 + 16/64 + 14/64 + 13/64 + 5/64 + 2/64) = 8.7188,$　近似取 9

$s_9 = 9 \times (2/64 + 2/64 + 3/64 + 5/64 + 16/64 + 14/64 + 13/64 + 5/64 + 2/64 + 2/64) = 9,$　取 9

可以看出,原来灰度等级为 6、7 的像素变为 8,将原来灰度较大的像素变为灰度更大的像素,原来灰度等级为 3、2 的像素变为 2 和 1,一定程度上起到了拉伸的作用。实际上,均匀化的过程就是将灰度较小的像素拉伸为灰度更小的像素,将灰度较大的像素拉伸为灰度更大的像素,对于中间灰度像素可以根据需要进行小幅度变换。

直方图均匀化示例如图 2-19 所示。可以看出,均匀化处理后的图像对比度更强,细节更为丰富。

(a) 原图

(b) 均匀化后

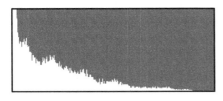

(c) 原图直方图

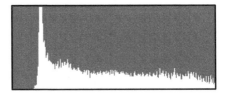

(d) 均匀化后直方图

图 2-19　直方图均匀化示例

2.3　图 像 滤 波

机器视觉系统实际应用场景中,特别是复杂工业生产过程中,数字图像中的噪声不可避免。图像中的噪声指的是存在于图像数据中不必要的或多余的干扰信息。

按照噪声产生的原因,可以将数字图像中的噪声分为外部噪声和内部噪声。外部噪声指的是因系统外部的各种干扰进入系统内部而带来的噪声,例如,自然场景的放电或高压电气设备工作引起的磁场干扰而带来的噪声;内部噪声指的是因成像系统内部器件工作产生的干扰而带来的噪声,例如,由于机械抖动引起电流变化所产生的噪声,以及电源引入的交流噪声。

按照噪声的统计特性,可以将数字图像中的噪声分为平稳噪声和非平稳噪声。平稳噪声指的是统计特性不随时间变化的噪声,非平稳噪声指的是统计特性随时间变化的噪声。

图像滤波是一种常见的图像预处理操作,指的是在尽量保留目标细节特征的前提下对图像中的噪声进行抑制或消除。

图像滤波可以在空域进行,也可以在频域进行,分别称为空域滤波和频域滤波。

常见的空域滤波方法包括均值滤波、高斯滤波、中值滤波和双边滤波等。空域滤波可以描述为一个基于邻域的操作算子,对于给定像素,根据此像素及周围像素的值决定此像素的输出值。空域滤波可通过式(2-11)实现。

$$g(x,y) = \sum_{(m,n)\in S} f(x+m,y+n) \times K(m,n) \tag{2-11}$$

其中,$f(x,y)$ 和 $g(x,y)$ 分别是带有噪声的输入图像的像素(x,y)的灰度和经过滤波操作后的输出图像的像素(x,y)的灰度;S 是像素(x,y)的邻域;K 为空间滤波器,也称为计算核(Kernel)或模板,根据 K 的不同,实现不同的滤波效果。

2.3.1 均值滤波

均值滤波是典型的线性滤波算法,使用目标像素及其周围像素的均值代替目标像素值。其计算过程如式(2-12)所示。

$$g(x,y) = \frac{1}{M} \sum_{(i,j)\in S} f(i,j) \tag{2-12}$$

其中,S 是以坐标(x,y)的目标像素为中心的邻域(含目标像素),M 是目标像素及邻域中的像素总数。常用的滤波器大小是 3×3,$M=9$。

一个典型的均值滤波的计算示例如图 2-20 所示。图 2-20(a)是大小为 3×3 的均值滤波器,图 2-20(b)是滤波前图像中像素的灰度,图 2-20(c)是均值滤波后图像中像素的灰度。计算过程中,平均后的结果按四舍五入取整。

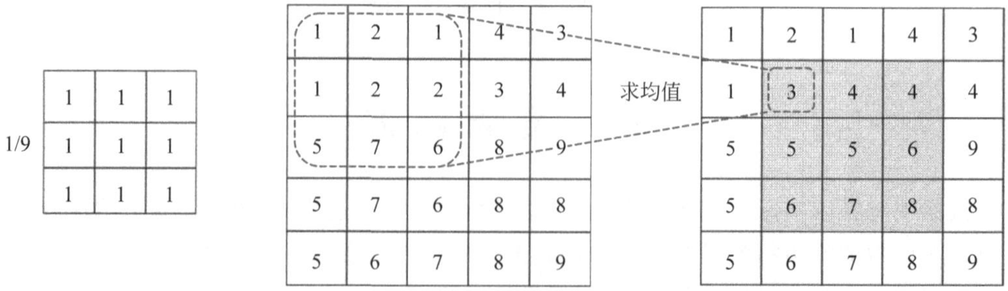

(a) 均值滤波器　　　　(b) 滤波前的像素值　　　　(c) 均值滤波后的像素值

图 2-20　均值滤波的计算示例

均值滤波的工作原理非常简单,缺点也非常明显,均值计算过程可能会将图像中的边缘信息以及其他特征进行平滑或模糊,丢失目标的一些重要特征。磨粒图像基于均值滤波的示例如图 2-21 所示。从滤波后的结果可以看出,均值滤波在去除噪声的同时也使得目标边缘模糊。

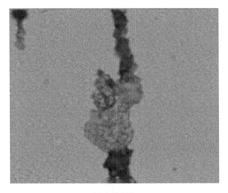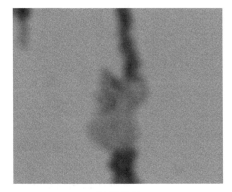

(a) 滤波前　　　　　　　　　　　　　　　　　　(b) 滤波后

图 2-21　磨粒图像基于均值滤波的示例

2.3.2　高斯加权均值滤波

高斯加权均值滤波也是一种线性滤波方法,适用于消除高斯噪声。高斯加权均值滤波指的是使用目标像素及其周围邻域像素的高斯加权均值代替目标像素值。

两种不同尺寸的高斯均值滤波器如图 2-22 所示。图 2-22(a)是尺寸为 3×3 的高斯均值滤波器,图 2-22(b)是尺寸为 5×5 的高斯均值滤波器。

1	2	1
2	4	2
1	2	1

$1/16$

1	4	7	4	1
4	16	26	16	4
7	26	41	26	7
4	16	26	16	4
1	4	7	4	1

$1/273$

(a) 3×3　　　　　　　　　　　　　(b) 5×5

图 2-22　两种不同尺寸的高斯均值滤波器

从高斯滤波器中的数值分布可以看出,高斯均值滤波器考虑了邻域内像素与中心目标像素之间的距离,距离中心目标像素越近的邻域像素对滤波计算的权重越大,距离中心目标像素越远的邻域像素对滤波计算的权重越小,这充分反映了自然图像中不同几何关系像素之间关系的密切程度。磨粒图像基于高斯均值滤波的示例如图 2-23 所示。从滤波后的结果可以看出,高斯均值滤波去除了部分噪声,但一定程度上使得目标区域变得模糊,但模糊程度较均值滤波更小。

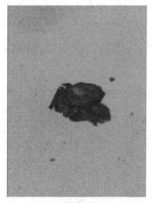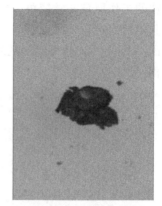

(a) 滤波前　　　　　　　　　　　　　(b) 滤波后(尺寸为5×5)

图 2-23　磨粒图像基于高斯均值滤波的示例

虽然均值滤波和高斯加权均值滤波对图像中的噪声具有抑制作用,但由于是均值计算过程,因此都会使得图像中的感兴趣目标变得模糊。

2.3.3　中值滤波

中值滤波属于非线性的平滑滤波,适用于消除椒盐噪声。中值滤波指的是使用目标像素及其周围像素的中值代替目标像素值。实际运算时,从滤波窗口中选择奇数个像素值进行排序,选择中间值作为目标像素值。中值滤波的计算过程示例如图 2-24 所示。

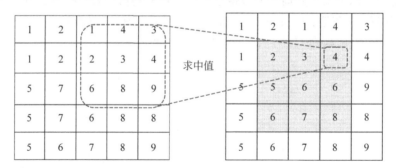

(a) 滤波前的像素值　　　　　　　　(b) 中值滤波后的像素值

图 2-24　中值滤波的计算过程示例

中值滤波的出现是为了克服均值滤波和高斯均值滤波造成图像中感兴趣目标变得模糊的缺点。例如,当图像中的噪声主要是椒盐噪声时,加入噪声的像素亮度比周围像素亮或暗很多,中值滤波的排序过程会使得最亮或暗的点始终排在队列的两侧,而避免被选择为目标像素值,从而有效地对这种噪声进行了滤除。图像基于中值滤波的示例如图 2-25 所示。从滤波后的结果可以看出,中值滤波有效滤除了噪声,同时对图像中的目标带来的干扰或模糊较弱。

(a) 带有椒盐噪声的滤波前的图像

(b) 中值滤波后的图像

图 2-25 图像基于中值滤波的示例

2.3.4 双边滤波

双边滤波也是一种非线性的滤波方法,在滤波计算过程中同时考虑图像中的中心像素与邻域中像素的距离和灰度值接近程度,即同时考虑像素的空域信息和灰度相似性。一般来说,双边滤波可以在保持目标边缘的同时有效滤除噪声。

双边滤波器由两个核函数构成:一个函数是由几何空间距离决定的滤波器系数,称为空间域核;另一个函数是由灰度差值决定的滤波器系数,称为值域核。

滤波后的像素值 $g(i,j)$ 依赖于邻域像素的值的加权组合,如式(2-13)所示。

$$g(i,j) = \frac{\sum\limits_{k,l} f(k,l) \times w(i,j,k,l)}{\sum\limits_{k,l} w(i,j,k,l)} \tag{2-13}$$

其中,(k,l) 是 (i,j) 邻域中的像素;$w(i,j,k,l)$ 为权重系数,是空间域核 $d(i,j,k,l)$ 和值域核 $r(i,j,k,l)$ 的乘积,定义分别如式(2-14)和式(2-15)所示。

$$d(i,j,k,l) = \exp\left(-\frac{(i-k)^2 + (j-l)^2}{2\sigma_d^2}\right) \tag{2-14}$$

$$r(i,j,k,l) = \exp\left(-\frac{\|f(i,j) - f(k,l)\|^2}{2\sigma_r^2}\right) \tag{2-15}$$

$$w(i,j,k,l) = d(i,j,k,l) \times r(i,j,k,l) = \exp\left(-\frac{(i-k)^2 + (j-l)^2}{2\sigma_d^2} - \frac{\|f(i,j) - f(k,l)\|^2}{2\sigma_r^2}\right) \tag{2-16}$$

式中,σ_d 为空间域核 $d(i,j,k,l)$ 的平滑系数,σ_r 为值域核 $r(i,j,k,l)$ 的平滑系数。

由空间域核 $d(i,j,k,l)$ 的计算公式可知,当点 (k,l) 距离中心像素 (i,j) 的距离越近,权重系数越大。同样,由值域核 $r(i,j,k,l)$ 的计算公式可知,当点 (k,l) 和中心像素 (i,j) 的灰度值越接近,权重系数越大,并趋近于 1。

双边滤波的核函数是空间域核与像素值域核的综合结果。当双边滤波在图像的平坦区域进行时,像素值变化很小,空间域核权重起主要作用,相当于进行简单的高斯均值滤波;当双边滤波在目标的边缘区域进行时,灰度值接近的像素对目标像素贡献较大,从而保持了边缘的信息。

磨粒图像基于双边滤波的示例如图 2-26 所示。从滤波后的结果可以看出,双边滤波在去除噪声的同时很好地保持了图像中的目标边缘。

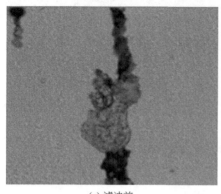 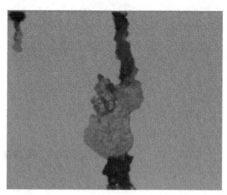

(a) 滤波前　　　　　　　　　　　　　　　　(b) 滤波后

图 2-26　磨粒图像基于双边滤波的示例

综合以上几种空间滤波方法,可以看出:

(1) 均值滤波用其中心像素及周围邻域像素的平均值代替原中心像素值,在滤除噪声的同时也会滤掉目标边缘信息,使得目标模糊;

(2) 高斯均值滤波在滤波过程中考量图像中像素之间的空间几何位置关系的基础上,比均值滤波更加接近真实的自然场景,虽然也会使得目标模糊,但一般情况下模糊程度较均值滤波要小;

(3) 中值滤波使用中心像素及周围邻域像素组成的序列的中值代替原中心像素值,对去除椒盐噪声,效果非常明显;

(4) 双边滤波综合考虑空间域和像素值域两种因素,在过滤噪声的同时有效保留了图像中的目标边缘。

2.3.5　频域滤波

图像滤波可以在空域进行,也可以在频域进行。对于一幅数字图像,从空域的角度看,就是二维的像素阵列,空域滤波是基于像素之间的几何位置关系进行的;从频域的角度看,数字图像中含有不同的频率成分,频域滤波就是滤除不需要的频率成分。

简单来说,可以将图像的频率理解为表征图像中灰度变化剧烈程度的指标。例如,一幅图像整体上灰度变化缓慢(如大面积的蓝天、湖面),则该图像在频域中的低频成分就占据主要部分,高频成分相对较少;如果一幅图像的灰度变化剧烈(如绚丽多彩的自然风光、棋盘格),则该图像在频域中的高频成分则相对较多。

图像从空域到频域的变换是通过二维离散傅里叶变换(Discrete Fourier Transform, DFT)实现的。假设 $f(x,y)$ 是空间分辨率为 M×N 的数字图像中 (x,y) 处的像素,其二维离散傅里叶变换如式(2-17)所示。

$$F(u,v) = \sum_{x=0}^{M-1} \sum_{y=0}^{N-1} f(x,y) e^{-j2\pi \left(\frac{ux}{M} + \frac{vy}{N} \right)} \tag{2-17}$$

其中，$u=0,1,\cdots,M-1$，$v=0,1,\cdots,N-1$。空间域是以坐标 x,y 表示 $f(x,y)$ 的坐标系，频域是以 u,v 表示 $F(u,v)$ 的坐标系。

给定 $F(u,v)$，可以使用离散傅里叶反变换（Inverse Discrete Fourier Transform，IDFT）得到 $f(x,y)$，如式（2-18）所示。

$$f(x,y) = \frac{1}{MN} \sum_{u=0}^{M-1} \sum_{v=0}^{N-1} F(u,v) e^{j2\pi \left(\frac{ux}{M} + \frac{vy}{N} \right)} \tag{2-18}$$

可以看出，图像 $f(x,y)$ 是由不同频率 (u,v) 的成分叠加组成的，不同频率成分的幅值 $|F(u,v)|$ 各不相同，反映出图像灰度变化的剧烈程度。同时，$F(u,v)$ 不取决于某一个点 $f(x,y)$，而是与整个图像空间域中的所有像素有关。

$F(0,0)$ 称为图像中的直流成分，其计算如式（2-19）所示。

$$F(0,0) = \sum_{x=0}^{M-1} \sum_{y=0}^{N-1} f(x,y) = MN \mid \bar{f}(x,y) \mid \tag{2-19}$$

其中，$\bar{f}(x,y)$ 是图像中所有像素 $f(x,y)$ 的平均值，由于图像分辨率一般较大，MN 较大，因此 $F(0,0)$ 通常是频谱的最大成分。

数字图像及频谱图示例如图 2-27 所示。图像中的低频部分对应变换缓慢的部分，图像中的高频部分对应变换剧烈的部分。如果频谱图中低亮度的像素较多，则实际图像比较柔和；反之，如果频谱图中高亮度的像素较多，则实际图像中物体边缘可能较为尖锐，目标边界两边像素差异较大。另外，从方向上看，图像中梯度变化的方向与频谱图中亮点所体现趋势方向是一致的。

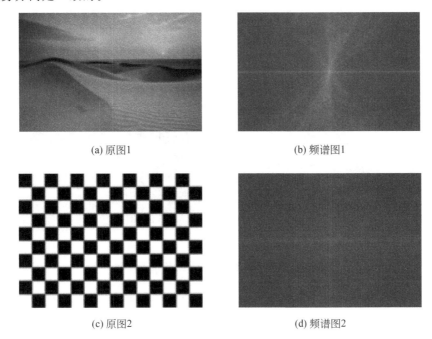

(a) 原图1　　　　　　　　　　　　　　(b) 频谱图1

(c) 原图2　　　　　　　　　　　　　　(d) 频谱图2

图 2-27　数字图像及频谱图示例

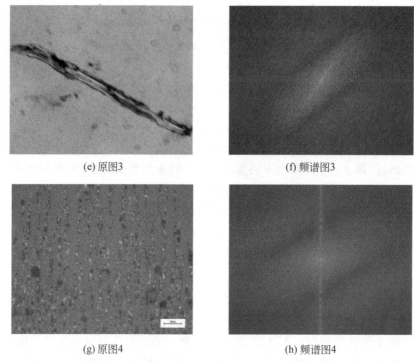

(e) 原图3　　　　　　　　　(f) 频谱图3

(g) 原图4　　　　　　　　　(h) 频谱图4

图 2-27　（续）

对于频域滤波，首先将图像转换到频域，然后对不同的频率成分进行滤除，以保留有效频率成分。低通滤波指的是保留图像中的低频分量、滤除高频分量；高通滤波则是保留图像中的高频分量、滤除低频分量。带通滤波指的是保留特定频带成分、对其余频率成分进行抑制或去除。

基于高通滤波进行边缘提取示例如图 2-28 所示。

(a) 原图　　　　　　　　　　(b) 提取结果

图 2-28　基于高通滤波进行边缘提取示例

基于低通滤波进行图像降噪示例如图 2-29 所示。从滤波后的结果可以看出，椒盐噪声得到了有效滤除。

(a) 原图　　　　　　　　　　　　　　　　(b) 滤波后

图 2-29　基于低通滤波进行图像降噪示例

2.4　边　缘　检　测

　　边缘检测是图像处理和机器视觉中的基本任务。数字图像的边缘可能源自图像中不同颜色、不同亮度、不同纹理、不同平面等区域形成的,如图 2-30 所示。

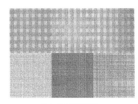

(a) 不同颜色　　　　　　(b) 不同亮度　　　　　　(c) 不同纹理　　　　　　(d) 不同平面

图 2-30　图像的边缘

　　数字图像中,边缘指的是亮度上存在阶跃或屋顶变化的区域。图像边缘具有方向和幅度两个特征。沿边缘方向,像素的灰度值变化比较平缓;而沿垂直于边缘的方向,像素的灰度值变化比较剧烈。这种剧烈的变化或者呈阶跃状,或者呈屋顶状,分别称为阶跃状边缘或屋顶状边缘。数学中,函数的变化率由导数刻画。图像可以看成二维函数,其像素值变化也可以用导数刻画。以常见的阶跃状边缘和屋顶状边缘为例,图像边缘的一阶导数和二阶导数,如图 2-31 所示。

　　对于阶跃边缘,其灰度变化的一阶导数在边缘中心达到极值,二阶导数在边缘中心与零交叉。对于局部屋顶边缘,其灰度变化曲线的一阶导数在边缘中心与零交叉,二阶导数在边缘中心达到极值。

　　有些情况下,如边缘灰度变化均匀,只利用一阶导数可能找不到边缘。此时,二阶导数则能提供必要的定位信息。但是,二阶导数对噪声比较敏感,通常解决的方法是先对图像进行平滑滤波,消除部分噪声,再进行边缘检测。

　　图像的边缘可以借助数学上的导数确定,而导数是微分之商。数字图像中,可以将微分之商的分母看成是恒定的,求导则转换为求微分。由于数字图像是空间离散的二维网

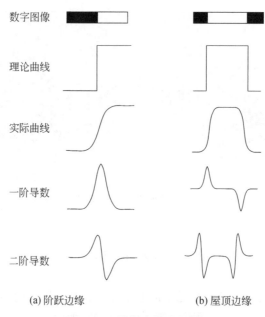

图 2-31   图像边缘及导数

格像素,因此微分可使用像素值的差分计算。图像的边缘检测就是基于差分算子实现的,主要包括 Roberts、Sobel 和 Prewitt 等一阶算子和拉普拉斯二阶算子。

2.4.1   梯度原理

对于连续图像 $f(x,y)$,f 在 (x,y) 处的梯度 $\boldsymbol{G}(x,y)$ 可以表示为向量,如式(2-20)所示。

$$\boldsymbol{G}(x,y)=\begin{bmatrix} g_x \\ g_y \end{bmatrix}=\begin{bmatrix} \dfrac{\partial f(x,y)}{\partial x} \\ \dfrac{\partial f(x,y)}{\partial y} \end{bmatrix} \tag{2-20}$$

其中,g_x 为 X 方向上的梯度,g_y 为 Y 方向上的梯度。梯度向量 $\boldsymbol{G}(x,y)$ 具有重要的几何特征,表示在 (x,y) 处 f 的最大变化率的方向。梯度向量 $\boldsymbol{G}(x,y)$ 的幅值定义如式(2-21)所示。

$$M(x,y)=\sqrt{g_x^2+g_y^2} \tag{2-21}$$

实际使用时,一般使用两个分量的绝对值之和近似计算,即 $M(x,y)=|g_x|+|g_y|$。梯度的方向是 f 在 (x,y) 处变化最快的方向,其定义如式(2-22)所示。

$$\theta(x,y)=\arctan(g_y/g_x) \tag{2-22}$$

图像边缘方向与梯度方向是互相垂直的,如图 2-32 所示。

从梯度原理出发,已经发展了众多一阶边缘检测算子,如 Roberts 算子、Sobel 算子和 Prewitt 算子等。

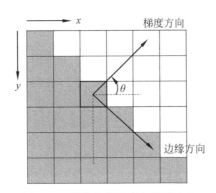

图 2-32   图像边缘方向与梯度方向

2.4.2   Roberts 算子

Roberts 算子采用的像素梯度是 2×2 的模板上对角方向上两个相邻像素的灰度之差。Roberts 算子的差分形式如式(2-23)和式(2-24)所示。

$$g_x = f(x+1, y+1) - f(x, y) \tag{2-23}$$

$$g_y = f(x, y+1) - f(x+1, y) \tag{2-24}$$

Roberts 算子模板如图 2-33 所示。

使用 Roberts 算子进行边缘检测的工作过程是：分别使用图 2-33 中的两个模板对图像进行逐个像素的卷积运算(将模板中的数与模板覆盖下的图像中的像素值进行对应相乘再进行加和)，并将两个卷积结果相加作为像素的梯度值；如果梯度值达到给定阈值，则将其作为检测结果图像中对应位置的像素值，即检测出的边缘像素，否则对应位置像素赋值为 0，不是边缘像素。

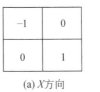
(a) X 方向

(b) Y 方向

图 2-33   Roberts 算子模板

使用 Roberts 算子进行边缘检测的示例如图 2-34 表示。可以看出，Roberts 算子有效检测出了物体的边缘，但对纹理较为复杂的区域，检测出的边缘像素较多。

(a) 原图

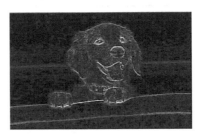
(b) 边缘检测结果

图 2-34   使用 Roberts 算子进行边缘检测的示例

2.4.3　Sobel 算子

Sobel 算子采用 3×3 邻域进行梯度计算，该算子模板如图 2-35 所示。Sobel 算子采用的像素梯度是 3×3 模板上水平方向和垂直方向上像素的灰度之差，其中，两侧的中间像素对梯度的贡献较其他像素更大。

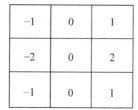

−1	−2	−1
0	0	0
1	2	1

−1	0	1
−2	0	2
−1	0	1

(a) Y 方向　　　　　(b) X 方向

图 2-35　Sobel 算子模板

Sobel 算子的差分形式，如式(2-25)和式(2-26)所示。

$$g_y = [f(x-1,y+1) + 2f(x,y+1) + f(x+1,y+1)] - $$
$$[f(x-1,y-1) + 2f(x,y-1) + f(x+1,y-1)] \tag{2-25}$$
$$g_x = [f(x+1,y-1) + 2f(x+1,y) + f(x+1,y+1)] - $$
$$[f(x-1,y-1) + 2f(x-1,y) + f(x-1,y+1)] \tag{2-26}$$

使用 Sobel 算子进行边缘检测的典型案例如图 2-36 所示。其中，图 2-36(a)是原图，图 2-36(b)是仅使用 X 方向梯度进行检测的结果，检测出了竖线和斜线；图 2-36(c)是仅使用 Y 方向梯度进行检测的结果，检测出了横线和斜线；图 2-36(d)是同时使用两个方向梯度进行检测的结果，有效检测出了所有直线的边缘。

Sobel 算子在较好地获得图像中物体边缘的同时，因为其算子模板中各个数之和为 0，所以对噪声还具有一定的平滑作用。

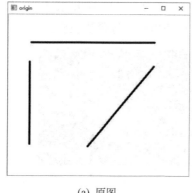

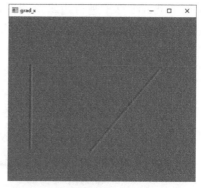

(a) 原图　　　　　　　　(b) 使用 X 方向梯度进行检测的结果

图 2-36　使用 Sobel 算子进行边缘检测的典型案例

 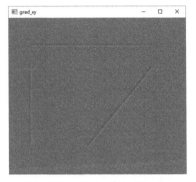

(c) 使用 Y 方向梯度进行检测的结果　　　(d) 同时使用两个方向梯度进行检测的结果

图 2-36　（续）

使用 Sobel 算子进行边缘检测的示例如图 2-37 所示。可以看出，Sobel 算子同样有效地检测出了物体的边缘，但对纹理较为复杂的区域，检测出的边缘像素也比较多。

 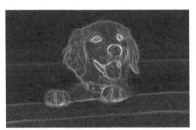

(a) 原图　　　　　　　　　　　(b) 边缘检测效果

图 2-37　使用 Sobel 算子进行边缘检测的示例

2.4.4　Prewitt 算子

Prewitt 算子与 Sobel 算子类似，只是所采用的算子模板对同侧各个像素所赋予的权值相同。Prewitt 算子模板如图 2-38 所示。

−1	−1	−1
0	0	0
1	1	1

−1	0	1
−1	0	1
−1	0	1

(a) Y 方向　　　　　　　　　　(b) X 方向

图 2-38　Prewitt 算子模板

Prewitt 算子的差分形式，如式（2-27）和式（2-28）所示。

$$g_y = [f(x-1,y+1) + f(x,y+1) + f(x+1,y+1)] -$$
$$[f(x-1,y-1) + f(x,y-1) + f(x+1,y-1)] \quad (2\text{-}27)$$

$$g_x = [f(x+1, y-1) + f(x+1, y) + f(x+1, y+1)] -$$
$$[f(x-1, y-1) + f(x-1, y) + f(x-1, y+1)] \tag{2-28}$$

同样,Prewitt算子也具有一定的噪声抑制作用,但一般来说,其噪声抑止效果不及Sobel算子。

使用Prewitt算子进行边缘检测的示例如图2-39表示。

(a) 原图　　　　　　　　　　　　　　　　(b) 效果图

图 2-39　使用 Prewitt 算子进行边缘检测的示例

从梯度原理来说,由于 Robert、Prewitt 算子都是一阶微分算子,通常会在图像边缘附近区域内产生较宽的响应,后续需要对边缘进行进一步优化。

2.4.5　拉普拉斯算子

拉普拉斯算子是一个二阶微分算子,由于其"过零"的特点,对边缘具有较强的定位能力。图像 $f(x,y)$ 中的拉普拉斯算子定义,如式(2-29)所示。

$$\nabla^2 f(x,y) = \frac{\partial^2 f}{\partial x^2} + \frac{\partial^2 f}{\partial y^2} \tag{2-29}$$

其中,在 X 方向的二阶导数使用差分形式表达,如式(2-30)所示。

$$\frac{\partial^2 f}{\partial x^2} = f(x+1, y) + f(x-1, y) - 2f(x,y) \tag{2-30}$$

在 Y 方向的二阶导数使用差分形式表达,如式(2-31)所示。

$$\frac{\partial^2 f}{\partial y^2} = f(x, y+1) + f(x, y-1) - 2f(x,y) \tag{2-31}$$

综上,拉普拉斯算子的差分形式如式(2-32)所示。

$$\nabla^2 f(x,y) = f(x+1, y) + f(x-1, y) + f(x, y+1) + f(x, y-1) - 4f(x,y)$$
$$\tag{2-32}$$

拉普拉斯算子的模板形式,如图 2-40 所示。

0	1	0
1	−4	1
0	1	0

图 2-40　拉普拉斯算子的模板

拉普拉斯算子是二阶微分算子,对图像中边缘定位准确。但是,拉普拉斯算子对噪声非常敏感。当使用拉普拉斯算子进行边缘检测时,一般应先进行滤波处理。

使用拉普拉斯算子进行边缘检测的示例,如图 2-41 所示。

由于对噪声非常敏感,因此拉普拉斯算子一般不以其

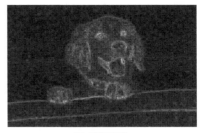

(a) 原图　　　　　　　　　　　　　　(b) 处理结果

图 2-41　使用拉普拉斯算子进行边缘检测的示例

原始形式用于边缘检测,而是利用其零交叉性质进行边缘定位,实现图像分割。拉普拉斯算子的改进方法为高斯拉普拉斯算子(Laplacian of Gaussian,LoG),其基本思想是:在进行拉普拉斯操作之前,先用高斯平滑滤波器对图像进行低通滤波,以降低拉普拉斯操作对于噪声的敏感性。

2.4.6　Canny 算子

Canny 算子是 John F. Canny 于 1986 年提出的多阶段边缘检测算子,已得到广泛应用。Canny 算子进行边缘检测的过程如图 2-42 所示。Canny 算子是一个具有滤波、检测、优化的多阶段的边缘检测算子。首先,使用高斯平滑滤波器平滑图像以除去噪声;其次,采用一阶微分的有限差分计算梯度幅值和方向,使用非极大值抑制进行"瘦边";最后,采用双阈值调整检测出的边缘。

图 2-42　使用 Canny 算子进行边缘检测的过程

具体过程如下:

(1) 高斯滤波,利用高斯滤波器对输入图像进行滤波处理,减少噪声对边缘检测的干扰。滤波后的图像与原始图像相比会有轻微的模糊。

(2) 计算梯度,利用 Sobel 算子计算图像的梯度幅值和方向,找到图像的边缘。

以图 2-43(a)为例,计算 $f(1,1)$ 点的梯度幅值和方向。

垂直方向梯度:

$$g_y = (1 \times 1 + 1 \times 2 + 1 \times 1) - (1 \times 1 + 0 \times 2 + 0 \times 1) = 3$$

水平方向梯度:

$$g_x = (0 \times 1 + 0 \times 2 + 1 \times 1) - (1 \times 1 + 1 \times 2 + 1 \times 1) = -3$$

梯度幅值:

$$M(x,y) = \sqrt{g_x^2 + g_y^2} = 3\sqrt{2}$$

梯度的方向:

$$\theta(x,y) = \arctan\left(\frac{g_y}{g_x}\right) = \arctan\frac{3}{-3} = 135°$$

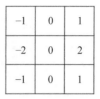

1	0	0	2	4
1	1	0	1	3
1	1	1	2	1
1	4	1	10	2
2	2	3	2	5

(a) 边缘像素

-1	-2	-1
0	0	0
1	2	1

(b) Y方向的Sobel算子

-1	0	1
-2	0	2
-1	0	1

(c) X方向的Sobel算子

图 2-43　计算梯度幅值和方向的示例

梯度方向计算结果如图 2-44 所示。可以看出,梯度方向与边缘方向是垂直的。

一般来说,使用 Sobel 算子检测出的图像中的边缘较多,也不够清晰,需要进一步抑制边缘。

(3) 非极大值抑制,对梯度幅值进行非极大值抑制(Non Maximum Suppression, NMS),从众多可能的边缘中准确选择最优的边缘,实现对边缘的抑制。

非极大值抑制是进行边缘检测的重要步骤,目的是寻找像素点梯度的局部最大值。沿着梯度方向比较像素点前后像素或亚像素的梯度值,如图 2-45 所示。这里,亚像素指的是像素梯度方向穿过两个像素之间的交叉点,如图 2-45 中的 S_1 和 S_2 点。

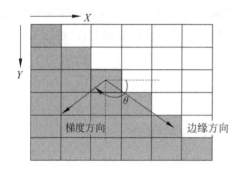

图 2-44　梯度方向计算结果

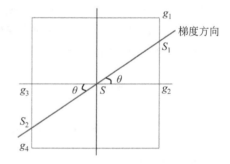

图 2-45　非极大值抑制原理示例

对于图 2-45 中的斜线为 S 点的梯度方向,S_1、S_2 是沿梯度方向、与 S 点八邻域相交的两点。如果 S 点是局部极大值,该像素点梯度幅值 $M(S)$ 应大于 S_1、S_2 处的梯度幅值。因此,需要将像素 S 的梯度幅值与 S_1、S_2 的梯度幅值进行比较:

如果 $M(S) > M(S_1)$ 并且 $M(S) > M(S_2)$,则 S 点可能是边缘;

如果 $M(S) < M(S_1)$ 或者 $M(S) < M(S_2)$,则 S 点不是边缘点,该点被抑制。

由于梯度方向可以是任意的,因此 S_1、S_2 不一定恰好是真实像素点,而是亚像素点,如何计算 S_1、S_2 点的梯度幅值? 一般来说,亚像素点的梯度强度需要用相邻的两个像素点进行线性插值得到。

图 2-45 中,S_1 点在 g_1 和 g_2 之间,$M(S_1)$ 的值可以由 $M(g_1)$、$M(g_2)$ 和 S 点梯度方向 θ 计算得到,如式(2-33)所示。

$$M(S_1) = \tan\theta \times M(g_1) + (1 - \tan\theta) \times M(g_2) \tag{2-33}$$

同理,S_2 点在 g_3 和 g_4 之间,$M(S_2)$ 的值可以由 $M(g_3)$、$M(g_4)$ 和 S 点梯度方向 θ 计算得到,如式(2-34)所示。

$$M(S_2) = (1 - \tan\theta) \times M(g_3) + \tan\theta \times M(g_4) \tag{2-34}$$

根据上述规则,判断 S 点是否应该被抑制。

图 2-46 展示了 4 种不同梯度方向的亚像素分布情况,插值计算过程类似。

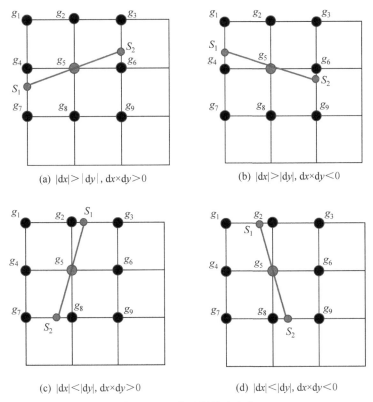

图 2-46   4 种不同梯度方向

Sobel 算子计算出的边缘经过非极大值抑制后更加简洁,边缘宽度已经大大减小,但是还存在一些具有较小梯度幅值的点,需要进一步优化处理。

(4) 双阈值检测,利用双阈值检测和边缘连接选取效果最好的边缘。

Canny 算子使用一个高阈值和一个低阈值的双阈值区分边缘像素。当像素点梯度幅度大于高阈值时,是边缘;当像素点梯度幅值小于低阈值时,不是边缘;当像素梯度幅值位于高低阈值之间时,只有和边缘相连接时才会被认为是边缘,如图 2-47 所示。

通过对双阈值进行调整,实现从众多的边缘中选出最优边缘。图 2-48 展示了使用 Canny 算子进行边缘检测时,各个阶段的效果图。图 2-48(a)是原图,图 2-48(b)是高斯滤波的效果,图 2-48(c)是使用 Sobel 算子进行边缘检测的效果,图 2-48(d)是进行非极大值抑制后的边缘检测效果,找出了局部区域具有较大梯度的边缘,图 2-48(e)是进行双阈值优化调整后的边缘像素,边缘得到了简化,获得了"瘦边"的效果。

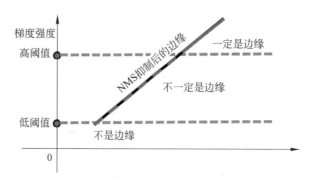

图 2-47　双阈值检测示意图

(a) 原图

(b) 高斯滤波(3*3)

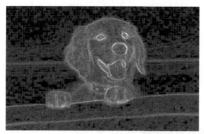

(c) Sobel算子计算的边缘

(d) 非极大值抑制

(e) 双阈值调整

图 2-48　使用 Canny 算子进行边缘检测的过程

2.5　图　像　分　割

图像分割是数字图像和计算机视觉中的关键步骤,对实现图像理解具有重要作用,也是图像处理中最困难的问题之一。图像分割指的是根据灰度、色彩、空间纹理、几何形状等特征将图像划分成若干个互不相交的区域,使得这些特征在同一区域内表现出良好的一致性或相似性,而在不同区域间表现出较为明显的差异。

通过图像分割,可以将感兴趣的目标从图像背景中分离出来,以方便进行数量统计、尺寸测量、面积占比等计算。从数学角度看,图像分割是将数字图像划分成互不相交的区域的过程,如图 2-49 所示。

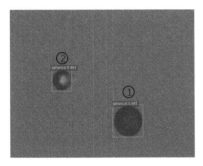 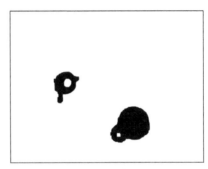

(a) 原图　　　　　　　　　　　　　　　　(b) 分割结果

图 2-49　图像分割的示例(见彩插)

图像分割方法主要包括基于边缘检测的分割、基于阈值的分割、基于区域的分割、分水岭分割、基于聚类的分割和图割分割等。基于边缘检测的分割指的是通过使用边缘检测算子找出图像中物体的边缘,达到对图像进行分割的目的。一般来说,边缘检测可以获得较多的边缘像素,但很难保证获得封闭的目标区域。

2.5.1　阈值分割

阈值分割是一种最常用的图像分割方法,其基本思想是基于图像的灰度分布特征计算一个或多个阈值,然后将图像中每个像素的灰度值与阈值进行比较,根据比较结果将每个像素分为目标或背景。阈值分割算法简单、直观、计算速度快,是一种最基本的图像分割方法。阈值分割实现的是从输入图像 f 到输出图像 g 的变换,如式(2-35)所示。

$$g(x,y) = \begin{cases} 1, & f(x,y) > T \\ 0, & f(x,y) \leqslant T \end{cases} \tag{2-35}$$

其中,T 是分割的阈值。如果 T 在整个图像上保持不变,则称为全局固定阈值;如果 T 的值取决于局部区域像素,则称为动态阈值或局部自适应阈值。

1. 全局固定阈值分割

全局固定阈值指的是整个图像使用一个固定值进行分割。理论上,如果图像亮度直方图分布具有较为明显的双峰结构,以直方图双峰之间的谷底处灰度值作为阈值进行图像的固定阈值分割,可将目标和背景分割开。

对于图 2-49(a)中的磨粒图像,其灰度直方图如图 2-50 所示。可以看到,该图像的灰度分布大致集中在 25～40 和 60～75 这两个范围,分别对应背景和两个球状磨粒。因此,可以选择固定阈值 50,实现将磨粒从背景中分割出来。

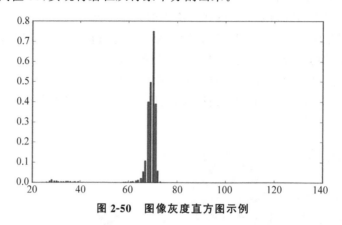

图 2-50　图像灰度直方图示例

固定阈值分割有不同的实现方式。OpenCV 中的固定阈值分割方法是 cv2.threshold(),具体如下。

```
ret, dst =cv2.threshold(src, thresh, maxval, type)
```

其中,src 是输入图像,为单通道灰度或亮度图;dst 是输出的分割结果;thresh 是分割阈值;maxval 是最大值,取决于 type;type 是阈值的类型,包含如下 5 种类型。

(1) cv2.THRESH_BINARY,阈值的二值化操作,若像素灰度大于阈值,则赋值为 maxval;若像素灰度小于阈值,则赋值为 0。

(2) cv2.THRESH_BINARY_INV,阈值的二值化翻转操作,若像素灰度大于阈值,则赋值为 0;若像素灰度小于阈值,则赋值为 maxval。

(3) cv2.THRESH_TRUNC,根据阈值进行截断操作,若像素灰度大于阈值,则赋值为阈值;若像素灰度小于阈值,则保持不变。

(4) cv2.THRESH_TOZERO,根据阈值进行化零操作,若像素灰度大于阈值,则保持不变;若像素灰度小于阈值,则赋值为 0。

(5) cv2.THRESH_TOZERO_INV,根据阈值进行化零操作的翻转,若像素灰度大于阈值,则赋值为 0;若像素灰度小于阈值,则保持不变。

使用全局固定阈值对一幅带噪声的指纹图像进行分割,如图 2-51 所示。可以看出,由于图 2-51(b)所示的直方图具有明显的双峰结构,两侧灰度分别对应图像的背景和指纹,可以取双峰之间的灰度值作为分割阈值,实现对指纹目标的良好分割。

全局固定阈值分割适用于目标和背景分别占据不同灰度范围的图像。如果目标和背景灰度分布并不规律,很难确定一个固定阈值,一般需要使用局部自适应阈值。

2. 局部自适应阈值分割

局部自适应阈值分割指的是根据一定尺寸范围内的像素邻域中的像素值分布进行分

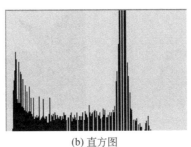

(a) 原图　　　　　　　　(b) 直方图　　　　　　　　(c) 分割结果

图 2-51　使用全局固定阈值进行图像分割

割。亮度较高的像素区域所采用的分割阈值较大,亮度较低的像素区域所采用的分割阈值较小。该方法根据图像不同区域的灰度分布自适应地计算不同区域的局部分割阈值,称之为局部自适应阈值分割。

局部自适应阈值分割可以根据像素邻域的均值、中值或者高斯加权平均值计算得到局部分割阈值。OpenCV 中的自适应阈值分割方法是 cv2.adaptiveThreshold(),具体说明如下。

```
dst = cv2.adaptiveThreshold(src, maxval, thresh_type, type, BlockSize, C)
```

其中,src 是输入图像,为单通道灰度或亮度图;dst 是输出分割结果;maxval 是最大值;取决于 type;thresh_type 是分割阈值的计算方法,包含如下两种类型。

(1) cv2.ADAPTIVE_THRESH_MEAN_C,采用局部邻域中的像素亮度均值减去指定常数 C 作为阈值。

(2) cv2.ADAPTIVE_THRESH_GAUSSIAN_C,采用局部邻域中的像素亮度高斯加权并减去指定常数 C 作为阈值。

type 同全局固定阈值方法,也有 5 种类型;BlockSize 为邻域的大小,C 为分割阈值计算中指定的常数。

对一幅光照不均匀的图像进行局部自适应阈值分割,如图 2-52 所示。可以看出,由于光照不均匀,无法使用统一的固定全局阈值将数字“6”分割出来,如图 2-52(b)所示;使用局部自适应阈值分割取得了较好效果,如图 2-52(c)和图 2-52(d)所示。

2.5.2　最大类间方差法

最大类间方差法是由日本学者大津于 1979 年提出的,也是一种阈值分割的方法,简称 OTSU 算法,又称大津法。最大类间方差意味着背景和目标之间的类间方差最大时的阈值,即分割的阈值。

假设一幅图像中有 L 个不同的灰度等级 $\{0, 1, \cdots, L-1\}$,当目标与背景的分割阈值为 T 时,大于阈值 T 的像素为目标,占图像比例为 w_0,像素灰度均值为 u_0;小于阈值 T 的像素为背景,占图像比例为 w_1,像素灰度均值为 u_1。

设 p_i 是灰度级为 i 的像素在所有像素中占的比例,则有

(a) 原图　　　　　　　　　　(b) 固定阈值分割(130)

(c) 自适应阈值分割(均值)　　　(d) 自适应阈值分割(高斯)

图 2-52　固定阈值分割和局部自适应阈值分割

目标像素所占比例计算,如式(2-36)所示。

$$w_0 = \sum_{i=T+1}^{L-1} p_i \tag{2-36}$$

目标像素的灰度均值计算,如式(2-37)所示。

$$u_0 = \sum_{i=T+1}^{L-1} i \times p_i \tag{2-37}$$

背景像素所占比例计算,如式(2-38)所示。

$$w_1 = \sum_{i=0}^{T} p_i \tag{2-38}$$

背景像素的灰度均值计算,如式(2-39)所示。

$$u_1 = \sum_{i=0}^{T} i \times p_i \tag{2-39}$$

整个图像的灰度均值计算,如式(2-40)所示。

$$u_{\text{total}} = \sum_{i=0}^{L-1} i \times p_i \tag{2-40}$$

目标像素和背景之间的类间方差计算,如式(2-41)所示。

$$g(T) = w_0 \times (u_0 - u_{\text{total}})^2 + w_1 \times (u_{\text{total}} - u_1)^2 \tag{2-41}$$

根据类间方差的计算公式,目标和背景之间的类间方差越大,说明构成两个部分之间差别越大。最大类间方差法就是寻找使得目标函数 $g(T)$ 取最大值的分割阈值 T。

最大类间方差法的执行步骤如下。

(1) 定义数组 array 存放不同阈值对应的类间方差。

(2) 计算图像整体灰度均值 u_{total}。

(3) for T from 0 to L－1：♯ 遍历所有灰度等级:

① 计算目标像素的比例 w_0 和灰度均值 u_0；

② 计算背景像素的比例 w_1 和灰度均值 u_1；

③ 计算目标和背景两类的类间方差，并将其存入 array 中。

（4）遍历数组 array，找到该最大值对应的灰度等级，即最佳分割阈值 T。

使用最大类间方差法进行图像分割的示例如图 2-53 所示。

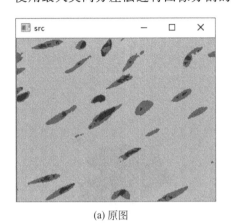
(a) 原图

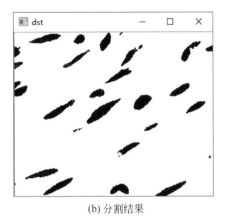
(b) 分割结果

图 2-53　使用最大类间方差法进行图像分割的示例

最大类间方差法无须参数，使用效果较好。

2.5.3　区域生长算法

区域生长算法的基本思想是将有相似性质的像素归并为一个单独的目标或背景。首先选择一个种子点（seed point）作为生长的起点，然后将种子点周围邻域像素与种子点进行逐一比对，将具有相似性质的邻域像素合并进来并继续以邻域像素作为种子点向外生长，直到没有满足条件的像素被合并进来为止，一个区域的生长完成。

区域生长的效果取决于多个因素，包括：

（1）种子点的准确选取。种子点的选取可以采用人工交互进行手动确定，也可以利用其他算法找到的关键特征点作为种子点。

（2）生长过程中的相似性准则。生长过程中的相似性准则可以是灰度差、色彩差、纹理、边缘或局部特征的差异等。

（3）停止生长的终止条件，可以是没有新的像素被合并到目标区域，一定的生长次数，没有供生长的种子点等。

区域生长算法的工作步骤如下。

（1）创建一个空白图像，用于存储分割结果；

（2）创建一个堆栈，存放待生长的种子点，并将种子点逐个压栈；

（3）依次让种子点逐个出栈；

（4）根据生长相似性准则判断该种子点周围的邻域像素是否与种子点相似，若相似，则将该像素与种子点合并为同一区域，记录在分割结果中，并将该邻域像素压入堆栈作为下次生长的种子点；

（5）重复步骤（3）和（4），当堆栈中不存在种子点时，停止生长。

以 8-邻域方式进行区域生长的图像分割示例，如图 2-54 所示。可以看出，区域生长可以将图像中的主要目标分割出来。但是，由于区域生长方法是基于邻域像素的相似性进行生长的，容易受到离群点、孤立点等影响。可以结合后续的图像形态学方法对分割结果进行优化。

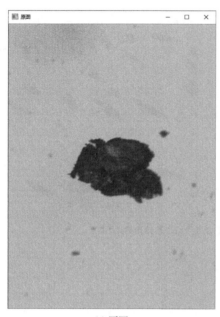

(a) 原图　　　　　　　　　　　　　　　(b) 分割结果

图 2-54　以 8-邻域方式进行区域生长的图像分割示例

区域生长是一种串行区域分割方法，其优点是原理简单，工作过程直观，通常将具有相同或相似特征的连通区域分割出来，并能提供很好的边界信息和分割结果。但是，区域生长法是一种迭代的方法，空间和时间开销较大，噪声和灰度不均匀等可能导致空洞或过度分割。

这里，串行区域分割指的是后续分割的像素依赖于前面分割的结果，区域生长就是一种典型的串行区域分割方法；并行区域分割指的是所有分割的像素之间没有前后依赖关系，如各种阈值分割方法。

2.5.4　分水岭算法

分水岭（Watershed）算法是一种基于拓扑理论的数学形态学的分割方法，将在空间位置上相近并且灰度值相近的像素互相连接起来构成一个封闭的轮廓，该轮廓称为分水岭，可以根据分水岭的分布进行图像分割。

将每个数字图像想象成一个地形图，每个像素点的地形高度由该点的灰度值决定，灰度值为 0 对应地形图的地面，灰度值最大的像素对应地形图的最高点。每个局部极小值及其影响区域称为集水盆，集水盆的边界则称为分水岭线。

地形图的集水盆中的局部最小值点、边缘点和其他点的示意,如图 2-55 所示。其中,盆地的局部最小值点是一个盆地的最低点;盆地的其他点的水滴会汇聚到该盆地的局部最小值点;盆地的边缘点是该盆地和其他盆地的交接点。可以想象一下,在盆地的边缘点放置一滴水,水会等概率地流向任何一个盆地。所有盆地的边缘点构成该盆地的分水岭线。

图 2-55　地形图中的三类点

分水岭算法的主要目标是找出分水岭线。假设在每个局部最小值点的位置打个洞,向内灌水,让水以均匀的速度上升,从低到高淹没整个地形。当处于不同积水盆地中的水将要聚合在一起时,修建大坝阻止聚合,得到的水坝边界就是分水岭线。图像被分水岭线分割成不同区域。

分水岭算法的实现过程分为排序和淹没。首先,对像素的灰度级进行从低到高的排序;然后,实现从低到高的淹没过程。

分水岭算法比较敏感,图像中的噪声、物体表面细微的变化可能产生过度分割。OpenCV 实现了一个改进的、基于标记的分水岭算法,实现交互式的图像分割。首先,需要给已知的对象打上不同的标签:如果某个区域肯定是前景或对象,就使用某个颜色(或灰度值)标签标记它;如果某个区域肯定不是对象,而是背景,则使用另外一个标签标记;剩下的不能确定是前景还是背景的区域用 0 标记,之后再实施分水岭算法。

图 2-56 是使用分水岭改进算法进行图像分割的示例。可以看出,分水岭算法对磨粒进行了很好的分割。优化后的分水岭算法可以避免过度分割,对噪声有一定的抗干扰能力。

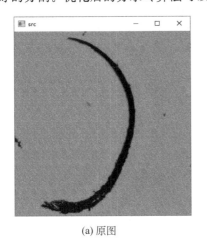　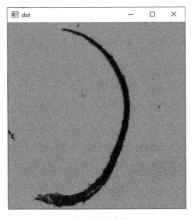

(a) 原图　　　　　　　　　　　　　　　　(b) 分割结果

图 2-56　分水岭算法分割示例(见彩插)

2.5.5 聚类算法

聚类(Clustering)是传统机器学习领域实现无监督分类的经典技术,按照一定的方式度量样本之间的相似度,将一个数据集分割成不同的簇,使得同一个簇内的数据对象的相似性尽可能大,不在同一个簇中的数据对象的差异性也尽可能大。通过这样的划分,每个簇对应一个潜在的类别,以实现分类或分割。

使用聚类算法,基于图像的灰度、颜色、纹理、形状等特征,将图像分成若干个互不重叠的区域,使这些特征在同一区域内呈现相似性,在不同的区域之间存在明显的差异性,就可以实现图像分割。

K-Means 是一种经典的聚类算法,其工作过程如下。

(1) 构建初始数据点集合,一般为向量形式。

(2) 随机选取一定数量的点作为初始聚类中心。

(3) 计算每个数据点到聚类中心的距离,并根据计算出的距离确定每个点所属的聚类;这里,距离有各种度量方法,包括欧几里得距离、曼哈顿距离、切比雪夫距离和夹角余弦相似度等。

(4) 对每个聚类,根据聚类中的所有数据点计算其聚类中心或平均值,并将这个平均值作为新的聚类中心。

(5) 重复步骤(3),根据新的聚类中心重新确定每个数据点所属的聚类。

(6) 重复步骤(4),直到每个聚类中的数据点没有变化或迭代进行了足够的次数为止。

OpenCV 中的 K-Means 聚类方法是 cv2.kmeans(),具体说明如下。

```
cv2.kmeans(data, k, bestLabels, criteria, attempts, flags, centers=None)
```

其中,data 是待聚类的数据;k 是预设的聚类数量;bestLabels 是预设的分类标签,若没有预设的分类标签,则为 None;criteria 是停止迭代的判定准则,是一个三元组,格式为(type,max_iter,epsilon)。其中,type 表示聚类迭代终止模式,具体如下。

(1) cv2.TERM_CRITERIA_EPS,表示若满足精确度误差 epsilon,则停止;

(2) cv2.TERM_CRITERIA_MAX_ITER,表示若满足迭代次数超过 max_iter,则停止;

(3) cv2.TERM_CRITERIA_EPS+cv2.TERM_CRITERIA_MAX_ITER,表示若满足条件(1)和(2)中的任何一个,则停止。

attempts 表示重复 K-Means 算法次数;flags 表示初始聚类中心选择,具体如下。

(1) cv2.KMEANS_PP_CENTERS,表示使用 K-Means++算法初始化聚类中心;

(2) cv2.KMEANS_RANDOM_CENTERS,表示随机选择聚类中心。

centers 是聚类算法的输出结果,即聚类中心。

基于聚类算法的磨粒图像分割示例如图 2-57 所示。图 2-57(a)中只有一个磨粒,当设置聚类数量为 2 时,图 2-57(b)获得了较好的分割效果。一般情况下,基于 K-Means 聚类分割,需要首先明确图像中的要分割的目标数量。

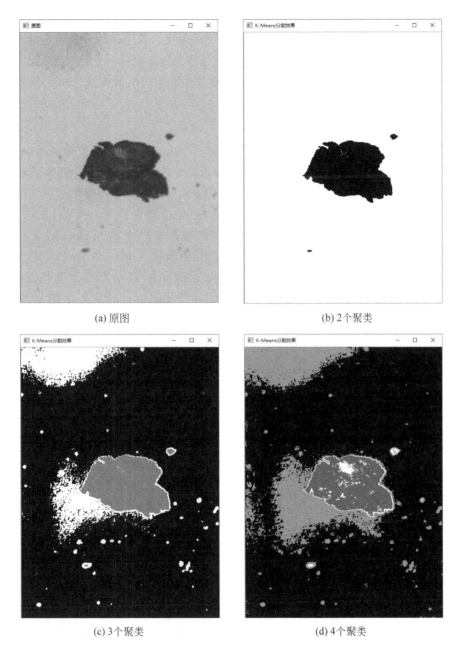

(a) 原图　　　　　　　　　　　　　(b) 2个聚类

(c) 3个聚类　　　　　　　　　　　(d) 4个聚类

图 2-57　基于聚类算法的磨粒图像分割示例

2.5.6　图割算法

基于图论的图像分割(Graph-Based Image Segmentation)方法是一类经典的图像分割算法。图割方法的基本思想是：基于图论的理论，将像素点视作节点，将图像视为带权无向图，将图像分割问题看作图的顶点划分问题，获得图像的最佳分割。

将图像映射为带权无向图 $G=(V,E)$，其中，$V=\{v_1,v_2,\cdots,v_n\}$ 是顶点的集合，E 为

边的集合。图中每个节点对应图像中的每个像素,每条边连接着一对相邻的像素,边的权值 $\omega(v_i,v_j)$ 表示相邻像素在灰度、颜色或纹理方面的相似度。对图像的分割就是对图的一个剪切,被分割的每个区域对应图中的一个子图,通过将图划分为若干子图实现图像的分割。

图割方法的本质是移除特定的边,将图划分为若干子图从而实现分割。基于图论的分割方法有 GraphCut 和 GrabCut 等。

1. GraphCut 分割

GraphCut 普遍应用于前景分割、立体视觉等。GraphCut 基于图像像素对应的图,并增加了两个顶点(S 和 T),这两个顶点称为终端顶点。前后景分割中,S 通常表示前景目标,T 则表示背景。其他顶点都必须和这两个顶点相连,形成边集合中的一部分,如图 2-58 所示。每条边都有一个非负的权值 ω。一个割(cut)就是边集合 E 的一个子集 C,这个割的代价(cost)是边子集 C 中所有边的权值的总和。GraphCut 中的割(cut)指的是子集 C 中所有边的断开会导致残留 S 图和 T 图断开,如图 2-58 中的虚线就是一个割。如果该割对应的所有权值之和最小,则称为最小割。最小割对应的分割就是 GraphCut 分割的结果。

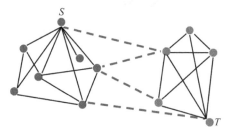

图 2-58　GraphCut 图结构

2. GrabCut 分割

GrabCut 是 GraphCut 的改进算法,是迭代的 GraphCut 算法,使用高斯混合模型对目标和背景建模,利用图像的 RGB 色彩信息和边界信息,通过少量的用户交互操作获得较好的分割效果。

使用 GrabCut 算法实现图像分割的示例,如图 2-59 所示。

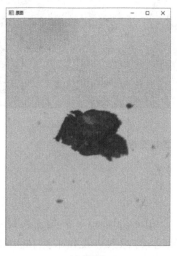

(a) 原图　　　　　　　　　　　　　　(b) 分割结果

图 2-59　使用 GrabCut 算法实现图像分割的示例

对上述几种图像分割方法进行简单总结，如下。

（1）基于边缘检测进行图像分割是基于不同区域之间的边缘上像素灰度值的较大变化。其优点是分割速度较快，对边缘检测效果较好，适用于低噪声干扰、区域之间差别较大的情况。其缺点是不能保证得到完整的封闭区域结构。

（2）阈值分割的基本原理是根据图像的灰度直方图，使用一个或几个阈值将图像分成数个类别，灰度值在同一类中的像素属于同一物体，即目标或背景。其优点是直接利用图像的灰度特性，计算简单、运算效率较高、速度快，适用于灰度相差较大的不同目标和背景的图像。其缺点是对噪声敏感，对灰度差异不明显，以及对不同目标灰度值有重叠的图像分割效果较差。常见的阈值分割及改进方法包括固定阈值分割、自适应阈值分割，以及最大类间方差法。

（3）聚类分割的原理是对图像中的像素使用一定的特征空间点表示，根据特征点在特征空间的聚集程度对特征空间进行分割，然后将特征点映射回原图像空间，得到分割结果。其优点是适用于图像中存在不确定性或模糊边缘的情况；缺点是聚类算法一般不会考虑空间信息，且聚类的个数往往需要手动设定。

（4）区域分割的原理是将具有某种相似性质的像素连通，从而构成分割区域。其优点是分割结果可以有较好的区域特征，缺点是容易造成图像过度分割，一般将区域分割与其他方法相结合，可以得到较好的分割效果。代表性的分割算法包括区域生长和分水岭算法。

2.6　图像的形态学处理方法

图像形态学是以数学形态学为基础对图像进行分析的工具，其基本思想是使用具有一定形态的结构元素度量和提取图像中的对应形状，达到对图像形态修补、优化的目的。图像形态学处理的数学基础是集合论。

图像形态学有两个基本运算：腐蚀（Erosion）和膨胀（Dilation）。腐蚀和膨胀通过组合可形成开（Open）运算和闭（Close）运算，开运算是先腐蚀再膨胀，闭运算是先膨胀再腐蚀。

首先，定义两个关于集合的基础运算：平移和反射，如图 2-60 所示。

集合 B 平移至 $z(x,y)$ 记录为 $(B)_z$，定义如式（2-42）所示。

$$(B)_z = \{c \mid c = b + z, b \in B\} \tag{2-42}$$

如果 B 是图像像素构成的集合，B 中的 (x_0, y_0) 平移到 $(B)_z$ 中的 $(x_0 + x, y_0 + y)$，即将 B 中的每个像素移动 (x,y) 个位置，如图 2-60(b) 所示。

集合 B 的反射记录为 $\hat{B}$，定义如式（2-43）所示。

$$\hat{B} = \{w \mid w = -b, b \in B\} \tag{2-43}$$

B 中的 (x_0, y_0) 经反射变换为 $\hat{B}$ 中的 $(-x_0, -y_0)$，即 B 和 $\hat{B}$ 是关于原点对称的，如图 2-60(c) 所示。

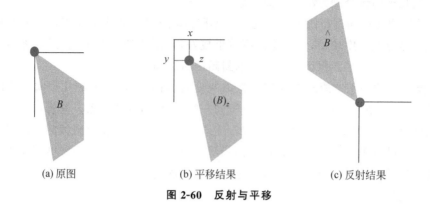

(a) 原图　　　　　　　　(b) 平移结果　　　　　　　(c) 反射结果

图 2-60　反射与平移

2.6.1　腐蚀

腐蚀运算的目的是使目标区域变小,收缩目标边界,可以用来消除尺寸较小且无意义的像素。

使用结构元素 B 对 A 的腐蚀运算记录为 $A \ominus B$,定义如式(2-44)所示。

$$A \ominus B = \{z \mid (B)_z \subseteq A\} \tag{2-44}$$

由式(2-44)可知,将结构元素 B 平移至 z 点后所有的像素点均包含在 A 中,这样的 z 点构成的集合即 B 对 A 的腐蚀。此处,A 为待腐蚀处理的图像,B 为结构元素,类似于卷积中的卷积核 Kernel。

进行腐蚀处理时,要求对结构元素 B 的平移结果必须完全包含在 A 中,腐蚀运算又可定义为式(2-45)。

$$A \ominus B = \{z \mid (B)_z \bigcap A^c = \varnothing\} \tag{2-45}$$

这里,A^c 是集合 A 的补集,$\varnothing$ 是空集。

图 2-61 展示了使用两种不同结构元素对图像进行腐蚀计算的结果。使用图 2-61(b)中的正方形结构元素 B 腐蚀图 2-61(a)的原图 A,将正方形结构元素的中心点作为原点,B 沿着原图 A 进行平移,当 B 的原点平移到 A 的像素点 (x,y) 时,如果 B 完全被包含在图像 A 区域,即 B 中为 1 的元素位置上对应的 A 图像值也全部为 1,则将该像素点 (x,y) 作为腐蚀结果中的像素。

腐蚀的运算过程可以理解为结构元素 B 的原点沿着图像 A 的内边界移动一圈,当 A 中能完全包含 B 时所对应的结构元素的原点被视作腐蚀运算的结果。直观的效果就是图像 A 区域面积变小,形状基本保留,较小的图像细节被消除,达到收缩、细化的效果。利用这一特性,可以通过腐蚀去除图像中的不相关且无意义的枝节信息,保留图像中目标的主体内容。

一个实际图像的腐蚀计算示例如图 2-62 所示。可以看出,形态学腐蚀运算可以有效去除图像中目标周围的毛刺。

2.6.2　膨胀

膨胀的目的是使目标区域变大,将与目标区域邻近的像素点合并到目标区域,使目标

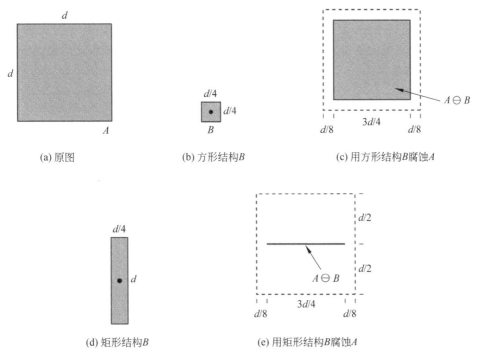

(a) 原图　　(b) 方形结构B　　(c) 用方形结构B腐蚀A

(d) 矩形结构B　　(e) 用矩形结构B腐蚀A

图 2-61　腐蚀计算示例

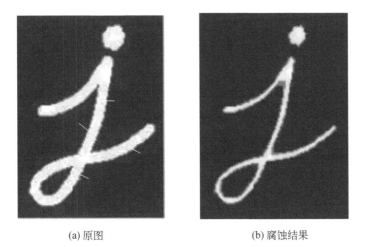

(a) 原图　　(b) 腐蚀结果

图 2-62　实际图像的腐蚀计算示例

边界向外部扩张,一般可用来填补目标区域中的细小孔洞。

使用结构元素 B 对 A 的膨胀运算记录为 $A \oplus B$,定义如式(2-46)所示。

$$A \oplus B = \{ z \mid (B)_z \bigcap A \neq \varnothing \} \tag{2-46}$$

由式(2-46)可知,将结构元素 B 的原点平移至图像像素 z 位置,如果 B 在图像像素 z 处与 A 的交集不为空,这样的 z 点构成的集合即 B 对 A 的膨胀。

图 2-63 展示了使用两种不同结构元素对图像进行膨胀运算的结果。使用图 2-63(b)

中的正方形结构元素 B 膨胀图 2-63(a)的原图 A，将正方形结构元素的中心点作为原点，B 沿着原图 A 进行平移，当 B 的原点平移到 A 的像素点(x,y)时，如果 B 与 A 的交集不为空，即 B 中为1的元素位置上对应 A 的图像值至少有一个为1，则将该像素点(x,y)作为膨胀结果中的像素。

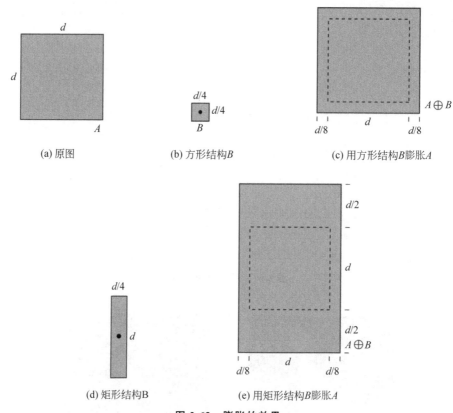

图 2-63 膨胀的效果

可以看到，膨胀会使图像的轮廓外移，实现增大或粗化目标的效果。

无论是腐蚀还是膨胀，都是将结构元素 B 在图像 A 上平移，腐蚀要求 B 被完全包含在其覆盖的区域 A，膨胀则要求 B 与其所覆盖的区域 A 有交集即可。

一个实际图像的膨胀计算示例如图 2-64 所示。可以看出，形态学的膨胀运算可以粗化目标区域，达到闭合子目标之间细小裂缝或孔洞的目的。

2.6.3　开闭运算

开运算和闭运算也是形态学的两种重要的操作，开运算是先腐蚀再膨胀，闭运算是先膨胀再腐蚀。1 次开、闭运算都分别包含 1 次腐蚀运算和 1 次膨胀运算，都能够保持目标的总体形态，但腐蚀和膨胀运算的顺序不同，先进行腐蚀的开运算可能断开目标区域中较细小的连线，而先进行膨胀的闭运算可能填充目标区域中的较小的孔洞。

(a) 原图

(b) 膨胀结果

图 2-64 实际图像的膨胀计算示例

1. 开运算

结构元素 B 对 A 的开运算定义,如式(2-47)所示。

$$A \circ B = (A \ominus B) \oplus B \tag{2-47}$$

开运算是先腐蚀运算后膨胀运算。腐蚀可以缩小图像中的目标区域,而膨胀则扩大图像中的目标区域。一般来说,开操作会平滑物体的轮廓,断开较细的连线。开运算的计算示例如图 2-65 所示,使用如图 2-65(b)的正方形结构元素对图 2-65(a)的原图进行开运算,先进行腐蚀运算的结果,如图 2-65(c)所示,然后进行膨胀运算的结果,如图 2-65(d)所示。可以看出,图像经过开运算后,断开了目标区域中较细的连线,消除了目标周围的毛刺。

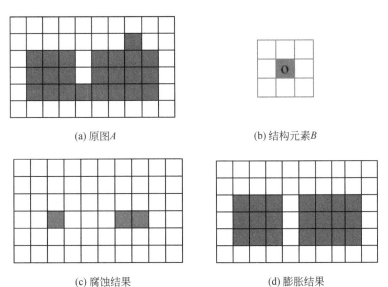

(a) 原图 A

(b) 结构元素 B

(c) 腐蚀结果

(d) 膨胀结果

图 2-65 开运算的计算示例

实际图像的开运算计算示例如图 2-66 所示。使用 3×3 的正方形结构元素对图 2-66(a)中的原图进行开运算,其结果如图 2-66(b)所示。可以看出,图像经过开运算后,去除了一些孤立的像素点,目标周围变得更加平滑。

(a) 原图

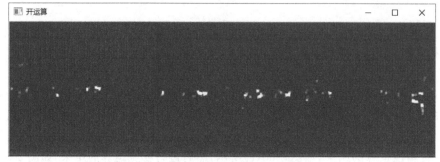

(b) 开运算结果

图 2-66　实际图像的开运算计算示例

综上所述,开运算能够去除孤立的像素点和目标边缘毛刺,断开目标区域中较细的连线,目标区域总体形态保持不变。

2. 闭运算

结构元素 B 对 A 的闭运算定义,如式(2-48)所示。

$$A \cdot B = (A \oplus B) \ominus B \tag{2-48}$$

闭运算是先膨胀运算后腐蚀运算。一般来说,闭运算先通过膨胀运算消除图像目标区域中的孔洞或裂缝,再通过腐蚀运算缩小目标区域。

闭运算的计算示例如图 2-67 所示,使用如图 2-67(b)所示的正方形结构元素对图 2-67(a)的原图进行闭运算,先进行膨胀运算的结果,如图 2-67(c)所示,然后进行腐蚀运算的结果,如图 2-67(d)所示。可以看出,图像经过闭运算后,填充了图像中目标内部较细小的裂缝。

实际图像的闭运算计算示例如图 2-68 所示。使用 5×5 的正方形结构元素对图 2-68(a)中的原图进行闭运算,结果如图 2-68(b)所示。可以看出,图像经过闭运算后,基本填平了目标区域中的孔洞。

综上所述,图像经过闭运算后,可以消除较细小的裂缝,填平目标区域中的孔洞,目标

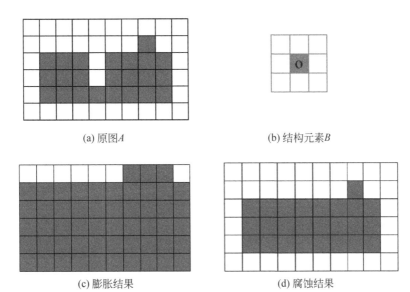

(a) 原图A　　　　　　　　　　　(b) 结构元素B

(c) 膨胀结果　　　　　　　　　　(d) 腐蚀结果

图 2-67　闭运算的计算示例

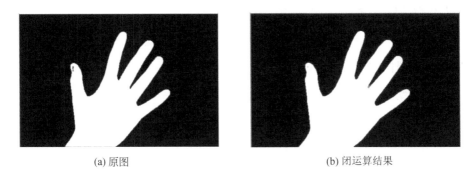

(a) 原图　　　　　　　　　　　(b) 闭运算结果

图 2-68　实际图像的闭运算计算示例

区域总体形态保持不变。

2.7　图像的纹理特征

简单来说,传统数字图像处理方法就是使用数学方法严格描述、定义、统计和分析数字图像目标区域或整个图像的特征。这些特征包括:

(1) 图像幅度特征,包括 HSI 颜色空间中的像素色调、饱和度和亮度,RGB 颜色空间中的像素在 R、G 和 B 通道或分量上的值,或其他颜色空间中像素在各个通道上的取值。

(2) 图像统计特征,包括图像灰度/亮度直方图,颜色空间中各个通道上的直方图以及各种统计特征,如均值、能量、熵和方差等。

(3) 图像几何特征,包括感兴趣目标的面积、周长、长轴、圆形度等,曲线的斜率、凸凹性和拓扑特性等。

(4) 图像变换系数特征,包括傅里叶变换、哈尔变换、K-L 变换等。

（5）图像纹理特征,反映图像整体或目标区域灰度或颜色变化规律,包括局部二值模式（LBP）、分形维数和粗糙度等。

纹理是一种反映图像中同质现象的视觉特征,体现物体表面具有缓慢变化或者周期性变化的结构组织排列属性。不同于灰度、颜色、几何等图像特征,纹理体现为像素及其周围空间邻域像素的分布,通常称为局部纹理。局部纹理在图像空间上的不同程度的重复,称为全局纹理。

图像幅度特征是图像最基本的特征,反映图像中像素在各个通道上的取值,前面在"图像数字化"相关内容中介绍过;图像几何特征是针对分割后的目标进行各种尺寸计算,后续将举例进行介绍;图像变换系数特征,大部分属于图像的频域研究领域,不是本书重点。一般来说,图像统计特征可以认为是图像纹理特征的统计反映,因此,下面主要介绍统计矩和基于灰度共生矩阵的纹理特征、局部二值模式（LBP）、分形维数等代表性的纹理特征。

2.7.1　图像的统计矩

设图像有 L 个灰度级,z_i 是第 i 个灰度,$p(z_i)$ 是灰度 z_i 的出现频率,则该图像关于灰度均值 m 的 n 阶矩,如式（2-49）所示。

$$\mu_n(z) = \sum_{i=0}^{L-1} (z_i - m)^n \times p(z_i) \tag{2-49}$$

其中,m 是图像的平均灰度,如式（2-50）所示。

$$m = \sum_{i=0}^{L-1} z_i \times p(z_i) \tag{2-50}$$

平均灰度、各阶统计矩及其他图像统计特征的含义如下。

（1）均值 m,体现整体图像或目标区域的平均灰度。

（2）标准差 $\sigma = \sqrt{\mu_2}$,反映整体图像或目标区域中像素灰度相对于均值的偏离程度,体现图像对比度的强弱;标准差越大,图像或目标区域的灰度分布越分散,图像或目标区域的对比度越大。

（3）三阶矩 μ_3,反映图像直方图的偏斜度,当偏斜度为正时,众数位于算术平均数的左侧;当偏斜度为负时,众数位于算术平均数的右侧。图像中的众数指的是出现频率最高的灰度,图像的算术平均数是（1）定义的平均灰度。

（4）一致性 $U(z) = \sum_{i=0}^{L-1} p^2(z_i)$,一致性越大,图像越平滑,对比度越大。显然,对所有灰度级的频率都相等的图像具有最大值。

（5）图像熵 $e(z) = -\sum_{i=0}^{L-1} p(z_i) \times \log_2 p(z_i)$,是图像灰度分布所包含的信息量,反映图像中的平均信息量。

三种图像分别具有平滑纹理、粗糙纹理和规则纹理及其对应的灰度直方图,如图 2-69 所示。其中,从平滑纹理的图像灰度直方图可以看出,图像总体偏暗;从粗糙纹理的图像灰度直方图可以看出,图像亮度适中,分布较为均衡;从规则纹理的图像灰度直方图可以看出,图像总体偏亮。

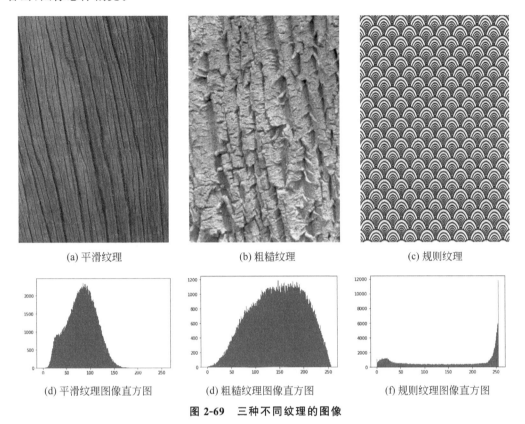

| (a) 平滑纹理 | (b) 粗糙纹理 | (c) 规则纹理 |

| (d) 平滑纹理图像直方图 | (d) 粗糙纹理图像直方图 | (f) 规则纹理图像直方图 |

图 2-69　三种不同纹理的图像

统计特征计算见表 2-1。

表 2-1　统计特征计算

纹　理	均　值	标准差	三阶矩	一致性	图像熵
图 2-69(a) 平滑纹理	81.5381	30.5429	−1903.8085	0.0090	6.9440
图 2-69(b) 粗糙纹理	145.7793	53.5296	−26487.3599	0.0051	7.7184
图 2-69(c) 规则纹理	153.3470	93.5315	−267786.6364	0.0124	7.3459

　　由表 2-1 的计算结果可知,规则纹理的图像具有最大的灰度平均值,与视觉感知上认为规则纹理图像总体上具有最大的灰度是一致的;规则纹理的图像具有最大的标准差,因为图像中有较大亮度的像素,也有较小亮度的像素,灰度分布比较均匀,标准差就大,与视觉感知上认为规则纹理图像的对比度最大是一致的;规则纹理的图像具有最小的三阶矩,众数位于算术平均数的右侧,且众数和算术平均数的差异最大;同时,规则纹理的图像也具有最大一致性,这是因为从直方图上看,规则纹理的图像的像素灰度分布最均匀。

2.7.2　灰度共生矩阵

灰度共生矩阵(Gray Level Co-occurrence Matrix,GLCM)是一种描述图像中像素灰

度的空间相关性的工具。由于纹理是由像素灰度分布在空间位置上反复出现而形成的，因而在图像空间中相隔一定距离的像素之间会存在一定的灰度相关关系。灰度共生矩阵反映的正是图像关于相邻像素方向、相邻间隔、变化幅度的统计信息，可以用于分析图像中像素组成的局部模式和排列规则。

从数字图像中任取一像素点 (x,y) 和偏离它的一点 $(x+a,y+b)$ 构成点对，设该像素点对的灰度值为 (f_1,f_2)。其中，a、b 为整数，其取值决定灰度共生矩阵的方向，可以是 $0°$、$45°$、$135°$ 等(此处以逆时针方向为正为例)。若研究较细小的纹理，需要选取较小的 a 和 b；反之，则可以选择较大的 a 和 b。a 和 b 取不同的值，可以研究不同方向的像素点对，具体如下。

(1) 当 $a=1$、$b=0$ 时，像素点对 $f(x,y)$ 与 $f(x+1,y)$ 是水平的，进行 $0°$ 方向扫描；

(2) 当 $a=-1$、$b=0$ 时，像素点对 $f(x,y)$ 与 $f(x-1,y)$ 是水平的，进行 $180°$ 方向扫描；

(3) 当 $a=0$、$b=1$ 时，像素点对 $f(x,y)$ 与 $f(x,y+1)$ 是垂直的，进行 $-90°$ 方向扫描；

(4) 当 $a=0$、$b=-1$ 时，像素点对 $f(x,y)$ 与 $f(x,y-1)$ 是垂直的，进行 $90°$ 方向扫描；

(5) 当 $a=1$、$b=1$ 时，像素点对 $f(x,y)$ 与 $f(x+1,y+1)$ 在对角线方向，进行 $-45°$ 方向扫描；

(6) 当 $a=-1$、$b=-1$ 时，像素点对 $f(x,y)$ 与 $f(x-1,y-1)$ 在对角线方向，进行 $135°$ 方向扫描；

(7) 当 $a=-1$、$b=1$ 时，像素点对 $f(x,y)$ 与 $f(x-1,y+1)$ 在对角线方向，进行 $-135°$ 方向扫描；

(8) 当 $a=1$、$b=-1$ 时，像素点对 $f(x,y)$ 与 $f(x+1,y-1)$ 在对角线方向，进行 $45°$ 方向扫描。

当 (x,y) 在整幅图像上移动时，会得到不同的 (f_1,f_2) 值。设图像有 L 个灰度级，则 (f_1,f_2) 的组合共有 $L×L$ 种。对于整幅图像，统计出每一种 (f_1,f_2) 值出现的次数，然后排列成一个方阵，再用 (f_1,f_2) 出现的总次数归一化为出现的概率 $P(f_1,f_2)$，由此生成的矩阵称为灰度共生矩阵。

图 2-70 展示了 $0°$ 方向灰度共生矩阵计算示例。P_0 为 $0°$ 方向上的灰度共生矩阵(此处未对出现次数进行归一化)。对于 P_0，$P_0(i,j)$ 表示 $0°$ 方向上灰度值为 (i,j) 的像素点对个数。例如，$P_0(2,2)=3$ 表示 $0°$ 方向上灰度值为 $(2,2)$ 的像素点对个数为 3，$P_0(0,0)=2$ 表示 $0°$ 方向上灰度值为 $(0,0)$ 的像素点对个数为 2。

图 2-71 展示了 $135°$ 方向灰度共生矩阵计算示例。P_{135} 为 $135°$ 方向上的灰度共生矩阵(同理，此处也未对出现次数进行归一化)。例如，$P_{135}(2,0)=3$ 表示 $135°$ 方向上灰度值为 $(2,0)$ 的像素点对个数为 3，$P_{135}(3,2)=2$ 表示 $135°$ 方向上灰度值为 $(3,2)$ 的像素点对个数为 2。

$P_\theta(i,j)$ 反映了在 θ 角方向两个灰度 (i,j) 出现的次数或频率，具体在计算灰度共生矩阵时，距离 (a,b) 的取值不同，得到的灰度共生矩阵也不同。a 和 b 的取值应该根据纹

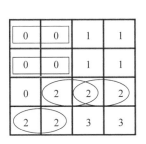

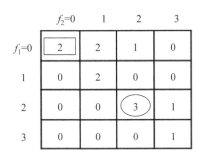

(a) 图像　　　　　　　　　　　　(b) P_0

图 2-70　0°方向灰度共生矩阵计算示例

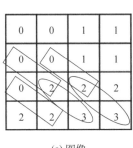

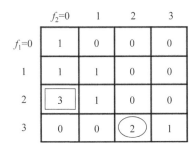

(a) 图像　　　　　　　　　　　　(b) P_{135}

图 2-71　135°方向灰度共生矩阵计算示例

理周期分布的特点选择,较细的纹理可以选择较小的 a 和 b,如(1,0)、(1,1)、(2,0)等。

　　从以上计算过程可以看出,灰度共生矩阵本质上是数字图像中两个一定距离的像素点对的联合分布直方图。一般来说,当 a 和 b 取值较小时,纹理变化缓慢的图像,其灰度共生矩阵对角线上的数值较大,对角线两侧的数值较小;纹理变化较快的图像,其灰度共生矩阵对角线上的数值较小,对角线两侧的数值较大。

　　灰度共生矩阵携带了数字图像中像素灰度空间相关性的大量统计信息。基于灰度共生矩阵可以定义一系列典型纹理特征,包括能量、熵、对比度、相关性和逆差距。需要注意的是,基于灰度共生矩阵计算的熵值与前面的图像熵的计算是不同的。

1. 能量

　　能量(Angular Second Moment)是灰度共生矩阵中各元素值(需要对灰度共生矩阵进行归一化操作)的平方和,反映图像灰度分布均匀程度和纹理粗细程度。能量值越大,表明纹理变化较为稳定,或纹理较粗。基于灰度共生矩阵的能量的计算,如式(2-51)所示。

$$\text{Asm} = \sum_i \sum_j P(i,j)^2 \tag{2-51}$$

2. 熵

　　熵(Entropy)是图像信息量的度量。当灰度共生矩阵中所有值均相等或者像素取值表现出最大的随机性时,熵值最大。熵值反映了图像灰度分布的复杂程度。熵值越大,图像越复杂。基于灰度共生矩阵的熵的计算,如式(2-52)所示。

$$\text{Ent} = -\sum_i \sum_j P(i,j) \log P(i,j) \tag{2-52}$$

3. 对比度

对比度(Contrast)反映图像的清晰度和纹理的沟纹深浅。对比度越大,纹理的沟纹越深,反差越大,图像视觉效果越清晰。基于灰度共生矩阵的对比度的计算,如式(2-53)所示。

$$\text{Contrast} = \sum_i \sum_j (i-j)^2 P(i,j) \tag{2-53}$$

4. 相关性

相关性(Correlation)反映图像纹理的一致性,用于度量灰度共生矩阵元素在行或列方向上的相似程度。当灰度共生矩阵中的元素值均匀相等时,相关性就大;反之,相关性就小。基于灰度共生矩阵的相关性的计算,如式(2-54)所示。

$$\text{Correlation} = \frac{\sum_{i,j}[ijP(i,j)] - u_i u_j}{\sigma_i \sigma_j} \tag{2-54}$$

其中,u_i 和 u_j 分别为水平方向和垂直方向的均值,σ_i 和 σ_j 分别为水平方向和垂直方向的标准差,具体计算如式(2-55)、式(2-56)、式(2-57)和式(2-58)所示。

$$u_i = \sum_{i,j} i P(i,j) \tag{2-55}$$

$$u_j = \sum_{i,j} j P(i,j) \tag{2-56}$$

$$\sigma_i^2 = \sum_{i,j} P(i,j)(i-u_i)^2 \tag{2-57}$$

$$\sigma_j^2 = \sum_{i,j} P(i,j)(j-u_j)^2 \tag{2-58}$$

5. 逆差距

逆差距(Inverse Different Moment)反映图像纹理的同质性,度量图像纹理局部变化。逆差距越大,说明图像纹理的不同区域缺少变化,局部均匀。基于灰度共生矩阵的逆差距计算,如式(2-59)所示。

$$\text{IDM} = \sum_{i=1}^k \sum_{j=1}^k \frac{P(i,j)}{1+(i-j)^2} \tag{2-59}$$

严重滑动磨粒和切削磨粒两种代表性磨粒,如图 2-72 所示。灰度共生矩阵相关特征计算示例见表 2-2。

表 2-2　灰度共生矩阵相关特征计算示例

特　　征	严重滑动磨粒	切削磨粒
能量	0.158971	0.741347
熵	3.291318	0.854333

续表

特　征	严重滑动磨粒	切　削　磨　粒
对比度	4.154542	0.311173
相关性	0.078124	0.357011
逆差距	0.699985	0.941734

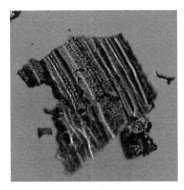
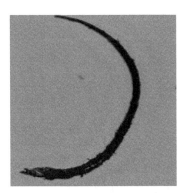

(a) 严重滑动磨粒   (b) 切削磨粒

图 2-72　磨粒图

　　从能量计算结果看,切削磨粒的能量值大于严重滑动磨粒的能量值,这是因为切削磨粒图像中存在较大的大片颜色相同的背景,在灰度共生矩阵中表现为对角线上的值较大,根据能量计算公式可知,计算出的能量值较大。

　　从熵值计算结果看,严重滑动磨粒的熵值大于切削磨粒的熵值,这是因为严重滑动磨粒图像更加复杂,而切削磨粒图像的像素分布总体上表现为相同颜色的背景占有极大的比例,图像颜色分布上更加简单,根据熵值计算公式可知,严重滑动磨粒图像的熵值更大。

　　从对比度计算结果看,严重滑动磨粒的对比度大于切削磨粒的对比度,这是因为切削磨粒图像中存在较大的大片颜色相同的背景,在灰度共生矩阵中表现为对角线上的值较大,根据对比度计算公式,这些较大的频率值所对应的像素点对的灰度是相同的,在对比度最终结果中贡献为 0,因此切削磨粒图像的对比度较小。

　　从相关性计算结果看,严重滑动磨粒的相关性小于切削磨粒的相关性,这是因为切削磨粒图像中存在较大的大片颜色相同的背景,表现出了较大的相关性。

　　从逆差距计算结果看,严重滑动磨粒的逆差距小于切削磨粒的逆差距,同样,因为切削磨粒图像中存在较大的大片颜色相同的背景,在灰度共生矩阵中表现为对角线上的值较大,根据逆差距计算公式可知,计算出的逆差距值较大。

2.7.3　LBP

　　局部二值模式(Local Binary Pattern,LBP)是 Ojala 等于 1996 年提出的一种纹理描述和计算方法。近年来,LBP 算子不断发展和演化,广泛应用于人脸、医学病灶和工业产品表面缺陷等智能识别与检测领域。

1. 原始 LBP 算子

LBP 算子的基本思想是：基于中心像素的邻域像素与中心像素的比较结果进行编码和计算。具体来说，在一个 3×3 窗口内，以窗口中心像素点的亮度或灰度值为参考值，将其 8 邻域的各个像素灰度值与参考值进行比较，若大于中心像素参考值，则该邻域像素点位置被标记为 1；否则，标记为 0。因此，3×3 邻域内的 8 个像素点经过比较、标记后，可得到一个 8 位二进制数，若规定二进制数的起始位或终止位，则可以将该 8 位二进制数转换为十进制数，这个十进制数就是该中心像素的 LBP 值。原始 LBP 计算过程示意如图 2-73 所示。

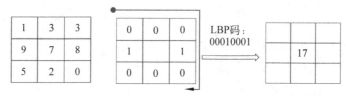

图 2-73　原始 LBP 计算过程示意

由原始 LBP 计算过程示意可知，二进制对应的十进制值共有 256 种，即 0～255，若将数字图像中所有像素的 LBP 值按照 0～255 个等级进行频率统计，则可以获得 LBP 特征值向量，图 2-74(b)是图 2-74(a)磨粒图像的 LBP 特征值向量，维度是 256；若将数字图像中所有像素的 LBP 值渲染为该像素的灰度值，则可以获得原始 LBP 图像，图 2-74(d)是图 2-74(c)动物图像的原始 LBP 图像。如果不考虑对原始图像进行边缘填充，原始 LBP 图像尺寸比原图像尺寸少一圈单位像素。

原始 LBP 算子的计算仅包含中心参考像素及其相邻的 8 个邻域像素，半径小，覆盖范围小，算子的表达能力单一，不能满足不同尺度纹理描述和表达的需要。

2. 圆形 LBP 算子

为了克服原始 LBP 算子表达能力有限的问题，适应更多尺度纹理特征描述，且满足图像旋转不变性，出现了圆形 LBP 算子。圆形 LBP 算子是将原始的 3×3 方形邻域修改为任一像素点一定半径范围内的圆形邻域。这种圆形邻域算子的半径 R 可以动态调整，不同半径 R 所对应的邻域中的像素点个数是不同的。

为方便表达，圆形 LBP 算子记录为 LBP_P^R，其中，R 是圆形半径，P 表示在该圆形半径区域范围内像素点的个数。三种典型的圆形 LBP 算子如图 2-75 所示。

对于圆形 LBP 算子，随着邻域内样本点 P 的增加，二进制模式的种类急剧增加。半径为 R 的圆形区域内有 P 个样本点，圆形 LBP 算子会产生 2^P 种二进制模式，即 2^P 个对应的十进制整数。例如，LBP_{16}^2 算子的邻域内有 16 个采样点，则有 2^{16} 种不同的二进制模式。

过多的二进制模式对特征的提取和计算速度会带来不利的影响，需要对圆形 LBP 算子的二进制模式进行缩减。

3. 等价 LBP 算子

等价 LBP(Uniform LBP)算子是针对原始 LBP 和圆形 LBP 的二进制模式过多的问题所提出的。当某一个圆形 LBP 所对应的二进制数从 0 到 1 或者从 1 到 0 最多有两次

(a) 磨粒图像

(b) LBP特征值向量

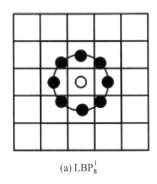

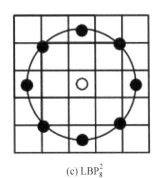

(c) 动物图像

(d) 原始LBP图像

图 2-74　原始 LBP 计算示例

(a) LBP_8^1 　　　　　　(b) LBP_{16}^2 　　　　　　(c) LBP_8^2

图 2-75　三种典型的圆形 LBP 算子

跳变时,则视为一种二进制模式;当跳变次数超过 2 时,都归为一类二进制模式。例如,二进制数 00000000 有零次跳变,二进制数 00000111 只含一次从 0 到 1 的跳变,二进制数 10001111 含一次从 1 跳变到 0,一次从 0 跳变到 1,共两次跳变,这些都视为独立的二进制模式。

对于等价 LBP 算子,当有 P 个样本点时,其二进制模式有 $P(P-1)+2$ 种,具体计算过程如下。

(1) 对于 0 次跳变,只有两种可能,分别为 000…0 和 111…1。

(2) 对于 1 次跳变,也有两种可能:从 0 到 1;从 1 到 0。例如,000011…1,或者 11…

10000,这些二进制模式都只含有一次跳变;通过观察容易发现,从 0 到 1 的一次跳变的二进制模式有 $P-1$ 种,同样,从 1 到 0 的一次跳变的二进制模式也有 $P-1$ 种,共计有 $2(P-1)$ 种二进制模式。

（3）最后,对于 2 次跳变,同样也有两种可能,分别为从 0 到 1 再到 0,或者从 1 到 0 再到 1。对于从 0 到 1 再到 0 的情况,第 1 次跳变的位置是 $2,3,4,\cdots,P-1$ 时,第 2 次跳变分别对应有 $P-2,P-3,P-4,\cdots,1$ 种可能的跳变位置,共计有 $P-2+P-3+P-4+\cdots+1=(P-1)(P-2)/2$ 种二进制模式;同理,对于从 1 到 0 再到 1 的情况,也有 $(P-1)(P-2)/2$ 种二进制模式;共计有 $(P-1)(P-2)$ 种二进制模式。

综上,对于小于或等于 2 次跳变的二进制数,等价 LBP 算子共有 $P(P-1)+2$ 种二进制模式。当 P 为 8 时,等价 LBP 算子有 58 种输出,其他大于 2 次跳变的二进制数记为第 59 种。如此,对于 8 个样本,二进制模式从 256 降低到 59。

小于或等于 2 次跳变的等价 LBP 的 58 种模式,如图 2-76 所示。其中,垂直方向展示二进制值 1 逐渐增多的情况,水平方向展示对特定个数的二进制 1 的模式进行旋转的情况。

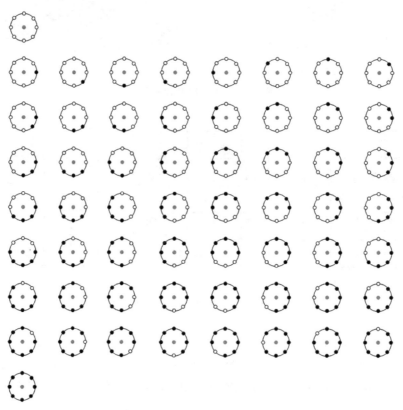

图 2-76　小于或等于 2 次跳变的等价 LBP 的 58 种模式

4. 旋转不变 LBP 算子

对于原始 LBP 和圆形 LBP 来说,图像旋转时会产生不同的编码结果,得到不同的

LBP 值。为保证 LBP 具有图像旋转时的不变性,产生了旋转不变 LBP 算子。该算子规定了同一串二进制编码经过旋转后产生的多个编码结果,取其最小值作为 LBP 值,这些二进制编码对应一个 LBP 值。旋转不变 LBP 算子的 36 种模式如图 2-77 所示。

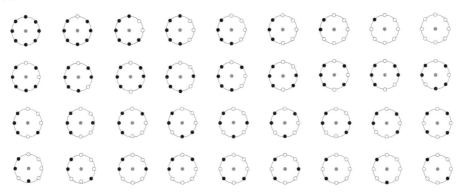

图 2-77　旋转不变 LBP 算子的 36 种模式

5. 旋转不变等价 LBP 算子

旋转不变等价 LBP 算子是在等价 LBP 算子的基础上融合旋转不变性形成的。对于图 2-76 的等价 LBP 算子,从旋转不变的角度,中间 7 行被视为同一个码值,再加上全 1 和全 0 的情况,共计有 9 种模式。

图 2-78 展示了一幅动物图像及其各类 LBP 算子的灰度图计算示例。从计算结果可以看出,模式较多的 LBP 算子,如原始 LBP 和圆形 LBP,其灰度图信息较为丰富,接近原图;而模式较少的 LBP 算子,如旋转不变 LBP 和旋转不变等价 LBP,其灰度图信息虽然较少,但基本体现出了图像中不同组成部分的纹理的不同。

(a) 图像　　　　　　　　　　　　　　(b) 原始LBP

(c) 圆形LBP(2^p个)　　　　　　　　(d) 等价LBP(59个)

图 2-78　各种 LBP 算子的灰度图计算示例

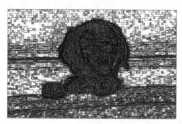

(e) 旋转不变LBP(36个)　　　　　(f) 旋转不变等价LBP(9个)

图 2-78 （续）

机器视觉系统应用中,通常使用 LBP 的统计直方图作为特征向量进行分类或识别。将一幅图像划分为若干个子区域,对每个子区域内的每个像素点都提取 LBP 值,在每个子区域内建立 LBP 值的统计直方图,然后基于直方图构建一些统计特征,合并所有子区域的统计特征形成图像的特征向量,输入给分类器进行分类或识别。

2.7.4　分形维数

纹理是图像的重要视觉特征。人类视觉系统对粗糙度和凹凸性的感受和分形维数密切相关,因此可以基于分形维数描述图像的纹理特征。

分形维数是一种度量物体或分形体复杂性和不规则性的指标,用来定量描述分形自相似性程度。分形维数作为描述纹理较稳定的特征量,将图像的灰度信息和空间信息进行有机结合,在数字图像处理和机器视觉系统领域中备受研究者关注,取得了长足发展和广泛应用。

为了准确估计分形维数,研究者提出了多种计算方法,主要包括 Keller 的盒维数、Sarkar 和 Chaudhuri 的差分计盒维数、Peli 的毯子覆盖法等。这里,采用差分计盒维数法简单介绍数字图像的分形维数的计算。

差分计盒维数法(Differential Box-Counting,DBC)是一种简单快速的分形计算方法,其主要思想是：将 $M \times M$ 大小的图像划分成 $s \times s$ 的子块,这里,s 满足条件 $1 < s <= \dfrac{M}{2}$,且为整数。一幅数字图像可以被视为一个灰度曲面。设 x、y 为平面位置,z 轴为灰度值坐标,xOy 平面被划分成许多 $s \times s$ 的子块,每个子块是一个 $s \times s \times h$ 的盒子,h 表示覆盖灰度曲面的盒子数量,$h = \dfrac{s * G}{M}$,G 是总的灰度等级数,实际是按照子块尺寸等比例缩减灰度等级的过程。假设图像灰度在第 (i,j) 个子块中的最大值和最小值分别落在第 l 和第 k 个盒子上,覆盖该子块中的图像所需要的盒子数目,如式(2-60)所示。

$$n_r(i,j) = l - k + 1 \tag{2-60}$$

$$l = \mathrm{maxgray}/(G/s) \tag{2-61}$$

$$k = \mathrm{mingray}/(G/s) \tag{2-62}$$

其中,$n_r(i,j)$ 是覆盖第 (i,j) 个网格中的图像所需要的盒子数目,$r = s/M$ 表示不同的子块划分。据此,覆盖整个图像所需的盒子数为 N_r,如式(2-63)所示。

$$N_r = \sum_{i,j} n_r(i,j) \tag{2-63}$$

针对不同的 r，计算出不同的 N_r，使用最小二乘法拟合，即可得到分形维数 D，如式(2-64)所示。

$$D = \lim \frac{\log N_r}{\log(1/r)} \tag{2-64}$$

图 2-79 展示了分形维数计算的示例。从分形维数的计算结果可以看出，正常磨粒的分形维数最大，疲劳磨粒的分形维数次之，切削磨粒的分形维数最小，这与视觉对不规则性的感知是一致的。很明显，视觉感知上，正常磨粒更加复杂。

 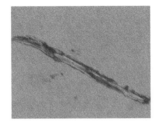 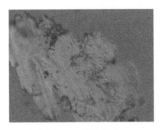

(a) 正常磨粒 (分形维数为 1.8005)　　(b) 切削磨粒 (分形维数为 1.3168)　　(c) 疲劳磨粒 (分形维数为 1.5361)

图 2-79　分形维数计算的示例（见彩插）

2.8　图像处理的简单应用

本节介绍几种数字图像处理的简单应用，包括基于模板匹配的目标检测、霍夫检测以及特征检测等。

2.8.1　基于模板匹配的目标检测

目标检测（Object Detection）是数字图像处理和计算机视觉的重要研究方向，实现在图像中识别并定位特定目标的功能。目标检测广泛应用于工业检测、智能监控、机器人导航、航空航天等诸多领域，也是各类识别任务的基础性算法之一。

模板匹配是实现目标检测的最简单的基本方法，其思想是：将模板在目标图像上滑动，逐一比对，计算模板和被覆盖子图的相似度来判断子图和模板是否匹配，并将最佳或达到一定优化阈值的匹配子图作为目标。模板匹配过程示意如图 2-80 所示。

对于图 2-80(c)，假设尺寸为 $M \times N$ 的模板 T 不断地在图像中向右、向下按照一定步长进行滑动，形成一系列被覆盖的子图 $S_1, S_2, S_3 \cdots$。计算模板和每个子图的相似度，最大相似度的子图被认为是所要寻找的匹配目标。常见的相似度计算方法包括平方差、相关系数等，具体如下。

1. 平方差匹配

平方差匹配指的是将模板像素和子图像素灰度值逐一相减并平方后进行累加的结果作为相似度。使用平方差匹配时，值越小，匹配结果越好，具体计算如式(2-65)所示。

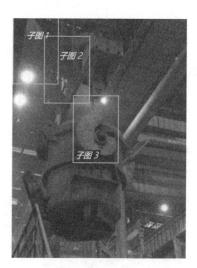

(a) 目标图像   (b) 模板   (c) 匹配过程

图 2-80　模板匹配过程示意

$$R(x,y) = \sum_{m,n}^{M,N}(T(m,n) - S(x+m,y+n))^2 \tag{2-65}$$

其中，$T(m,n)$ 是模板中的像素，$S(x+m,y+n)$ 是目标图像的子图中的像素。

2. 标准平方差匹配

标准平方差匹配使用归一化的平方差进行匹配，同样，值越小，匹配结果越好，具体计算如式(2-66)所示。

$$R(x,y) = \frac{\sum_{m,n}^{M,N}(T(m,n) - S(x+m,y+n))^2}{\sqrt{\sum_{m,n}^{M,N}T(m,n)^2 * \sum_{m,n}^{M,N}S(x+m,y+n)^2}} \tag{2-66}$$

3. 相关匹配

相关匹配使用目标模板与子图的互相关结果进行匹配，值越大，匹配结果越好，具体计算如式(2-67)所示。

$$R(x,y) = \sum_{m,n}^{M,N}(T(m,n) * S(x+m,y+n)) \tag{2-67}$$

4. 标准相关匹配

标准相关匹配使用归一化的相关匹配，同样，值越大，匹配结果越好，具体计算如式(2-68)所示。

$$R(x,y) = \frac{\sum_{m,n}^{M,N}(T(m,n) * S(x+m,y+n))}{\sqrt{\sum_{m,n}^{M,N}T(m,n)^2 * \sum_{m,n}^{M,N}S(x+m,y+n)^2}} \tag{2-68}$$

5. 相关系数匹配

相关系数匹配采用像素值与均值之差的结果进行相关系数的计算,值越大,匹配结果越好,具体计算如式(2-69)所示。

$$R(x,y) = \sum_{m,n}^{M,N} (T'(m,n) * S'(x+m,y+n)) \qquad (2\text{-}69)$$

这里,

$$T'(m,n) = T(m,n) - \frac{1}{M*N} \sum_{m,n}^{M,N} T(m,n)$$

$$S'(x+m,y+n) = S(x+m,y+n) - \frac{1}{M*N} \sum_{m,n}^{M,N} S(x+m,y+n)$$

6. 标准相关系数匹配

标准相关系数匹配使用归一化的相关系数,同样,值越大,匹配结果越好,具体计算如式(2-70)所示。

$$R(x,y) = \frac{\sum_{m,n}^{M,N} (T'(m,n) * S'(x+m,y+n))}{\sqrt{\sum_{m,n}^{M,N} T(m,n)^2 * \sum_{m,n}^{M,N} S(x+m,y+n)^2}} \qquad (2\text{-}70)$$

OpenCV 中的模板匹配方法是 cv2.matchTemplate(),具体说明如下。

```
result = cv2.matchTemplate(image, templ, method)
```

其中,image 是目标图像,templ 是模板,method 是匹配方法,可以是 CV_TM_SQDIFF(平方差匹配)、CV_TM_SQDIFF_NORMED(标准平方差匹配)、CV_TM_CCORR(相关匹配)、CV_TM_CCORR_NORMED(标准相关匹配)、CV_TM_CCOEFF(相关系数匹配)和 CV_TM_CCOEFF_NORMED(标准相关系数匹配),result 是匹配结果。

使用标准平方差进行模板匹配的示例,如图 2-81 所示。

模板匹配具有自身的局限性,鲁棒性较差。目标图像中的匹配目标发生旋转或尺度变化,或者背景光照发生变化,都会影响匹配结果,甚至检测不到目标。

2.8.2　霍夫检测

霍夫检测常用于检测图像中的直线或圆。机器视觉系统应用中,很多目标的边缘是直线或近似直线,稳定地实现对这些目标边缘直线的检测,有助于对目标的识别和检测。有时,可以基于一些稳定的特征,如直线、圆、关键特征点等,实现对视频图像的准确抓拍。

直角坐标系中,经过点(x_0,y_0)的直线方程满足:$y_0 = kx_0 + b$,这里,k 和 b 是直线方程的两个参数。不同的 k 和 b 对应不同的直线方程。

极坐标系中,经过点(x_0,y_0)的直线方程满足:$\rho = x_0 \cos\theta + y_0 \sin\theta$,如图 2-82 所示。经过点$(x_0,y_0)$且不同的 θ 确定了不同的直线方程。同一直线上不同的点,对于相同的

(a) 目标图像　　　　　　　(b) 模板　　　　　　　(c) 匹配结果

图 2-81　使用标准平方差进行模板匹配的示例

θ 计算出的 ρ 应该是相同的,即一条直线到原点的垂直距离是唯一的。

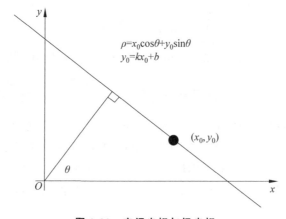

图 2-82　空间坐标与极坐标

霍夫直线检测的基本思想是:同一直线上不同的点,对于相同的 θ 计算出的 ρ 应该是相同的。对于经过边缘检测得到的二值化图中的各个像素,计算多个不同角度 θ 上的 ρ,而同一角度 θ 上具有较多相同的 ρ 所对应的点就认为是一条检测到的直线。

例如,对于一个 8×8 的数字图像,如图 2-83 所示,已经检测出 10 个点,如阴影所示。计算这些检测出的点在不同角度 θ 上的 ρ,占比最大的 ρ 所对应的 θ 即一条直线。

从左上角像素点 $(1,8)$ 开始计算,此时对应的极坐标方程为 $\rho=\cos\theta+8\sin\theta$。假设要检测 $0°$、$45°$、$90°$、$135°$、$180°$ 方向上的直线,计算 5 个方向上的不同的 ρ,如下。

$$\rho_{0°}=\cos0°+8\sin0°=1$$

$$\rho_{45°}=\cos45°+8\sin45°=9\sqrt{2}/2$$

$$\rho_{90°}=\cos90°+8\sin90°=8$$

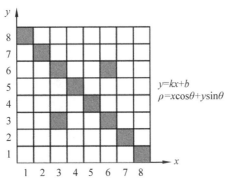

图 2-83　霍夫直线检测示例图

$$\rho_{135°} = \cos135° + 8\sin135° = 7\sqrt{2}/2$$

$$\rho_{180°} = \cos180° + 8\sin180° = -1$$

同理,分别计算(2,7)、(3,6)等各像素点在 θ 为 0°、45°、90°、135°、180°时的 ρ,如表 2-3 所示。

表 2-3　各像素点在不同角度 θ 的 ρ

点(x,y)	极坐标方程	$\rho_{0°}$	$\rho_{45°}$	$\rho_{90°}$	$\rho_{135°}$	$\rho_{180°}$
(1,8)	$\rho=\cos\theta+8\sin\theta$	1	$9\sqrt{2}/2$	8	$7\sqrt{2}/2$	-1
(2,7)	$\rho=2\cos\theta+7\sin\theta$	2	$9\sqrt{2}/2$	7	$5\sqrt{2}/2$	-2
(3,3)	$\rho=3\cos\theta+3\sin\theta$	3	$3\sqrt{2}$	3	0	-3
(3,6)	$\rho=3\cos\theta+6\sin\theta$	3	$9\sqrt{2}/2$	6	$3\sqrt{2}/2$	-3
(4,5)	$\rho=4\cos\theta+5\sin\theta$	4	$9\sqrt{2}/2$	5	$3\sqrt{2}/2$	-4
(5,4)	$\rho=5\cos\theta+4\sin\theta$	5	$9\sqrt{2}/2$	4	$3\sqrt{2}/2$	-5
(6,3)	$\rho=6\cos\theta+3\sin\theta$	6	$9\sqrt{2}/2$	3	$-3\sqrt{2}/2$	-6
(6,6)	$\rho=6\cos\theta+6\sin\theta$	6	$6\sqrt{2}$	6	0	-6
(7,2)	$\rho=7\cos\theta+2\sin\theta$	7	$9\sqrt{2}/2$	2	$-5\sqrt{2}/2$	-7
(8,1)	$\rho=8\cos\theta+\sin\theta$	8	$9\sqrt{2}/2$	1	$-7\sqrt{2}/2$	-8

通过对表 2-3 的观察可知,$9\sqrt{2}/2$ 这个 ρ 值共出现 8 次,为最高票数,其对应的 θ 为 45°,由此得到该直线在这个 8×8 的像素坐标中的极坐标方程:$9\sqrt{2}/2 = x\cos45° + y\sin45°$。而像素点(3,3)和(6,6)的 45°角对应的 $\rho_{45°} \neq 9\sqrt{2}/2$,则这两个像素不在此直线上,为离群点。

OpenCV 中霍夫直线检测方法是 cv2.HoughLines(),具体说明如下。

```
lines=cv.HoughLines(image,rho,theta,threshold)
```

其中,image 是待检测图像,rho 是极径参数 ρ 的距离分辨率,theta 是极角参数 θ 的角度分辨率,threshold 是阈值,判定为直线的投票数的最小值,lines 是返回结果,为直线

(ρ,θ) 的存储容器。

　　自然场景中的霍夫直线检测示例,如图 2-84 所示。可以看出,霍夫直线检测对一些物体边缘的直线具有较好的检测效果。

(a) 原图　　　　　　　　　　　　　　　　(b) 检测结果

图 2-84　自然场景中的霍夫直线检测示例

　　工业场景中的霍夫直线检测示例如图 2-85 所示。可以看出,对于熔融金属容器的红外图像,一般分辨率较低,可以比较稳定地检测出物体的边缘,结合其他一些如温度、角点等特征,可以对物体轮廓、形态等进行准确的分析。

(a) 原图　　　　　　　　　　　　　　　　(b) 检测结果

图 2-85　工业场景中的霍夫直线检测示例

　　霍夫检测的思想也可以应用于其他形状的检测,如圆形,称为霍夫圆检测。同样,直角坐标系中,经过点 (x_0,y_0) 的圆的方程满足 $(x_0-a)^2+(y_0-b)^2=r^2$,其中,a、b 和 r 是圆方程的参数。不同的 a、b 和 r 对应不同的圆的方程。

　　极坐标系中,经过点 (x_0,y_0) 的圆的方程满足

$$x_0=a+r\cos\theta$$
$$y_0=b+r\sin\theta$$

　　过点 (x_0,y_0) 且不同的 θ 确定不同的圆的方程。类似于霍夫直线检测思想,霍夫圆检测的原理是:圆心坐标相同的同一个圆上不同的点,计算出的 r 应该是相同的。对于经过边缘检测并得到的二值化图中的各个像素,计算不同圆心坐标 (a,b) 和不同角度 θ 对应的 r,同一个圆心坐标 (a,b) 上具有较多相同的 r 所对应的点构成一个经过圆心坐标 (a,b) 的圆。

霍夫圆检测的示例如图 2-86 所示。可以看出,大部分圆形断面均可以检测出来。

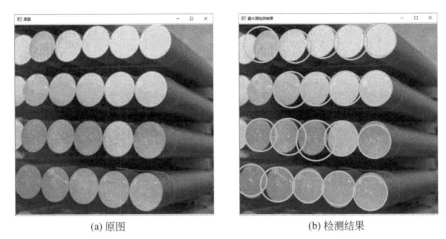

(a) 原图　　　　　　　　　　　　　　(b) 检测结果

图 2-86　霍夫圆检测的示例

2.8.3　特征检测

数字图像中的二维点特征检测对于图像抓拍、图像配准、图像形状和轮廓分析等应用都具有重要作用。

1. Harris 角点检测

角点是数字图像中的一种重要特征,对图像分析、理解具有重要的作用。角点通常被定义为多条边的交点。常见的角点类型,如图 2-87 所示。

图 2-87　常见的角点类型

角点检测在机器视觉系统中广泛应用于运动检测、图像匹配、视频跟踪、三维建模和目标识别等领域。

常见的角点检测方法可分为三类:基于边缘特征的角点检测、基于模板的角点检测、基于亮度或灰度变化的角点检测。

(1) 基于边缘特征进行角点检测时,首先对图像进行预分割,根据各部分的边缘轮廓点提取图像中的角点。

(2) 基于模板进行角点检测时,首先建立一组不同角度的角点模板,然后通过模板匹配检测图像中的角点。

(3) 基于亮度或灰度变化进行角点检测时,对每个像素点,根据其邻域像素的灰度值计算该像素点的灰度变化值,若大于某一阈值,则认为是角点。

Harris 角点检测算法是基于自相关矩阵进行角点提取的经典算法。Harris 角点定义为在任意方向上移动都会有很明显变化的像素点。

人眼对角点的识别通常是在一个局部的小区域或小窗口完成的,如图 2-88 所示。将小窗口在图像区域中滑动,如果灰度值没有变化,则窗口内为普通像素点;如果在某一个方向上移动,一侧发生很大变化而另一侧没有变化,则说明这个区域是边缘区域;如果在各个方向上都有很大的变化,则该区域内存在角点。

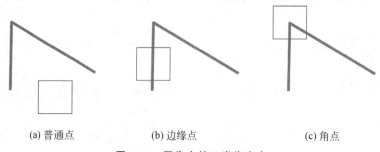

(a) 普通点　　　　　　(b) 边缘点　　　　　　(c) 角点

图 2-88　图像中的三类像素点

OpenCV 中 Harris 角点检测方法是 cv2.cornerHarris(),具体如下。

```
cv2.cornerHarris(src, blockSize, ksize, k)
```

其中,src 是输入图像,blockSize 是邻域大小,ksize 是孔径参数,即 Sobel 边缘检测时使用的窗口大小,k 是自由参数,一般取值为 $[0.04, 0.06]$,输出是带角点的图像。

Harris 角点检测示意,如图 2-89 所示。可以看出,目标物体的四个顶点能够比较稳定地检出。

(a) 原图　　　　　　　　　(b) 检测结果

图 2-89　Harris 角点检测示意

2. SIFT 特征提取及匹配

SIFT(Scale Invariant Feature Transform,尺度不变特征变换匹配)特征是图像的局部特征,对尺度缩放、亮度变化、平移、旋转、遮挡和噪声等具有良好的不变性,对仿射变换、视觉变化也保持一定程度的稳定和鲁棒性。

图像的局部特征通常描述一块具有高可区分度的区域,特征的稳定和鲁棒性对于定位、跟踪、识别和检测都具有重要的应用价值。一般来说,SIFT 特征点是一些十分突出、不会因光照不均匀、仿射变换和噪声引入等因素而变化的点,如角点、边缘点、较暗区域中突出的亮点、较亮区域中突出的暗点等。SIFT 特征提取算法的本质是在不同尺度空间上查找特征点。当通过 SIFT 特征提取获取图像中的关键特征点后,这幅图像即被映射为一个局部特征点集,通过匹配两幅图像的 SIFT 特征点集建立图像之间的匹配关系,可以实现目标定位或检测。

具体来说,SIFT 特征检测算法的工作过程如下。

(1) 构造不同尺度空间。

构造不同尺度空间的目的是模拟图像数据的多尺度特征,大尺度体现概貌特征,小尺度关注细节特征。通过构建高斯金字塔,保证图像在任何尺度都能拥有对应的特征点,从而保证尺度不变性。

高斯尺度空间通过图像的模糊程度模拟人在距离物体由远到近时物体在视网膜上的成像过程,距离物体越近,其尺寸越大。使用不同的参数模糊图像,会得到一组图像序列。

二维图像的尺度空间 $L(x,y,\sigma)$ 的定义,如式(2-71)所示。

$$L(x,y,\sigma)=G(x,y,\sigma)\times I(x,y) \tag{2-71}$$

其中,$I(x,y)$ 是原图像,$G(x,y,\sigma)$ 是尺度因子(方差)为 σ 的高斯卷积核函数。这里,小尺度对应图像中的细节,大尺度对应图像中的概貌。

构建多尺度空间的目的是检测在不同尺度下都存在的特征点,而检测特征点较好的算子是 LoG(Laplacian of Gaussian)算子,具体执行过程是:首先对图像进行高斯卷积滤波降噪,再采用拉普拉斯算子进行边缘检测,这对噪声和离散点具有较好的鲁棒性。但是,LoG 算子的运算量过大,一般可使用 DoG(Difference of Gaussian,高斯差分)算子近似计算 LoG,如式(2-72)所示。

$$D(x,y,\sigma)=[G(x,y,k\times\sigma)-G(x,y,\sigma)]\times I(x,y)=L(x,y,k\times\sigma)-L(x,y,\sigma)$$
$$\tag{2-72}$$

DoG 算子在计算时只对相邻尺度高斯平滑后的图像相减即可,这样可简化计算。

(2) 提取特征点。

特征点由 DoG 空间的局部极值点组成。为了寻找各个尺度空间的极值点,每个像素点要和其同一尺度空间和相邻尺度空间的所有相邻点进行比较,当其大于(或小于)所有相邻点时,该点就是局部极值点,视为特征点。

(3) 计算特征点的方向。

利用特征点邻域像素的梯度方向分布特性为每个关键点指定方向参数,再利用图像的梯度直方图求取关键点局部结构的稳定方向,使算子具备旋转不变性。点 $L(x,y)$ 的

梯度幅值 $m(x,y)$ 和梯度方向 $\theta(x,y)$ 计算,如式(2-73)和式(2-74)所示。

$$m(x,y) = \sqrt{[L(x+1,y) - L(x-1,y)]^2 + [L(x,y+1) - L(x,y-1)]^2}$$

$$(2-73)$$

$$\theta(x,y) = \arctan \frac{L(x,y+1) - L(x,y-1)}{L(x+1,y) - L(x-1,y)}$$

$$(2-74)$$

然后,使用直方图统计特征点邻域内所有像素的梯度方向和幅值。梯度方向直方图的横轴是梯度方向的角度,纵轴是梯度方向对应梯度幅值的累加,直方图的峰值就是特征点的主方向。

当得到特征点的主方向后,对于每个特征点可以得到 3 个信息 (x,y,σ,θ),分别是位置、尺度和方向,由此确定一个 SIFT 特征。

(4)生成特征描述。

需要使用一组向量描述特征点,生成特征点描述符。这个描述符不只包含特征点,也含有特征点周围对其有贡献的像素点。

特征描述符的生成大致有三个步骤:

首先,校正旋转主方向,确保旋转不变性。

其次,以特征点为中心,在附近邻域内将坐标轴旋转 θ 度(特征点的主方向),即将坐标轴旋转为特征点的主方向。旋转后邻域内像素的新坐标为

$$\begin{bmatrix} x' \\ y' \end{bmatrix} = \begin{bmatrix} \cos\theta & -\sin\theta \\ \sin\theta & \cos\theta \end{bmatrix} \begin{bmatrix} x \\ y \end{bmatrix}$$

旋转后以主方向为中心取 8×8 的窗口,计算该窗口内每个像素的梯度幅值和梯度方向,如图 2-90(a)所示。箭头方向表示像素的梯度方向,箭头长度表示像素的梯度幅值。将 8×8 窗口划分为 4 个 4×4 的小块,在每个 4×4 的小块上绘制 8 个方向区间的梯度直方图,计算每个梯度方向的累加值,可形成一个种子点,如图 2-90(b)所示。最后,每个特征点由 4 个种子点组成,每个种子点有 8 个方向的向量信息。这种邻域方向上的信息综合增强了算法的抗噪声能力和容错性。实际计算中,为了增强匹配的稳健性,对每个特征点使用 4×4 共 16 个种子点描述,一个特征点可以表示为 128 维的 SIFT 特征向量。

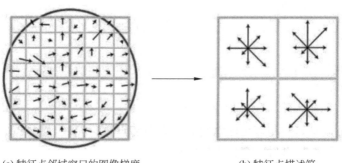

(a) 特征点邻域窗口的图像梯度   (b) 特征点描述符

图 2-90 SIFT 算法原理

最后,对特征向量进行归一化处理,以进一步去除光照或阴影的影响。

当获取到 SIFT 特征点后,对两幅图像进行匹配时,可采用 128 维特征向量的欧几里得距离计算二者的相似度。

OpenCV 中 SIFT 特征的计算方法是 cv2.xfeatures2d.SIFT_create(),具体如下。

首先,进行 SIFT 特征计算函数创建,如下。

```
sift = cv2.xfeatures2d.SIFT_create()
```

其次,找到灰度图像的特征点并计算其描述符,如下。

```
kp, des = sift.detectAndCompute(gray, None)
```

最后,绘制关键特征点,如下。

```
ret = cv2.drawKeypoints(gray, kp, img)
```

其中,gray 是检测的灰度图,kp 是特征点,img 是输出图像。基于 SIFT 检测得到图像特征点并进行匹配的示例,如图 2-91 所示。可以看出,天车挂钩的大部分特征点与原图像中的特征点进行了较好的匹配,但也存在一些错误匹配的情况,SIFT 算法在复杂工业场景中匹配效果并不是十分令人满意。

(a) 原图像　　　　　　　(b) 目标　　　　　　(c) SIFT 匹配效果

图 2-91　SIFT 匹配效果示例

2.9　金相组织分析

金相指的是金属或合金的各种成分在合金内部的物理状态、化学状态及内部结构。当外界条件(如温度、加工变形、浇注)或内在因素改变(如内部化学成分)时,金属或合金内部结构也会有所改变。金属材料的内部结构,只有在显微镜下才能观察到。在显微镜下看到的内部组织结构称为显微组织或金相组织。金相组织是反映金属金相的具体形态。钢材中常见的金相组织有铁素体、奥氏体、珠光体等,其金相组织图示例如图 2-92 所示。

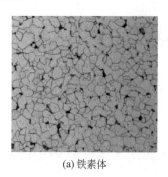
(a) 铁素体

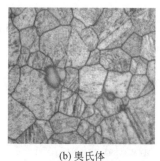
(b) 奥氏体

(c) 珠光体

图 2-92　金相组织图示例

　　金相分析是金属材料试验研究的重要手段之一,通过金相分析可以获知合金成分、组织和性能间的关系,可用于原材料检验、产品质量检验、机械失效分析以及生产过程的质量控制等。随着计算技术的不断发展,数字图像处理技术逐渐应用到金相组织图的分析中,不仅速度快、精度高,而且提高了工作效率。

　　锡(Sn)-铋(Bi)合金的金相组织,黑色区域为共晶相,白色区域称为 α 相,如图 2-93 所示。进行组分分析计算时,需要给出共晶相的质量分数,而共晶相的质量分数取决于共晶相的密度和体积分数,密度是已知的,体积分数可以由面积分数代替进行计算。面积分数指的是共晶相的像素数量占整个图像的像素数量的比例。因此,从图像处理的角度,需要对金相组织图进行分割,以获得共晶相的面积分数。

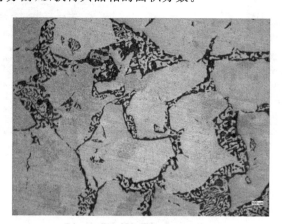

图 2-93　金相组织图像

实现金相组织图分割的完整的过程如下。

(1) 读入图像:

```
img = cv2.imread('jx.jpg')
```

（2）图像降采样：

```
w =img.shape[1]//2
h =img.shape[0]//2
dim=(w,h)
img =cv2.resize(img, dim, interpolation=cv2.INTER_LINEAR)
```

（3）高斯滤波：

```
size = (5,5)
img =cv2.GaussianBlur(img, size, 0, 0)
```

（4）彩色图转灰度图：

```
gray =cv2.cvtColor(img, cv2.COLOR_BGR2GRAY)
```

（5）使用最大类间方差法进行分割：

```
ret, dst =cv2.threshold(gray, 0, 255, cv2.THRESH_OTSU)
```

（6）定义形态学运算核：

```
kernel =np.ones((3, 3), np.uint8)
```

（7）执行 1 次闭运算：

```
dst =cv2.morphologyEx(dst, cv2.MORPH_CLOSE, kernel, anchor
    =(-1,-1), iterations=1)
```

（8）执行多次开运算：

```
result =cv2.morphologyEx(dst, cv2.MORPH_OPEN, kernel, anchor
      =(-1,-1), iterations=2)
```

（9）保存结果：

```
cv2.imwrite('jxResult.jpg', result)
```

其中，开运算能够去除孤立的像素点和目标边缘毛刺，断开目标区域中较细的连线，闭运算可以消除图像中目标内部较细小的裂缝，填平目标区域中的孔洞。显然，开闭运算有助于优化金相组织分割效果。

基于传统数字图像处理方法进行金相组织图分割示例，如图 2-94 所示。图 2-94（a）是下采样后的图像，图 2-94（b）是高斯滤波后的图像，图 2-94（c）是使用最大类间方差法进行分割的结果，图 2-94（d）是形态学优化后的分割结果。可以看出，共晶相和 α 相得到很好的分割。

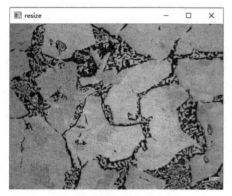

(a) 下采样后的图像

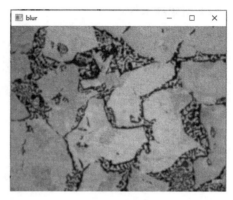

(b) 高斯滤波后的图像

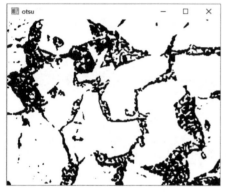

(c) OTSU分割后的图像

(d) 形态学优化后的分割结果

图 2-94　金相组织图像分割示例

本 章 小 结

本章介绍了数字图像处理技术的传统方法,包括图像的基本运算、图像滤波、边缘检测、图像分割、形态学处理、纹理特征以及图像处理的简单应用。

直方图均匀化指的是将原始图像的灰度直方图从比较集中的某个灰度区间变换为在全部灰度范围内的均匀分布。直方图均匀化是提高图像对比度的重要手段。

数字图像处理中,滤波方法可以分为空域滤波和频域滤波两大类。常见的空域滤波方法包括均值滤波、高斯滤波和中值滤波。

图像的边缘检测是基于常见的差分算子实现的,主要包括 Roberts、Sobel 和 Prewitt 等一阶算子和拉普拉斯二阶算子。

图像分割指的是使用图像分割算法提取感兴趣区域以获得一个或多个特定目标。常见的图像分割方法包括自适应阈值分割、最大类间方差分割、区域生长算法、分水岭算法、聚类算法和图割算法。

数学形态学有两个基本运算:腐蚀和膨胀。腐蚀和膨胀通过结合又可形成开运算和闭运算,开运算是先腐蚀再膨胀,闭运算是先膨胀再腐蚀。一般来说,开运算能够去除孤立的小点、毛刺和小桥(即连通两块区域的细线),而总的形态不变。闭运算能够填平小孔,弥合小裂缝,而总的形态不变。

图像的纹理特征主要包括:基于灰度共生矩阵的纹理特征、局部二值模式(LBP)、分形维数。

习　　题

一、选择题

1. 一个灰度图像的像素亮度方差反映的是(　　　)。

　　A. 平均的灰度　　　　B. 平均的亮度　　　　C. 图像的对比度　　　D. 图像的边缘

2. 对于线性点运算 $p_o(x,y)=a\times p_i(x,y)+b$, $p_o(x,y)$ 为输出像素, $p_i(x,y)$ 为输入像素。下列可能使得图像对比度增强的是(　　　)。

　　A. $a=1.6,b=0$　　　B. $a=1.0,b=0$　　　C. $a=0,b=50$　　　D. $a=0,b=-50$

3. 下列不属于纹理特征的是(　　　)。

　　A. 灰度共生矩阵　　　B. LBP　　　　　　C. 分形维数　　　　D. SIFT

4. 对于图像边缘检测,下面是二阶微分算子的是(　　　)。

　　A. 拉普拉斯　　　　　B. Roberts　　　　C. Sobel　　　　　　D. Prewitt

5. 一般来说,能避免图像模糊的空域滤波算法是(　　　)。

　　A. 3×3 均值滤波　　B. 5×5 均值滤波　　C. 中值滤波　　　　D. 高斯加权均值滤波

6. 下列两个图像进行逻辑或运行的结果是(　　　)。

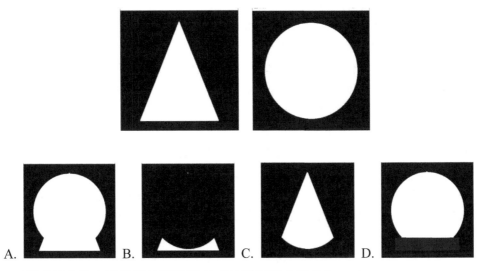

7. 下列具有较大图像熵的图像所对应的亮度直方图是(　　　)。

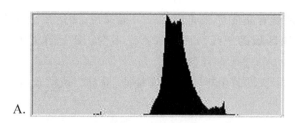

A.

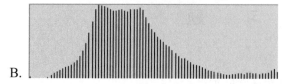

B.

C.

D.

8. 下列关于图像形态学处理方法的闭运算是（　　）。

   A. 先膨胀后腐蚀

   B. 进行闭运算后，方向向内的角保持不变

   C. 进行闭运算后，方向向外的角变得圆滑

   D. 闭运算有助于消除孤立点

9. Canny 边缘检测算子，其算法包括如下步骤，正确的顺序是（　　）。

  ① 计算图像的梯度强度和角度方向

  ② 用高斯滤波器对输入图像做平滑处理（大小为 5×5 的高斯核）

  ③ 对图像的梯度强度进行非极大抑制

  ④ 利用双阈值检测和连接边缘

   A. ②①③④　　　　B. ②③①④　　　　C. ①③②④　　　　D. ①②③④

10. 下列不属于基于几何变换的数据增强方法的是（　　）。

   A. 垂直翻转　　　B. 水平翻转　　　C. 随机旋转　　　D. 增加高斯噪声

11. 在图像中任取一点 (x,y) 及偏离它的一点 $(x+a,y+b)$（其中 a、b 为整数，a、b 的取值决定灰度共生矩阵的方向）构成点对，计算在 0°方向时的共生矩阵时，a、b 值分别是（　　）。

   A. $a=1,b=0$　　　B. $a=1,b=1$　　　C. $a=-1,b=1$　　　D. $a=-1,b=-1$

12. 下列关于直方图的说法，错误的是（　　）。

   A. 灰度直方图的横坐标代表灰度等级，纵坐标代表像素总数或者百分比

   B. 直方图均衡化能够增加图像对比度

C. 灰度直方图反映了图像中灰度值的统计信息,以及像素的空间位置信息

D. 一个灰度图像对应唯一灰度直方图,一个灰度直方图可以对应多个灰度图像

13. 图像的滤波算法中,综合考虑图像中像素空域信息和灰度相似性,达到保边去噪目的的空域滤波算法是( )。

    A. 均值滤波   B. 双边滤波

    C. 中值滤波   D. 高斯加权均值滤波

14. 反映图像灰度直方图偏斜度的统计指标是( )。

    A. 均值   B. 标准差   C. 三阶矩   D. 图像熵

二、填空题

1. 图像中像素之间的基本关系包括 4 邻域、8 邻域和_____。

2. 对于线性点运算 $p_o(x,y) = a * p_i(x,y) + b$,如果要进行反色运算,则 a 为_____。

3.

0	2	3
6	4	3
6	6	6

的原始 LBP 二进制值是_____(假设左上角第 1 个像素是二进制数的起点)。

4. 图像灰度直方图的横坐标是_____,纵坐标是_____。

5. 开运算是先_____再_____。

6. 闭运算是先_____再_____。

7. 等价 LBP 共有_____个二进制模式。

8. 旋转 LBP 共有_____个二进制模式。

三、简答题

1. 简要介绍各类图像滤波算法的异同。

2. 简要介绍各类常见的图像边缘检测算子的基本原理。

3. 计算以下灰度图像的中值滤波结果(窗口尺寸为 3×3)。

0	2	3	4	5	6
6	4	3	6	6	6
6	6	6	4	6	6
3	4	5	6	6	6
1	4	6	6	2	3
1	3	6	4	6	7

4. 对上图中的灰度图像进行直方图均匀化,列出计算过程。

5. 对下列灰度图像,计算 0°、45°、90°、135°、180°、225°、270°、315°各个方向上的灰度共生矩阵(灰度等级为 0～3)。

$$\begin{array}{cccc} 0 & 0 & 1 & 1 \\ 0 & 0 & 1 & 1 \\ 0 & 2 & 2 & 2 \\ 2 & 2 & 3 & 3 \end{array}$$

四、分析讨论题

1. 查阅资料,编码实现各种 LBP 模式的灰度图,比较并分析其差异。

2. 查阅资料,编码实现对各种不同图像中物体直线边缘的霍夫检测,讨论其应用效果。

3. 查阅资料,编码实现基于模板匹配的目标检测在简单和复杂场景中的应用,讨论其优缺点。

4. 查阅资料,编码实现基于灰度共生矩阵的各种纹理统计值的计算,通过不同复杂度的图像计算结果,分析各种不同纹理统计值的大小关系。

5. 查阅资料,分析 SIFT 特征计算过程及各种改进特征点检测方法。

五、实验

参考附录中的实验,选做一个完成。

1. 实验 1:基于传统图像处理方法的边缘检测。

2. 实验 2:基于传统图像处理方法的图像分割。

第 3 章

基于深度学习的数字图像处理

深度学习已经成为数字图像处理的主流方法。工业机器视觉系统开发过程中，经常将传统数字图像处理用作图像的数据增强、预处理和后处理等环节，将深度学习作为图像分类、目标检测、实例分割等应用的主要方法。

本章首先介绍人工智能、机器学习、强化学习、深度学习的基本概念，明确深度学习在人工智能领域中的地位和作用；然后重点对深度学习学习对象、学习过程和评价标准等进行详细描述，期望对深度学习建立一个宏观整体的认识；最后对普通神经网络、一般深度卷积神经网络及构成、典型深度卷积神经网络及应用等进行深入的讨论。

3.1 人工智能与机器学习

3.1.1 人工智能概述

人工智能（Artificial Intelligence，AI）是对模拟、延伸和扩展人类智能的理论、方法、技术进行研究的一门科学。通俗地说，人工智能就是使用人工的方法在计算机上实现的智能。从计算机科学的角度看，人工智能是计算机科学的一个分支。从学科交叉的角度看，人工智能涉及计算机科学、脑科学、认知科学、心理学、逻辑学和统计学等多个学科，如图 3-1 所示。

从 1956 年正式提出人工智能的概念起，人工智能的研究、发展已有 60 多年的历史。不同学科背景的学者对人工智能做出了不同的研究尝试，逐渐形成三个主流学派，分别是符号主义、连接主义和行为主义。

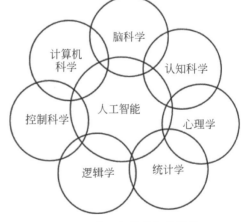

图 3-1　人工智能的相关学科

（1）符号主义，又称为逻辑主义、心理学派或计算机学派，该学派认为人工智能源于数学逻辑，使用符号运算模拟人的认知过程。典型的代表成果是基于产生式规则构建的专家系统。

（2）连接主义，又称为仿生学派或生理学派，该学派认为人工智能可以基于神经网络、网络间的连接机制以及学习算法实现。典型的代表成果是普通神经网络以及在此基础上发展的深度卷积神经网络,这些网络已经广泛应用于人脸识别、字符识别、产品表面的缺陷识别等。

（3）行为主义,又称为进化主义或控制论学派。该学派认为人工智能表现为智能体在适应环境的控制过程中的自寻优、自适应、自校正、自组织和自学习等。典型代表成果是基于强化学习的智能机器人系统。

3.1.2　机器学习概述

机器学习（Machine Learning)研究的是使用计算机模拟或实现人类学习过程的科学,是实现人工智能的重要途径。人工智能与机器学习的关系如图 3-2 所示。当前,机器学习是人工智能最重要、最具有热度的研究分支,机器学习包括传统的机器学习算法,如线性回归、决策树、支持向量机、聚类、主成分分析和人工神经网络,以及当下最受关注的深度学习、强化学习以及深度强化学习等。

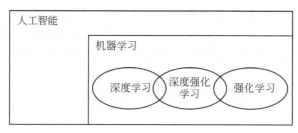

图 3-2　人工智能与机器学习的关系

按照学习方式进行分类,机器学习可以分为如下三种。

（1）**有监督学习**（Supervised Learning),又称为有导师学习,指的是从带有标签的数据中训练模型,以对未知数据作出分类或预测。例如,从网络上收集 1000 张猫和狗的图像,并且对每张图像中猫和狗的位置及类别进行标注,然后将这些带标签的数据送入机器学习系统进行训练,模型训练达到一定的评价标准后,停止训练。当给定一个新的带有猫和狗的图像时,模型就可能指出猫和狗在图像中的位置,并以概率方式标注模型认可的分类置信度,这是一种典型的有监督学习。有监督学习的常见算法包括决策树、支持向量机、人工神经网络和深度卷积神经网络等。

（2）**无监督学习**（Unsupervised Learning),又称为无导师学习,指的是从不带标签的数据中发现隐含的结构。例如,工厂在生产过程中,分析、收集并找到可能影响产品表面质量的 50 个因素及数据,通过学习算法找到影响产品表面质量的最重要的 10 个关键因素,这是一种典型的无监督学习过程。无监督学习的常见算法包括聚类和主成分分析等。

（3）**强化学习**（Reinforcement Learning),指的是智能体在与环境的交互过程中通过执行一定的学习策略以达成回报最大化或实现特定目标的学习。强化学习过程示意,如图 3-3 所示。智能体基于当前环境的状态 S(State),执行一定的动作 A(Action),环境受到智能体动作 A 的影响会将状态从 S 更新为 S',并获得奖励 R(Reward),如此循环往复,直到达到某一设定值。例如,寒冷的冬天里,一只没有见过火焰的动物想取暖。这只动物可以认为是智能体。起初,该动物距离火焰较远,动物与火焰之间的距离可以定义为状态,根据距离的远近可以定义系统不同的状态。该动物想取暖,就向火焰靠近。而当动物距离火焰非常近时,又会感到火焰的灼热,就要远离火焰。这里,靠近和远离就是智能体采取的动作。智能体获得的奖励就是取暖但不能灼伤自己。目前,强化学习已经在无人驾驶、AI 游戏、智慧物流等领域得到广泛的应用。

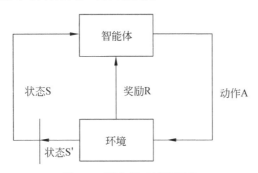

图 3-3 强化学习过程示意

3.2 深度学习的基本概念

3.2.1 深度学习概述

深度学习(Deep Learning)是机器学习的一个子研究领域。深度学习的概念源于人工神经网络。其"深度"的含义,一般指的是构成神经网络的层数较多,通常有 5 层、10 层甚至 50 层等。深度学习的本质是通过多层非线性变换,从大量数据中自动学习各种低层和高层的复杂特征,从而替代传统机器学习中需要人工设计的特征。

通过前面内容的学习,我们知道:如果要提取图像中物体的边缘,可以使用 Roberts、Sobel、Prewitt 算子或 Canny 算子;如果要计算图像的纹理特征,可以使用基于灰度共生矩阵的纹理特征、LBP 纹理特征、分形维数。这些传统的数字图像处理方法,对于图像特征的提取都有明确的数学公式的表达形式。而在深度学习中,对于图像中物体形状、边缘、纹理、亮度、对比度、颜色等特征的提取,都是通过算子或算子的组合进行级联和构造,并由神经网络自动学习而来。很多时候,深度学习抽取到的特征无法使用自然语言进行描述。

当前,深度学习应用于数字图像处理中,大多是有监督学习。例如,当使用深度卷积神经网络进行图像分类时,需要输入大量的带类别标签的图像。由于数字图像处理和机器视觉的研究热度居高不下,深度学习已经成为有监督学习中重要的研究方法之一。

近年来出现的深度 Q 网络模型(Deep Q-Network,DQN)则是将深度学习与强化学习方法相结合,采用卷积神经网络(简称 Q 网络)拟合动作价值函数,成功实现从输入图像到输出动作的端到端学习。深度学习、强化学习、深度强化学习已经成为机器学习中最引人关注的方法。

大多数应用中,深度学习作为一种有监督学习算法进行使用。深度学习作为一种重要的机器学习算法,也要关注机器学习的本质问题:如何学习?学习的目标是什么?如何评价学习效果？学习的知识如何表达和存储？机器学习的一般过程如图 3-4 所示。

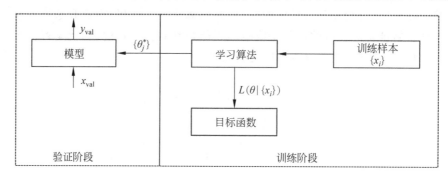

图 3-4　机器学习的一般过程

一般来说，机器学习可以分为训练阶段和验证阶段。在训练阶段，根据输入样本 $\{x_i\}$，在学习算法的驱动下，针对一定损失函数 $L(\theta|\{x_i\})$，期望通过样本的训练降低损失函数的值。这里，$\{\theta\}$ 是一组模型的训练参数。当训练达到一定的迭代次数或其他终止条件时，将学习到的知识以一定方式进行保存即可获得模型，模型可以理解为一组经过训练优化调整后的参数 $\{\theta_j^*\}$；在验证阶段，对训练获得的模型输入新的数据 x_{val}，检验并统计输出结果 y_{val} 是否满足系统精度要求。当模型达到一定的精度要求时，模型即可投入现场使用，进入现场测试和运行阶段。

下面以一个机器视觉中目标检测应用为示例，使用深度学习中的深度卷积网络详细说明模型的训练过程。炼钢生产过程中，钢包包号识别是一个典型的目标检测问题，如图 3-5 所示，不仅需要识别出钢包包号图像中 1～2 位的钢包包号（使用 1～2 位的 0～9 的数字进行标识），还需要通过四边形的方式给出钢包包号的准确位置。

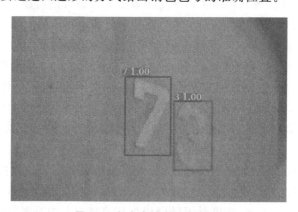

图 3-5　钢包包号的目标检测

模型训练阶段，使用大量的已经标注标签的图像及标签数据输入深度卷积神经网络。对于目标检测，一般使用 LabelImg 工具进行标注，如图 3-6 所示。显然，由于人工标注了真实的目标位置，因此这是一种有监督学习。

深度卷积神经网络接收到图像及图像中目标的标签（一般保存为 XML 文件）后，将图像作为输入，通过深度卷积神经网络中的各个算子进行层层计算，输出目标的类别和目

图 3-6　使用 LabelImg 工具标注钢包包号

标的位置,即包号中每个字符的具体值以及所在的四边形框位置。目标函数用于描述模型输出的每个字符的类别是否正确,即**分类损失**(Classification Loss),以及每个字符的四边形位置是否精确,即**回归损失**(Regression Loss)。模型学习的目标是降低分类损失和回归损失的总和。一般情况下,对于深度学习来说,目标函数值越大,损失值越大,模型精度越低;目标函数值越小,损失值越小,模型精度越高。有关深度学习的目标函数,将在 3.2.2 节中详细介绍。

　　面向目标检测的深度卷积神经网络的学习过程,如图 3-7 所示。对于深度卷积神经网络来说,模型的训练过程是一个多轮反复输入图像、特征提取、计算损失和调整神经元之间连接权重的过程。对于钢包包号目标检测的深度卷积神经网络来说,训练阶段需要多次输入钢包包号图像,通过神经网络的各层算子提取有效特征并进行组合,以进行目标类别判定和精确位置的计算。当模型输出预测的目标类别和位置后,即可计算分类损失和回归损失,然后根据该损失调整神经网络中神经元之间的连接权重。这些权重就是深度卷积神经网络对于知识的表达和存储形式。有关神经网络学习算法,将在 3.3.4 节中详细介绍。

3.2.2　深度学习的损失函数

　　机器学习经常解决的问题有两类:**分类**(Classification)和**回归**(Regression)。分类问题的输出为有限个离散值。回归问题的输出为无限个连续值。例如,预测明天是晴天、雨天还是多云,预测某个字符是 0~9 中具体哪一个,这些都是典型的分类问题;预测明天天气的气温是多少度,预测某个字符出现在图像中的位置,这些都是典型的回归问题。

　　深度学习是一种典型的机器学习方法,同样也要处理分类和回归问题。对于分类的损失函数,深度学习中经常使用**均方误差损失**(Mean Squared Error,MSE)和**交叉熵损失**(Cross Entropy,CE)进行描述。

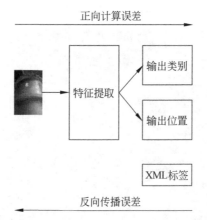

图 3-7　面向目标检测的深度卷积神经网络的学习过程

1. 均方误差损失

当模型的输出有 M 个类别,设这 M 个输出为 $[\hat{y}_1, \hat{y}_2, \cdots, \hat{y}_M]$,分别是每个类别的预测输出概率。例如,当识别的字符是 $0 \sim 9$ 的 10 个字符的其中一个字符时,如果 $[\hat{y}_1, \hat{y}_2, \cdots, \hat{y}_M] = [0.1, 0.8, 0.05, 0.02, \cdots, 0.01]$,则在输出概率中,字符"1"对应的概率 0.8 为最大值,输出的分类结果为字符"1",即识别出来的字符为"1"。

设真实的标签为 $[y_1, y_2, \cdots, y_M]$。对于识别字符 $0 \sim 9$ 的其中一个字符问题,如果真实的字符为"1",则 $[y_1, y_2, \cdots, y_M] = [0, 1, 0, \cdots, 0]$。

均方误差损失(MSE)定义,如式(3-1)所示。

$$L = (y_1 - \hat{y}_1)^2 + (y_2 - \hat{y}_2)^2 + \cdots + (y_M - \hat{y}_M)^2 \tag{3-1}$$

如果真实标签为类别 p,$1 \leqslant p \leqslant M$,则均方误差损失为

$$L = (y_1 - \hat{y}_1)^2 + (y_2 - \hat{y}_2)^2 + \cdots + (y_M - \hat{y}_M)^2$$
$$= (1 - \hat{y}_p)^2 + (\hat{y}_1^2 + \cdots + \hat{y}_{p-1}^2 + \hat{y}_{p+1}^2 + \cdots + \hat{y}_M^2)$$

可以看出,预测类别 p 的均方误差损失,不仅与类别 p 的预测概率有关,还与其他类别的预测概率有关。

2. 交叉熵损失

交叉熵损失(CE)定义,如式(3-2)所示。

$$L = -(y_1 \log \hat{y}_1 + y_2 \log \hat{y}_2 + \cdots + y_M \log \hat{y}_M) \tag{3-2}$$

如果真实标签为类别 p,$1 \leqslant p \leqslant M$,则交叉熵损失为

$$L = -(y_1 \log \hat{y}_1 + y_2 \log \hat{y}_2 + \cdots + y_M \log \hat{y}_M)$$
$$= -y_p \log \hat{y}_p$$
$$= -\log \hat{y}_p$$

可以看出,预测类别 p 的交叉熵损失,只与类别 p 的预测概率有关,与其他类别的预测概率无关。大多数情况下,深度学习选择交叉熵作为分类损失函数。

深度学习的训练过程就是多次反复输入图像、特征提取、计算损失和调整参数的过程,目标是降低损失函数的值,以获得高精度或误差较小的模型。

3. 模型过拟合与欠拟合

由于训练样本和验证样本不是相同的,深度学习训练出的模型在训练数据上和验证数据上的表现可能差异较大。

若模型在训练数据上获得了较小的误差损失,而在验证数据上的误差损失较大,则称为模型过拟合。过拟合的原因可能是特征维度太多、模型过于复杂、参数过多、训练数据太少等。若模型在训练数据上误差一直较大,无法找到合适的模型表达来描述数据集,则称为模型欠拟合。欠拟合的可能原因是训练不充分、训练数据太少、训练数据中噪声过多、超参数设置不合理等。模型过拟合与欠拟合,如图 3-8 所示。

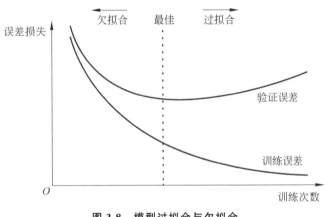

图 3-8　模型过拟合与欠拟合

有关图像处理中目标检测的回归损失函数,将在目标检测的深度卷积神经网络相关章节详细介绍。

3.2.3　深度学习的评价指标

当使用深度学习方法训练出模型后,需要系统地讨论模型在验证数据上的表现。对于分类问题,常用的评价指标大多基于混淆矩阵,并据此定义精确率(Precision)、召回率(Recall)、准确率(Accuracy)、错误率(Error Rate)以及 F1 值(F-measure)。

混淆矩阵,又称为误差矩阵。混淆矩阵的每一列代表预测值,每一行代表实际的类别,见表 3-1。

表 3-1　混淆矩阵

预测值 实际值	预测为正样本	预测为负样本
实际为正样本	TP	FN
实际为负样本	FP	TN

这里,TP、FP、FN 和 TN 的含义如下。

(1) TP(True Positive):实际为正样本,预测为正样本;

(2) FP(False Positive):实际为负样本,预测为正样本;

（3）FN(False Negative)：实际为正样本，预测为负样本；

（4）TN(True Negative)：实际为负样本，预测为负样本。

例如，一个火灾智能检测系统，模型的实际检测结果，如图 3-9 所示。方框里面是模型给出检测结果为火焰的情况，其中，8 个真实火焰被检测出来火焰，2 个灯泡的照明被错误地检测出来为火焰；方框外面是模型没有给出检测结果的情况，其中，3 个真实的火焰，1 个灯泡的照明，火灾检测模型没有给出检测结果。

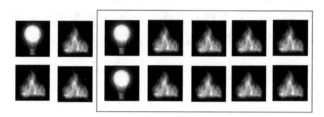

图 3-9　火灾检测结果的示意

这里，对于火灾智能检测系统，火焰是正样本，灯泡照明是负样本。方框里面的 8 个火焰被检测出来火焰，即 8 个正样本被识别为 8 个正样本，TP＝8；方框里面的 2 个灯泡照明被检测出来火焰，即 2 个负样本被识别为 2 个正样本，FP＝2；方框外面的 3 个火焰没有被识别出来火焰，即 3 个正样本被识别为 3 个负样本，FN＝3；方框外面的 1 个灯泡照明没有被识别出来，即 1 个负样本被识别为 1 个负样本，TN＝1。

下面对精确率、召回率、准确率、错误率以及 F1 值进行定义并解释说明。

（1）精确率指的是预测为正类的全部样本中，预测正确的正类样本比例。精确率的计算，如式（3-3）所示。

$$Precision = \frac{TP}{TP + FP} \tag{3-3}$$

（2）召回率指的是在全部的正类样本中，预测正确的正类样本比例。召回率的计算，如式（3-4）所示。

$$Recall = \frac{TP}{TP + FN} \tag{3-4}$$

（3）准确率指的是在全部样本中，预测正确的正类样本和预测正确的负类样本的比例。准确率的计算，如式（3-5）所示。

$$Accuracy = \frac{TP + TN}{TP + FP + FN + TN} \tag{3-5}$$

（4）错误率（Error Rate）指的是在全部样本中，预测错误的正类样本和预测错误的负类样本的比例。错误率的计算，如式（3-6）所示。

$$ErrorRate = \frac{FP + FN}{TP + FP + FN + TN} \tag{3-6}$$

（5）F1 值定义，如式（3-7）所示。

$$F1 = \frac{2 * Precision * Recall}{Precision + Recall} \tag{3-7}$$

根据上述定义,对于该火灾智能检测系统,计算各个指标的结果如下。

$$Precision = \frac{TP}{TP + FP} = \frac{8}{8 + 2} = \frac{8}{10}$$

$$Recall = \frac{TP}{TP + FN} = \frac{8}{8 + 3} = \frac{8}{11}$$

$$Accuracy = \frac{TP + TN}{TP + FP + FN + TN} = \frac{8 + 1}{8 + 2 + 3 + 1} = \frac{9}{14}$$

$$ErrorRate = \frac{FP + FN}{TP + FP + FN + TN} = \frac{2 + 3}{8 + 2 + 3 + 1} = \frac{5}{14}$$

$$F1 = \frac{2 \times Precision \times Recall}{Precision + Recall} = \frac{2 \times \frac{8}{10} \times \frac{8}{11}}{\frac{8}{10} + \frac{8}{11}} = 0.76$$

3.2.4　深度学习模型开发的一般过程

本节主要以机器视觉领域使用的深度卷积神经网络的模型开发过程为例,对深度学习模型的开发过程做一个简要介绍。这里以 X 射线底片上的焊缝缺陷检测为例,需要识别的缺陷主要包括裂纹、未熔合、未焊透、条形缺陷和圆形缺陷共 5 种。模型开发过程包括:数据标注、数据扩增、数据格式转换、模型训练、模型转换、模型调用等步骤。

1. 数据标注

数据标注指的是使用专用标注软件对输入图像数据进行分类标识和目标标注。对于 X 射线底片上的焊缝缺陷,使用 LabelImg 软件标注裂纹、未熔合、未焊透和条形等各种缺陷的具体位置,如图 3-10 所示。这里使用四边形框标注一个裂纹缺陷,标记缺陷名称为 crack,标注软件会自动记录缺陷类型和缺陷所在位置信息。位置信息一般记录为四边形左上角坐标、宽度和高度。

2. 数据扩增

数据扩增指的是不增加原始数据,仅对原始数据进行一些变换而获得更多的训练数据。数据扩增的主要目的是提高模型的鲁棒性和泛化能力。对于图像数据来说,常见的扩增方法包括:基于几何方法的扩增、基于颜色或亮度的扩增、基于噪声的扩增、基于深度学习方法的扩增。

- 基于几何方法的扩增包括图像翻转、图像旋转、图像扭曲、图像缩放和图像裁减等。
- 基于颜色或亮度的扩增包括亮度调整、色度调整、饱和度调整和对比度调整等。
- 基于噪声的扩增包括向图像中添加高斯、椒盐或泊松噪声等。

上述扩增方法,均可以使用传统方法的数字图像处理实现。

- 基于深度学习方法的扩增的典型代表是使用对抗生成网络(Generative Adversarial Networks,GAN)生成新的数据,实际是通过深度学习训练出一个新的模型来扩增数据。

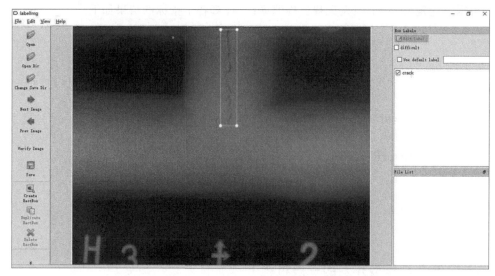

图 3-10 使用 LabelImg 标注 X 射线底片上的焊缝缺陷

增加亮度、减少亮度的数据扩增示意,如图 3-11 所示。图 3-11(a)是对原图像的亮度降低 30 的扩增图像,图 3-11(b)是对原图像的亮度提高 30 的扩增图像,两种扩增方式属于图像的线性点运算。图像中添加高斯噪声的示意,如图 3-12 所示。图 3-12(a)、图 3-12(b)和图 3-12(c)分别加入了方差为 0.01、0.001 和 0.0001 的高斯噪声,属于图像的算术运算。

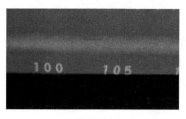
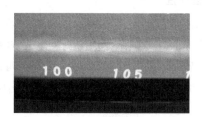

(a) 亮度降低30   (b) 亮度提高30

图 3-11 亮度扩增的示意

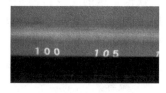

(a) 加入方差为0.01的高斯噪声   (b) 加入方差为0.001的高斯噪声   (c) 加入方差为0.0001的高斯噪声

图 3-12 噪声扩增的示意

3. 数据格式转换

数据格式转换指的是将图像数据及标签文件组成的训练数据转换成为模型训练要求的格式。将图像数据及标签文件转换为 TFRecord 格式的示意,如图 3-13 所示。其中,

JPEGImages 文件夹存放图像数据，Annotations 文件夹存放标签文件。TFRecord 格式是 TensorFlow 训练的标准数据格式，将数据存储为二进制文件，复制和读取效率更高，可以更加高效地进行数据的频繁访问操作。

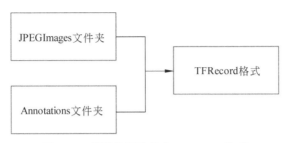

图 3-13　训练数据转换为 TFRecord 格式

4. 模型训练

模型训练指的是多次反复输入图像、进行特征提取、计算损失和调整参数的过程。模型训练过程输出的各种损失函数值，如图 3-14 所示。其中，cla_loss 为分类损失，loc_loss 为目标检测的回归损失。

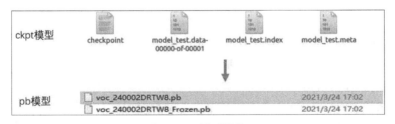

图 3-14　模型训练过程

5. 模型转换

模型训练过程得到的模型依赖于训练环境，只能在指定的框架下运行。例如，基于 TensorFlow 进行模型训练，得到的含有检查点 checkpoint 文件的 ckpt 模型就属于这种情况。因此，经常需要将训练得到的模型转换为可独立运行的文件。对于 TensorFlow，经常需要将 ckpt 模型转换为 pb 模型。pb 模型文件具有编程语言独立性，可独立运行并允许任何编程语言进行解析并运行。ckpt 模型转换为 pb 模型的示意，如图 3-15 所示。

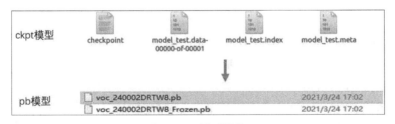

图 3-15　模型转换

6. 模型调用

一般来说,基于深度学习开发机器视觉系统,需要完成模型训练和模型调用两个阶段的工作。模型训练和模型调用可以使用不同的编程语言开发。前述的模型训练就是使用 Python 编程语言在 Ubuntu 操作系统下进行的,通过模型转换为 pb 模型,如图 3-16 所示。使用 C++ 并基于 QT 框架开发的前端界面,基于 TensorFlow C++ 编程接口可以调用 pb 模型,如图 3-17 所示。

	voc_229204DRWebsite229204.pb	2021/3/8 8:40	PB 文件	1,926 KB
	voc_229204DRWebsite229204_Frozen.pb	2021/3/8 8:40	PB 文件	162,220 KB
	voc_240000DRExpAndTW20210306.pb	2021/3/7 9:03	PB 文件	1,926 KB
	voc_240000DRExpAndTW20210306_Frozen.pb	2021/3/7 9:03	PB 文件	162,220 KB
	voc_240002DRTW8.pb	2021/3/24 17:02	PB 文件	2,037 KB
	voc_240002DRTWB_Frozen.pb	2021/3/24 17:02	PB 文件	162,331 KB
	缺陷英文标识.txt	2021/3/24 9:10	文本文档	1 KB

图 3-16　前端界面调用的 pb 模型

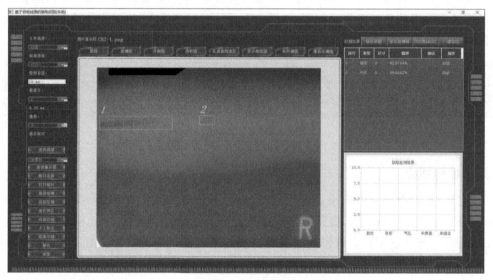

图 3-17　前端界面

3.3　普通神经网络

深度卷积神经网络是数字图像处理或机器视觉开发中广泛使用的一种深度学习方法,而深度卷积神经网络是从一般或普通神经网络发展而来的。

神经网络(Neural Network,NN),又称为**人工神经网络**(Artificial Neural Network,ANN),是一种模仿人类神经网络行为特征,进行分布式并行信息处理的模型。神经网络是由大量的人工神经元按照一定拓扑结构相互连接而成,通过调整人工神经元之间的连接权重或连接关系达到信息处理、知识存储进而模拟人工智能的目的。

3.3.1 人工神经元

人工神经元是对生物神经元的抽象和简化。生物神经元由细胞体、树突和轴突组成。细胞体是神经元的主体,树突是感知器官,接受来自其他神经元传递的输入信号,轴突用来传递本神经元产生的输出信号。

人工神经元是对组成生物神经元的树突、轴突和细胞体进行数学抽象而来。具体来说,人工神经元就是将树突和轴突简化并抽象为多个输入和单个输出,将细胞体抽象为一个激活函数,如图 3-18 所示。

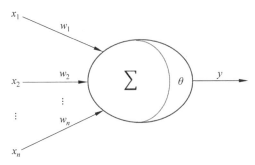

图 3-18　人工神经元模型

人工神经元的输入与输出关系,如式(3-8)所示。

$$y = f\left(\sum_{i=1}^{n} w_i x_i - \theta\right) \tag{3-8}$$

这里,$x_1, x_2, \cdots, x_n$ 是人工神经元的 n 个输入,$w_1, w_2, \cdots, w_n$ 是 n 个输入对应的权重,θ 是神经元的阈值,输入和阈值进行线性组合 $\sum_{i=1}^{n} w_i x_i - \theta$ 作为激活函数 f 的输入,y 是神经元的输出。神经元的输出依赖于具体的激活函数。

3.3.2 神经网络的拓扑结构

神经网络由多个神经元按照一定拓扑结构连接而成。大多数神经网络的拓扑结构都是前馈神经网络,如图 3-19 所示。

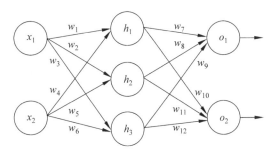

图 3-19　前馈神经网络

前馈的神经网络由多层神经元组成,包括输入层、隐藏层和输出层,各层顺序连接,数据严格遵从从输入层经过隐藏层到输出层进行单向流动,同一层内的神经元之间没有连接。图 3-19 中,x_1 和 x_2 是前馈神经网络的输入,o_1 和 o_2 是网络的输出,h_1、h_2 和 h_3 组成神经网络的一个隐藏层。前馈神经网络的信息处理能力主要由隐藏层层数、拓扑结构、激活函数等决定。神经元之间的连接权重就是模型的参数,模型训练过程就是不断地调整神经元之间的连接权重来降低损失函数的值,训练好的模型实际就是一个调整优化后的神经元连接参数及网络拓扑结构。这种前馈神经网络的典型代表是反向传播(Back Propagation,BP)神经网络。

3.3.3　激活函数

激活函数指的是将神经元的输入映射为输出的函数。引入激活函数可以增强神经网络的拟合能力。常见的激活函数包括 Sigmoid、tanh、ReLU 和 PReLU。

1. Sigmoid 函数

Sigmoid 函数的表达式,如式(3-9)所示。

$$f(x) = \frac{1}{1 + e^{-x}} \tag{3-9}$$

Sigmoid 函数图像,如图 3-20 所示。

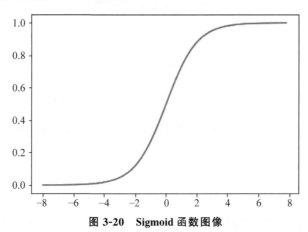

图 3-20　Sigmoid 函数图像

Sigmoid 函数,又称为逻辑回归(Logistic Regression,LR)函数,作为一种指数函数模型广泛应用于面向分类和回归问题的机器学习。Sigmoid 函数的优点是:输出映射在(0,1)之间,且单调连续,输出范围有限且稳定,输出范围(0,1)之间的值还可以作为分类问题中类别的输出概率,可直接用作输出层;其缺点是:由于其双端饱和的特性(函数两端的梯度趋近于零),训练过程中容易导致梯度消失,模型训练失败或训练不充分,模型欠拟合,此外,Sigmoid 函数输出并不是以 0 为中心。

2. tanh 函数

tanh 函数的表达式,如式(3-10)所示。

$$f(x) = \frac{e^x - e^{-x}}{e^x + e^{-x}} \tag{3-10}$$

tan$h$ 函数图像,如图 3-21 所示。

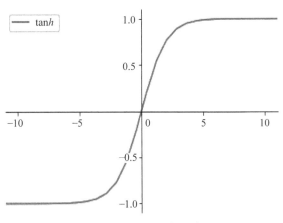

图 3-21　tan$h$ 函数图像

tan$h$ 函数,又称为双曲正切函数。tan$h$ 函数的优点是:解决了 Sigmoid 的输出不是以 0 为中心的问题;其缺点是:函数依然具有双端饱和的特性,可能在模型训练中导致梯度消失。

3. ReLU 函数

ReLU 函数,又称为线性整流函数(Rectified Linear Unit,ReLU)。ReLU 函数的表达式,如式(3-11)所示。

$$f(x)=\begin{cases}x, & x\geqslant 0 \\ 0, & x<0\end{cases} \tag{3-11}$$

ReLU 函数图像,如图 3-22 所示。

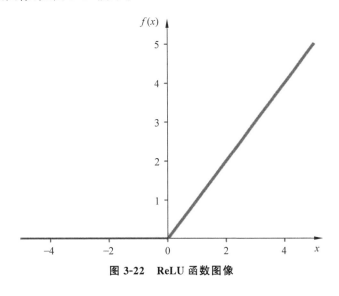

图 3-22　ReLU 函数图像

ReLU 函数的优点是:解决了梯度消失的问题,在 x 为正数的区间中,神经元不会饱和,模型训练过程中能够快速收敛;其缺点是:输出不是以 0 为中心,而且当输入为负时,神经元不被激活。因此,在训练过程中可能出现神经元"死亡",神经元之间的连接权重无法更新的情况。

4. PReLU 函数

PReLU 函数的表达式,如式(3-12)所示。

$$f(x) = \max(0,x) + a * \min(0,x) \tag{3-12}$$

PReLU 函数图像,如图 3-23 所示。

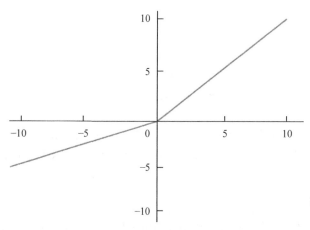

图 3-23　PReLU 函数图像

PReLU 函数中的 a 为可调整的参数,一般在(0,1)之间。当 $a=0$ 时,PReLU 函数退化为 ReLU 函数;当 a 为非 0 实数时,PReLU 给所有的负值输入赋予一个非 0 的较小的斜率,从而改进 ReLU 函数在输入为负的情况下完全不被激活的情况。

3.3.4　BP 算法

本节主要介绍典型的前馈神经网络的学习算法,通过学习调整神经元之间的连接权重,形成知识表达、模拟人工智能。

前馈神经网络的学习过程总体上分为两个阶段:正向计算和反向传播。正向计算指的是输入数据从输入层依次经过隐藏层的各层神经元进行逐层计算,并最终通过输出层进行输出。在输出层,综合神经网络的输出和给定的标签,计算损失函数值;反向传播指的是将损失函数所表达的误差按原来正向计算的路径进行反向传递,并对沿途各个神经元之间的连接权重进行调整,期望下次进行正向计算时由损失函数计算的误差减小。

1. 正向计算

下面以一个含由两个输入、三个神经元组成的隐藏层和两个输出的简单前馈神经网络为例,详细说明 BP 算法的工作过程,如图 3-19 所示。

对于隐藏层的神经元 h_1,输入来自 x_1 和 x_2,输出给 o_1 和 o_2。输入和输出分别如式(3-13)和式(3-14)所示。

$$\text{In}_{h_1} = w_1 * x_1 + w_4 * x_2 \tag{3-13}$$

$$h_1 = \text{Out}_{h_1} = \text{Sigmoid}(In_{h_1}) \tag{3-14}$$

神经元 h_1 的输入与输出如图 3-24 所示。

隐藏层的神经元 h_2，输入同样来自 x_1 和 x_2，输出给 o_1 和 o_2。输入和输出分别如式(3-15)和式(3-16)所示。

$$\text{In}_{h_2} = w_2 * x_1 + w_5 * x_2 \tag{3-15}$$

$$h_2 = \text{Out}_{h_2} = \text{Sigmoid}(In_{h_2}) \tag{3-16}$$

隐藏层的神经元 h_3，输入同样来自 x_1 和 x_2，输出给 o_1 和 o_2。输入和输出分别如式(3-17)和式(3-18)所示。

$$\text{In}_{h_3} = w_3 * x_1 + w_6 * x_2 \tag{3-17}$$

$$h_3 = \text{Out}_{h_3} = \text{Sigmoid}(In_{h3}) \tag{3-18}$$

输出层神经元 o_1，输入来自 h_1、h_2 和 h_3，输出即模型的一个输出。输入和输出分别如式(3-19)和式(3-20)所示。

$$\text{In}_{O_1} = w_7 * h_1 + w_8 * h_2 + w_9 * h_3 \tag{3-19}$$

$$o_1 = \text{Out}_{o_1} = \text{Sigmoid}(In_{o_1}) \tag{3-20}$$

神经元 o_1 的输入与输出，如图 3-25 所示。

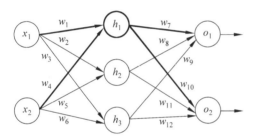

图 3-24　神经元 h_1 的输入与输出

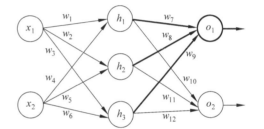

图 3-25　神经元 o_1 的输入与输出

输出层神经元 o_2，输入同样来自 h_1、h_2 和 h_3，输出即模型的另一个输出。输入和输出分别如式(3-21)和式(3-22)所示。

$$\text{In}_{o_2} = w_{10} * h_1 + w_{11} * h_2 + w_{12} * h_3 \tag{3-21}$$

$$o_2 = \text{Out}_{o_2} = \text{Sigmoid}(In_{o_2}) \tag{3-22}$$

为了计算简单，损失函数采用均方误差损失(MSE)，$\text{Error} = \dfrac{1}{2} \sum\limits_{i=1}^{2} (o_i - y_i)^2$，其中，$y_i$ 为真实输出(标签数据)，o_i 为神经网络的计算输出。

设输入 x_1 和 x_2 分别为 0.5 和 0.3，相应的真实输出为 0.23 和 -0.07。当各个神经元之间的连接权重确定之后，即可进行正向计算，如图 3-26 所示。一般来说，神经元之间的连接权重可初始化为 $(0,1)$ 之间的小数，大多使用随机函数生成。

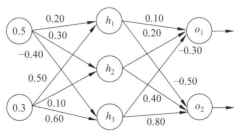

图 3-26　神经元之间的连接权重初始化

若隐藏层神经元和输出层神经元的输出分别如下。

$$h_1 = \text{Sigmoid}(0.20 * 0.50 + 0.50 * 0.30) = 0.56$$

$$h_2 = \text{Sigmoid}(0.30 * 0.50 + 0.10 * 0.30) = 0.54$$

$$h_3 = \text{Sigmoid}(-0.40 * 0.50 + 0.60 * 0.30) = 0.50$$

$$o_1 = \text{Sigmoid}(0.10 * 0.56 + 0.54 * 0.20 + (-0.30 * 0.50)) = 0.50$$

$$o_2 = \text{Sigmoid}((-0.50 * 0.56) + 0.54 * 0.40 + 0.80 * 0.50) = 0.58$$

则均方误差损失(MSE)的计算如下。

$$\text{Error} = \frac{1}{2}(0.50 - 0.23)^2 + \frac{1}{2}\left[0.58 - (-0.07)\right]^2 = 0.25$$

2. 反向传播

反向传播指的是将损失函数所表达的误差按原来正向计算的路径进行反向传递。反向传播是根据微积分中的链式法则,沿着从输出层经过隐藏层到输入层的反向顺序,依次计算损失函数对权重参数的梯度,并据此进行调整。

对于图 3-25 所示的神经网络,以权重 w_7 为例,计算 MSE 函数对 w_7 的梯度,如式(3-23)所示。

$$\delta_7 = \frac{\partial \text{Error}}{\partial w_7} = \frac{\partial \text{Error}}{\partial o_1} * \frac{\partial o_1}{\partial \text{In}_{o_1}} * \frac{\partial \text{In}_{o_1}}{\partial w_7} \tag{3-23}$$

其中,

$$\frac{\partial \text{Error}}{\partial o_1} = o_1 - y_1$$

$$\frac{\partial o_1}{\partial \text{In}_{o_1}} = o_1 * (1 - o_1)$$

$$\frac{\partial \text{In}_{o_1}}{\partial w_7} = h_1$$

误差损失在权重 $w_8 \sim w_{12}$ 上的计算,与 δ_7 的计算类似。

对于输入层与隐藏层之间的权重,以权重 w_1 为例,计算损失函数对 w_1 的梯度,计算如式(3-24)所示。

$$\delta_1 = \frac{\partial \text{Error}}{\partial w_1} = \frac{\partial \text{Error}}{\partial o_1} * \frac{\partial o_1}{\partial w_1} + \frac{\partial \text{Error}}{\partial o_2} * \frac{\partial o_2}{\partial w_1}$$

$$= \frac{\partial \text{Error}}{\partial o_1} * \frac{\partial o_1}{\partial \text{In}_{o_1}} * \frac{\partial \text{In}_{o_1}}{\partial h_1} * \frac{\partial h_1}{\partial \text{In}_{h_1}} * \frac{\partial \text{In}_{h_1}}{\partial w_1} + \frac{\partial \text{Error}}{\partial o_2} * \frac{\partial o_2}{\partial \text{In}_{o_2}} * \frac{\partial \text{In}_{o_2}}{\partial h_1} * \frac{\partial h_1}{\partial \text{In}_{h_1}} * \frac{\partial \text{In}_{h_1}}{\partial w_1}$$

$$= \left(\frac{\partial \text{Error}}{\partial o_1} * \frac{\partial o_1}{\partial \text{In}_{o_1}} * w_7 + \frac{\partial \text{Error}}{\partial o_2} * \frac{\partial o_2}{\partial \text{In}_{o_2}} * w_{10}\right) * \frac{\partial h_1}{\partial \text{In}_{h_1}} * \frac{\partial \text{In}_{h_1}}{\partial w_1} \tag{3-24}$$

其中,

$$\frac{\partial h_1}{\partial \text{In}_{h_1}} = h_1 * (1 - h_1)$$

$$\frac{\partial \text{In}_{h_1}}{\partial w_1} = x_1$$

误差损失在权重 $w_2 \sim w_6$ 上的计算，与 δ_1 的计算类似。

根据上述公式，分别计算误差损失在各个权重上的梯度，如下。

$$\delta_7 = \frac{\partial \mathrm{Error}}{\partial w_7} = \frac{\partial \mathrm{Error}}{\partial o_1} * \frac{\partial o_1}{\partial \mathrm{In}_{o_1}} * \frac{\partial \mathrm{In}_{o_1}}{\partial w_7} = 0.27 * 0.50 * (1 - 0.50) * 0.56 = 0.04$$

$$\delta_8 = \frac{\partial \mathrm{Error}}{\partial w_8} = \frac{\partial \mathrm{Error}}{\partial o_1} * \frac{\partial o_1}{\partial \mathrm{In}_{o_1}} * \frac{\partial \mathrm{In}_{o_1}}{\partial w_8} = 0.27 * 0.50 * (1 - 0.50) * 0.54 = 0.04$$

$$\delta_9 = \frac{\partial \mathrm{Error}}{\partial w_9} = \frac{\partial \mathrm{Error}}{\partial o_1} * \frac{\partial o_1}{\partial \mathrm{In}_{o_1}} * \frac{\partial \mathrm{In}_{o_1}}{\partial w_9} = 0.27 * 0.50 * (1 - 0.50) * 0.50 = 0.03$$

$$\delta_{10} = \frac{\partial \mathrm{Error}}{\partial w_{10}} = \frac{\partial \mathrm{Error}}{\partial o_2} * \frac{\partial o_2}{\partial \mathrm{In}_{o_2}} * \frac{\partial \mathrm{In}_{o_2}}{\partial w_{10}} = 0.65 * 0.58 * (1 - 0.58) * 0.56 = 0.09$$

$$\delta_{11} = \frac{\partial \mathrm{Error}}{\partial w_{11}} = \frac{\partial \mathrm{Error}}{\partial o_2} * \frac{\partial o_2}{\partial \mathrm{In}_{o_2}} * \frac{\partial \mathrm{In}_{o_2}}{\partial w_{11}} = 0.65 * 0.58 * (1 - 0.58) * 0.54 = 0.09$$

$$\delta_{12} = \frac{\partial \mathrm{Error}}{\partial w_{12}} = \frac{\partial \mathrm{Error}}{\partial o_2} * \frac{\partial o_2}{\partial \mathrm{In}_{o_2}} * \frac{\partial \mathrm{In}_{o_2}}{\partial w_{12}} = 0.65 * 0.58 * (1 - 0.58) * 0.50 = 0.08$$

$$\delta_1 = \frac{\partial \mathrm{Error}}{\partial w_1} = \left(\frac{\partial \mathrm{Error}}{\partial o_1} * \frac{\partial o_1}{\partial \mathrm{In}_{o_1}} * w_7 + \frac{\partial \mathrm{Error}}{\partial o_2} * \frac{\partial o_2}{\partial \mathrm{In}_{o_2}} * w_{10} \right) * \frac{\partial h_1}{\partial \mathrm{In}_{h_1}} * \frac{\partial \mathrm{In}_{h_1}}{\partial w_1}$$
$$= (0.27 * 0.50 * (1 - 0.50) * 0.10 + 0.65 * 0.58 * (1 - 0.58) * (-0.50))$$
$$* 0.56 * (1 - 0.56) * 0.50 = -0.01$$

$$\delta_4 = \frac{\partial \mathrm{Error}}{\partial w_4} = \left(\frac{\partial \mathrm{Error}}{\partial o_1} * \frac{\partial o_1}{\partial \mathrm{In}_{o_1}} * w_7 + \frac{\partial \mathrm{Error}}{\partial o_2} * \frac{\partial o_2}{\partial \mathrm{In}_{o_2}} * w_{10} \right) * \frac{\partial h_1}{\partial \mathrm{In}_{h_1}} * \frac{\partial \mathrm{In}_{h_1}}{\partial w_4}$$
$$= (0.27 * 0.50 * (1 - 0.50) * 0.10 + 0.65 * 0.58 * (1 - 0.58) * (-0.50))$$
$$* 0.56 * (1 - 0.56) * 0.30 = -0.01$$

$$\delta_2 = \frac{\partial \mathrm{Error}}{\partial w_2} = \left(\frac{\partial \mathrm{Error}}{\partial o_1} * \frac{\partial o_1}{\partial \mathrm{In}_{o_1}} * w_8 + \frac{\partial \mathrm{Error}}{\partial o_2} * \frac{\partial o_2}{\partial \mathrm{In}_{o_2}} * w_{11} \right) * \frac{\partial h_2}{\partial \mathrm{In}_{h_2}} * \frac{\partial \mathrm{In}_{h_2}}{\partial w_2}$$
$$= (0.27 * 0.50 * (1 - 0.50) * 0.20 + 0.65 * 0.58 * (1 - 0.58) * 0.40)$$
$$* 0.54 * (1 - 0.54) * 0.50 = 0.01$$

$$\delta_5 = \frac{\partial \mathrm{Error}}{\partial w_5} = \left(\frac{\partial \mathrm{Error}}{\partial o_1} * \frac{\partial o_1}{\partial \mathrm{In}_{o_1}} * w_8 + \frac{\partial \mathrm{Error}}{\partial o_2} * \frac{\partial o_2}{\partial \mathrm{In}_{o_2}} * w_{11} \right) * \frac{\partial h_2}{\partial \mathrm{In}_{h_2}} * \frac{\partial \mathrm{In}_{h_2}}{\partial w_5}$$
$$= (0.27 * 0.50 * (1 - 0.50) * 0.20 + 0.65 * 0.58 * (1 - 0.58) * 0.40)$$
$$* 0.54 * (1 - 0.54) * 0.30 = 0.01$$

$$\delta_3 = \frac{\partial \mathrm{Error}}{\partial w_3} = \left(\frac{\partial \mathrm{Error}}{\partial o_1} * \frac{\partial o_1}{\partial \mathrm{In}_{o_1}} * w_9 + \frac{\partial \mathrm{Error}}{\partial o_2} * \frac{\partial o_2}{\partial \mathrm{In}_{o_2}} * w_{12} \right) * \frac{\partial h_3}{\partial \mathrm{In}_{h_3}} * \frac{\partial \mathrm{In}_{h_3}}{\partial w_3}$$
$$= (0.27 * 0.50 * (1 - 0.50) * (-0.30) + 0.65 * 0.58 * (1 - 0.58) * 0.80)$$
$$* 0.50 * (1 - 0.50) * 0.50 = 0.01$$

$$\delta_6 = \frac{\partial \mathrm{Error}}{\partial w_6} = \left(\frac{\partial \mathrm{Error}}{\partial o_1} * \frac{\partial o_1}{\partial \mathrm{In}_{o_1}} * w_9 + \frac{\partial \mathrm{Error}}{\partial o_2} * \frac{\partial o_2}{\partial \mathrm{In}_{o_2}} * w_{12} \right) * \frac{\partial h_3}{\partial \mathrm{In}_{h_3}} * \frac{\partial \mathrm{In}_{h_3}}{\partial w_6}$$
$$= (0.27 * 0.50 * (1 - 0.50) * (-0.30) + 0.65 * 0.58 * (1 - 0.58) * 0.80)$$
$$* 0.50 * (1 - 0.50) * 0.30 = 0.01$$

根据 MSE 函数值对各个连接权重的梯度，对权重进行调整，如式(3-25)所示。

$$w'_i = w_i - \eta * \delta_i \tag{3-25}$$

这里，w'_i 是新的权重，w_i 是原有权重，δ_i 是 MSE 误差在神经元连接权重上的梯度，η 是学习率，控制对梯度的学习程度。

设 $\eta = 1$，调整后的权重，如图 3-27 所示。

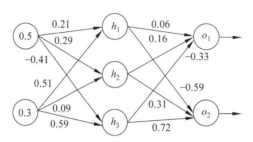

图 3-27　神经网络中调整后的权重

再次进行一次正向计算，MSE=0.22，与调整前的 0.25 比较，误差损失降低了，说明模型通过学习提高了预测或拟合精度。

多次迭代地进行正向计算→反向传播，使得误差损失值不断降低。当误差损失值基本不再变化时，认为找到了合适的模型参数，结束训练过程。

3.4　深度卷积神经网络

深度卷积神经网络（Deep Convolution Neural Network）是一种多层前馈神经网络，多通道输入的图像可以直接输入网络，经过卷积层、池化层、归一化层、全连接层等依次进行处理，输出分类或回归结果。深度卷积神经网络是机器视觉系统采用的典型深度学习方法，是在一般神经网络的基础上发展而来。与一般神经网络相比，深度卷积神经网络又有许多不同的特点，如表 3-2 所示。

表 3-2　深度卷积神经网络与一般神经网络的比较

比　　较	深度卷积神经网络	一般神经网络
网络结构	数十层及以上	一般 3 层或以内
层间连接	共享权重、部分连接	一般为全连接
目标损失函数	交叉熵（CE）损失函数	MSE 函数
激活函数	ReLU 及改进函数	Sigmoid 函数
避免过拟合	Dropout、BN 等技术	经验
参数优化	Adam	SGD

（1）从网络结构来说，一般神经网络通常为 3 层或 3 层以内，而深度卷积神经网络大多在数十层甚至上百层。

（2）从层间连接来说，一般神经网络的层与层之间是全连接的，前一层的每个神经元的输出作为后一层每个神经元的输入，而深度卷积神经网络的层与层之间的神经元采用的是共享权重、部分连接的方式。这主要是由卷积运算的局部感受野决定的。

（3）从目标损失函数来说，一般神经网络在训练时主要使用 MSE 函数，而深度卷积神经网络大多采用交叉熵 CE 损失函数。

（4）从激活函数来说，一般神经网络大多采用 Sigmoid 函数，而深度卷积神经网络大多采用 ReLU 及改进函数。这是因为深度卷积神经网络的层数较深，采用 ReLU 函数能够有效防止梯度消失。

（5）从避免过拟合的角度，一般神经网络在避免过拟合方面大多依靠人工经验，而深度卷积神经网络提出了一系列避免过拟合的技术，如正则化、Dropout、批量归一化（Batch Normalization，BN）等。深度卷积神经网络特别关注过拟合，这是因为深度卷积神经网络的参数较多，模型容易出现过拟合。

（6）从参数优化的角度，一般神经网络通常采用随机梯度下降（Stochastic Gradient Descent，SGD）方法，而深度卷积神经网络发展了形式多样的参数优化方法，包括批量梯度下降法、随机梯度下降法、小批量梯度下降法、带动量的随机梯度下降法、自适应梯度下降法和 Adam 方法等。

3.4.1 卷积

卷积（Convolution）是深度卷积神经网络中最重要的算子，用于抽取图像特征。卷积核与图像的卷积通常用于表示卷积核滑动乘积求和的相关处理，一般不必区分相关运算与卷积之间的具体差别。数字图像处理中的卷积实际是相关运算。后续为了描述方便，对相关和卷积运算不加区分，它们都被称为卷积运算。

1. 相关运算

数字图像中的相关运算，如式（3-26）所示。

$$h = f \otimes g = \sum_{k,l} f(i+k, j+l) g(k,l) \tag{3-26}$$

其中，f 为输入图像，g 为运算核，h 为运算后的图像，又称为特征图，$\otimes$ 表示相关运算，$f(i,j)$ 为位置 (i,j) 上的输入图像的像素值，$g(k,l)$ 为运算核位置 (k,l) 上的权重。

对于图 3-28 中的输入图像和运算核，当输入图像像素为 $f(i,j)$，使用一个 $3*3$ 的运算核进行相关运算时，输出像素 $h(i,j)$ 的计算如下。

$$
\begin{aligned}
h(i,j) = &f(i-1,j-1)*g(-1,-1) + f(i-1,j)*g(-1,0) + f(i-1,j+1)* \\
&g(-1,1) + f(i,j-1)*g(0,-1) + f(i,j)*g(0,0) + \\
&f(i,j+1)*g(0,1) + f(i+1,j-1)*g(1,-1) + \\
&f(i+1,j)*g(1,0) + f(i+1,j+1)*g(1,1)
\end{aligned}
$$

2. 卷积运算

数字图像中的卷积运算，如式（3-27）所示。

$$h = f \circ g = \sum_{k,l} f(i-k, j-l) g(k,l) \tag{3-27}$$

$f(i-1,j-1)$	$f(i,j-1)$	$f(i+1,j-1)$
$f(i-1,j)$	$f(i,j)$	$f(i+1,j)$
$f(i-1,j+1)$	$f(i,j+1)$	$f(i+1,j+1)$

(a) 输入图像

$g(-1,-1)$	$g(0,-1)$	$g(1,-1)$
$g(-1,0)$	$g(0,0)$	$g(1,0)$
$g(-1,1)$	$g(0,1)$	$g(1,1)$

(b) 运算核

$g(1,1)$	$g(0,1)$	$g(-1,1)$
$g(1,0)$	$g(0,0)$	$g(-1,0)$
$g(1,-1)$	$g(0,-1)$	$g(-1,-1)$

(c) 运算核旋转180度

图 3-28　输入图像和运算核

其中，f 为输入图像，g 为运算核，h 为运算后的图像或特征图，。表示卷积运算，$f(i,j)$ 为位置 (i,j) 上的输入图像的像素值，$g(k,l)$ 为运算核位置 (k,l) 上的权重。

对于图 3-28 中的输入图像和运算核，当输入图像像素为 $f(i,j)$，使用一个 $3*3$ 的运算核进行卷积运算时，输出像素 $h(i,j)$ 的计算如下。

$$h(i,j) = f(i-1,j-1)*g(1,1) + f(i-1,j)*g(1,0) + f(i-1,j+1)*g(1,-1) +$$
$$f(i,j-1)*g(0,1) + f(i,j)*g(0,0) + f(i,j+1)*g(0,-1) +$$
$$f(i+1,j-1)*g(-1,1) + f(i+1,j)*g(-1,0) + f(i+1,j+1)*g(-1,-1)$$

从上述计算公式可以看出，卷积运算实际就是将运算核旋转 $180°$ 后，再和原图像运算核所覆盖的像素进行相关运算。

对于图 3-29 中的输入图像和运算核，相关计算（实际为数字图像中的卷积运算，此处及后续均称为卷积运算）结果如图 3-30 所示。

1	7	4	5	7
3	7	1	2	5
1	7	3	4	5
2	7	2	2	3
3	7	6	2	8

(a) 输入图像

-1	0	1
-2	0	2
-1	0	1

(b) 运算核

图 3-29　输入图像和运算核

这里，原图像的分辨率是 $5×5$，卷积核的尺寸为 $3×3$，假设卷积步长为 1，即卷积核每次右移或下移一个像素，卷积核在移动过程中将图像像素和卷积核对应权重相乘后再相加作为中心像素对应的结果。例如，对图像的中心像素 $f(3,3)$ 的计算过程如下。

(a) 像素 $f(2,3)$ 经过 3×3 卷积运算的结果

(b) 像素 $f(3,3)$ 经过 3×3 卷积运算的结果

(c) 像素 $f(4,3)$ 经过 3×3 卷积运算的结果

图 3-30　卷积运算结果

$$7 \times (-1) + 1 \times 0 + 2 \times 1 + 7 \times (-2) + 3 \times 0 + 4 \times 2 + 7 \times (-1) + 2 \times 0 + 2 \times 1 = -16$$

　　通过使用不同的卷积核可以提取图像不同方面的特征,提取得到的特征矩阵称为**特征图**(Feature Map)。对于数字图像中的卷积运算,其特点可以概括如下。

　　(1) 卷积操作的目的是对图像进行特征提取。使用不同的卷积核,可以获取图像的低频、高频、边缘、形状、纹理或亮度等各方面的特征图。

　　(2) 一般来说,卷积核的行数和列数都是奇数,以保证卷积核的中心可以定位到一个

具体的图像中的像素。

（3）一般来说，卷积核中所有元素之和决定卷积结果的亮度。若该和值大于 1，则卷积结果特征图总体上比原图像的亮度高；若该和值等于 1，则卷积结果特征图总体上与原图像的亮度基本保持一致；若该和值等于 0，则卷积结果的特征图整体较暗，较亮的像素一般是提取到的物体边缘。

通过第 2 章内容的学习，可知：滤波、边缘提取等传统数字图像处理方法实际就是卷积运算。

3. 用作滤波的卷积核

尺寸为 3 的均值滤波器卷积核和高斯均值滤波器卷积核，如图 3-31 和图 3-32 所示。

$$\begin{bmatrix} \frac{1}{9} & \frac{1}{9} & \frac{1}{9} \\ \frac{1}{9} & \frac{1}{9} & \frac{1}{9} \\ \frac{1}{9} & \frac{1}{9} & \frac{1}{9} \end{bmatrix}$$

图 3-31　尺寸为 3 的均值滤波器卷积核

$$\begin{bmatrix} \frac{1}{16} & \frac{2}{16} & \frac{1}{16} \\ \frac{2}{16} & \frac{4}{16} & \frac{2}{16} \\ \frac{1}{16} & \frac{2}{16} & \frac{1}{16} \end{bmatrix}$$

图 3-32　尺寸为 3 的高斯均值滤波器卷积核

可以看出，卷积核中的元素之和为 1，滤波结果（卷积结果）与原图像的亮度基本一致。均值滤波器和高斯均值滤波器均为低通滤波器，用于过滤图像中的高频成分，常用来进行图像平滑、模糊处理和消除噪声等。

$$\begin{bmatrix} 0 & -1 & 0 \\ -1 & 5 & -1 \\ 0 & -1 & 0 \end{bmatrix}$$

图 3-33　尺寸为 3 的锐化卷积核

4. 用作锐化的卷积核

尺寸为 3 的锐化卷积核，如图 3-33 所示。

可以看出，锐化卷积核中的元素之和为 1，锐化结果（卷积结果）与原图像的亮度基本一致。锐化卷积常用于突出图像中的高频部分。

5. 用作边缘提取的卷积核

尺寸为 3 的边缘提取的卷积核，如图 3-34 和图 3-35 所示。

$$\begin{bmatrix} -1 & 0 & 1 \\ -1 & 0 & 1 \\ -1 & 0 & 1 \end{bmatrix} \begin{bmatrix} -1 & -1 & -1 \\ 0 & 0 & 0 \\ 1 & 1 & 1 \end{bmatrix}$$

图 3-34　尺寸为 3 的提取边缘的卷积核（Prewitt 算子）

$$\begin{bmatrix} -1 & 0 & 1 \\ -2 & 0 & 2 \\ -1 & 0 & 1 \end{bmatrix} \begin{bmatrix} -1 & -2 & -1 \\ 0 & 0 & 0 \\ 1 & 2 & 1 \end{bmatrix}$$

图 3-35　尺寸为 3 的提取边缘的卷积核（Sobel 算子）

可以看出，卷积核中的元素之和为 0，卷积结果中大部分像素的亮度为 0，较亮的像素就是提取到的图像中物体的边缘。

6. 边缘填充

从卷积的计算过程可以看出，每进行一次卷积运算，卷积结果相对于原图像就会变小，经过多次卷积运算后，特征图会变得更小。为了保证卷积特征图与原图的大小一致，可以采用 padding 技术，即向原图像周围填充元素。

卷积后特征图的大小计算,如式(3-28)所示。

$$L=(W-F+2P)/S+1 \tag{3-28}$$

其中,W 是输入图像的大小,F 是卷积核的大小,S 是卷积核的滑动步长,P 表示对输入图像边界进行填充的幅度,L 是卷积后的特征图大小。

对于图 3-30 的卷积运算,原图尺寸 $W=5$,卷积核尺寸 $F=3$,由于没有进行 padding 操作,因此 $P=0$,滑动步长 $S=1$,卷积后的特征图大小 $L=W-F+1=5-3+1=3$。

如果对原图周围进行 padding 操作,增加一圈 0 元素,则 $P=1$,卷积后的特征图大小为 $L=(W-F+2P)+1=5-3+2+1=5$,特征图(卷积结果)大小可以与原图保持一致。

7. 多输入通道的卷积

以上关于卷积运算的各种讨论,均默认输入图像是单通道的,即通道数为 1。深度卷积神经网络在运算过程中,输入图像经常是多通道的,网络中间的卷积运算的输入特征图也都是多通道的,因此,当将卷积应用于多通道输入时,就要考虑多通道卷积的情况。

对于图 3-36,输入图像是 3 个通道,分辨率是 6×6,这种多通道的普通卷积运算实际是使用 3 个相同的卷积核分别在每个通道上进行滑动,然后将每个通道上的计算结果进行相加,得到一个特征图。根据前面的计算公式,当不进行像素填充且滑动步长为 1 时,输出特征图的大小为 4×4。

对于图 3-36,如果输入图像的通道是 1,则 1 次卷积运算只作用于 1 个通道,共有 16 次卷积运算,每次卷积运算进行了 9 次乘法运算和 8 次加法运算;如果输入图像的通道是 3,则 1 次卷积运算作用于 3 个通道,共有 16 次卷积运算,但每次卷积运算进行了 27 次乘法运算和 $24+2=26$ 次加法运算。这里,27 次乘法运算来源于对每个通道进行卷积时的 9 次乘法,3 个通道,共计 27 次乘法运算;26 次加法运算来源于对每个通道进行卷积时的 8 次加法,3 个通道,共计 24 次加法运算,另外 2 次是对 3 个通道的卷积结果求和的 2 次加法。

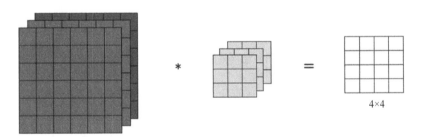

图 3-36　输入图像的通道为 3 的卷积

3.4.2　层间连接

深度卷积神经网络中最重要的算子是卷积。卷积核中的参数类似于一般神经网络中的神经元之间的连接权重。通过学习算法,可以自主学习各种不同的卷积核参数来实现对图像不同特征的提取。

深度卷积神经网络与一般神经网络最大的不同在于层与层之间的连接。这种连接具有局部连接、权重共享的特点。

深度卷积神经网络中的部分连接和权重共享示例,如图 3-37 所示。输入图像中的每个像素是一个神经元的输入,卷积核中的每个参数是神经元之间的一个连接权重,卷积特征图中的每个像素就是一个新的神经元,该神经元接受来自输入图像中部分像素以及卷积核的参数作为权重,再加上一个偏置,然后通过激活函数输出。该示例展示了输入尺寸为 25 的其中 9 个神经元的连接。对于特征图中计算结果为 1 的神经元,其输入仅仅来自输入图像中的第 1、2、3 个、第 6、7、8 个、第 11、12、13 个共计 9 个像素(这里的顺序是按行优先的),权重分别为对应的 3×3 卷积核的 9 个参数。特征图中的其他神经元也如此。不难看出,特征图中 9 个神经元中的每个神经元只与 25 个输入中的 9 个具有连接,且这 9 个连接的权重对于所有 9 个输出来说都是一致、共享的。

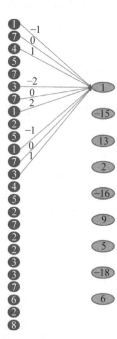

图 3-37　深度卷积神经网络中的部分连接和权重共享示例

从数字图像处理的角度,卷积是一种具有局部感受野的特征抽取运算,感受野就是卷积神经网络每一层输出的特征图上的像素点在原始图像上所映射的区域大小,卷积核的大小就是感受野的大小;从神经网络的角度,卷积可视为神经元之间具有局部连接且连接权重可以共享的拓扑结构。不同于传统的全连接层中每个神经元连接输入图像的所有像素点,卷积层每个神经元只与感受野内的区域相连,极大地减少了连接权重数量。

通过权值共享、局部感受野以及下采样(池化)等技术,深度卷积神经网络将使用普通神经网络对图像处理的规模庞大的问题不断进行降维,大大降低了网络的复杂性,并能够有效训练出模型。

3.4.3　池化

池化,又称为下采样,是降低特征图分辨率的运算。池化的作用是使得特征图变小,从而减少网络参数的计算量,同时也可以聚焦并提取图像的主要特征,降低一些细小特征对最终结果的影响。

　　一般来说，池化有两种方式：最大池化（max pooling）和平均池化（mean pooling）。最大池化对邻域内特征点取最大值，平均池化对邻域内特征点取平均值，如图 3-38 所示。

8	6	2	8
5	3	3	5
5	3	0	5
1	3	4	2

8	8
5	5

8	6	2	8
5	3	3	5
5	3	0	5
1	3	4	2

6	5
3	3

(a) 最大池化　　　　　　　　　　　　　　　　　　(b) 平均池化

图 3-38　最大池化与平均池化

　　一般来说，最大池化能更多地保留突出的目标信息，平均池化能更多地保留背景信息。池化的结果特征图中的每个像素，也可以认为是一个神经元。该神经元将池化邻域中的每个像素值乘以一个权重，再加上一个偏置，并通过激活函数进行输出。

3.4.4　全连接

　　对于深度卷积神经网络来说，全连接一般用作分类，输出样本属于每个类别的概率。卷积、池化的作用是抽取图像中的各种关键的有效特征，全连接就是将这些关键特征映射到样本类别空间。例如，对于字符识别来说，其输出是 0～9 的 10 个类别，样本类别空间的维度就是 10。如果通过卷积、池化抽取的特征是一个如图 3-39 所示的 20 个 4×4 的特征图，则可以通过拉平（Flatten）、全连接等，输出到 0～9 的 10 个类别，实现对字符的分类或识别。

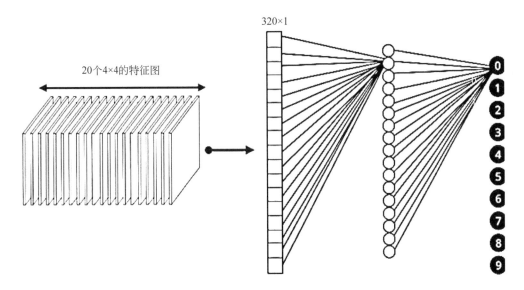

图 3-39　输出为 10 个字符分类的全连接层

　　这里，拉平就是将多个特征图中的所有像素逐行连接或者逐列连接组织成一个一维向量,全连接以这个一维向量作为输入,以输出类别作为输出,全连接中的每个神经元与前一层的所有神经元进行连接。

3.4.5　Dropout

提高深度卷积神经网络模型性能最直接的方法是采用更深的网络、更多的神经元,但网络层数过深,需要训练的参数就更多,模型训练时间更长,模型容易过拟合。Dropout是一种有效防止模型过拟合的技术,指的是在深度卷积神经网络训练时将神经元的输出以一定概率置为 0,对应权重也不再进行更新。简单来说,在前向传播的过程中让一些神经元的激活值以一定的概率停止工作,模型不会太依赖某些局部特征,使得模型泛化能力更强。Dropout 的示意,如图 3-40 所示。

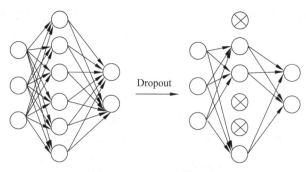

图 3-40　Dropout 的示意

Dropout 随机让一些神经元不工作,避免某些特征只在固定的组合下才生效,使网络可以学习到一些普遍的特征,而不是某些训练样本的一些特别的特征,可以有效防止模型过拟合并能加速训练。当然,由于训练时每次迭代只更新部分参数可能导致梯度下降变慢,Dropout 可能会减慢模型收敛速度。

3.4.6　批量归一化

批量归一化(Batch Normalization,BN)是将输入分布强制拉回到均值为 0、方差为1 的比较标准的正态分布,使得非线性变换函数的输入值落入到输入比较敏感的区域,以此避免梯度消失。

过拟合一般容易发生在数据边界,批量归一化可以重新进行数据分布,这在一定程度上缓解了模型过拟合。

3.4.7　深度卷积神经网络的参数优化方法

反向传播算法是通过正向计算误差、反向传播梯度的过程的重复执行不断更新神经元之间的连接权重,直至在所有训练数据上的综合误差损失较小,获得一定精度的模型。这里,神经元之间的连接权重,对于应用于数字图像的深度卷积神经网络来说,就是卷积核中的各个参数。连接权重更新过程中,涉及一个重要超参数,即**学习率**(Learning Rate,LR)。

　　深度学习领域,参数指的是可以通过模型学习到的变量,如一般神经网络中的神经元之间的连接权重,深度卷积神经网络中的卷积核中的参数;超参数指的是在模型训练前或训练过程中根据一定的策略预先设定或动态调整的变量,如学习率、迭代次数、网络层数、卷积核大小等。

　　学习率可以简单地理解为在反向传播算法中使用一定批量训练数据的误差更新神经元之间连接权重的幅度大小。学习率可以是恒定的、逐渐降低的、基于动量的或者是自适应的,采用的学习率取决于所选择的优化算法类型。这些优化算法包括:批量梯度下降法(BGD)、随机梯度下降法(SGD)、小批量梯度下降法(MBGD)、带动量的随机梯度下降法、自适应梯度下降法 AdaGrad、RMSProp 以及 Adam 等。这里,反向传播算法是更新神经网络中神经元之间连接权重的学习算法,而确定每次具体更新参数的幅度大小以及使用的训练误差的批量大小的算法称为参数优化方法。

1. 批量梯度下降法

　　批量梯度下降法(Batch Gradient Descent,BGD)指的是一次性采用所有训练数据计算误差损失对神经元之间连接权重(卷积核中的参数)的梯度。

　　该方法的优点是:使用所有训练数据进行计算,容易实现并行计算,且能够保证总体最优;缺点是:如果训练数据数量过大,计算代价很高,训练过程可能很慢。

　　BGD 的伪代码如下。

```
#遍历每个训练周期
for i in range(1,epoches+1):
    #使用所有训练数据计算误差
    gradient =computeGradient(allData, lossFunction)
    newWeights =oldWeights - lr * gradient
```

2. 随机梯度下降法

　　随机梯度下降法(Stochastic Gradient Descent,SGD)指的是随机均匀采样一个训练数据来计算误差损失对神经元连接权重(卷积核中的参数)的梯度。

　　该方法的优点是:克服 BGD 的计算速度慢的缺点,参数更新速度可以更快;缺点是:因为单个训练数据无法代表总体训练数据的趋势,模型可能陷入局部最优,或模型训练不收敛,训练时误差损失出现震荡。误差震荡指的是在模型训练后期,误差损失值在一些训练周期内较低,在另一些训练周期内较高,且交替出现。

　　SGD 的伪代码如下。

```
#遍历每个训练周期
for i in range(1,epoches+1):
    for singleData in shuffle(allData):
        #使用单个训练数据计算误差
        gradient =computeGradient(singleData, lossFunction)
        newWeights =oldWeights - lr * gradient
```

这里，shuffle 是深度学习中的一种常见操作，以乱序方式从所有样本中随机采样，shuffle(allData)表示从所有训练数据中随机取出一个训练样本。

3. 小批量梯度下降法

小批量梯度下降法（Mini-Batch Gradient Descent，MBGD）指的是每次随机均匀采样一个由训练数据样本组成的小批量数据计算误差损失对神经元连接权重（卷积核中的参数）的梯度。

这种方法结合了 BGD 和 SGD 的优点，取长补短。

MBGD 的伪代码如下。

```
#遍历每个训练周期
for i in range(1,epoches+1):
    for batchData in batchShuffle(allData):
        #使用小批量训练数据计算误差
        gradient =computeGradient(batchData, lossFunction)
        newWeights =oldWeights - lr * gradient
```

这里，batchShuffle(allData)表示以乱序的方式从所有训练数据中取出一个小批量的训练样本。

4. 带动量的随机梯度下降法

由于 SGD 每次随机抽取一个样本进行误差计算，而单个样本不能代表总体样本的趋势，因此 SGD 的缺点是容易陷入震荡或局部最优。MBGD 是从每次参与计算误差的样本数量角度避免 SGD 的缺点。另一个避免 SGD 缺点的思想是：通过"动量"一定程度保持原来梯度优化的方向来避免震荡，这就是**带动量的随机梯度下降法**（SGD with Momentum）。

对于带动量的随机梯度下降法，神经元连接权重在各个方向上的更新幅度不仅取决于当前梯度，还取决于过去的各个梯度在各个方向上是否一致，其伪代码如下。

```
#遍历每个训练周期
for t in range(1,epoches+1):
    for batchData in batchShuffle(allData):
        #使用小批量训练数据计算误差
        gradient =computeGradient(batchData, lossFunction)
        update(t) =m * update(t-1)+lr * gradient(t-1)
        newWeights(t) =oldWeights(t-1) - update(t)
```

这里，update(t)表示 t 时刻对连接权重的更新幅度，由两部分组成：update(t−1)，即 t−1 时刻的连接权重更新幅度；lr * gradient(t−1)，即 t−1 时刻的计算误差对连接权重的梯度和学习率的乘积。m 是超参数，称为动量，控制对保持上次梯度更新的程度。可以看出，当前时刻对神经元连接权重的更新幅度，不仅取决于当前梯度，还取决于上一时刻梯度更新幅度的保持程度。

5. 自适应梯度下降法 AdaGrad

为避免在模型训练过程中出现"震荡"现象，MBGD 从参与误差计算的样本数量的角度进行优化，带动量的随机梯度下降从保持更新"动量"的角度进行优化，而自适应梯度下降法 AdaGrad 是从动态调节学习率的角度进行的优化。

一般来说，从防止在模型训练过程中出现"震荡"现象，并获得较好的学习效果的角度，如果误差损失对连接权重的梯度较大，就应选择较小的学习率；如果梯度较小，就应选择较大的学习率。自适应梯度下降法 AdaGrad 就是根据每个神经元连接权重的梯度值的历史累加值的大小动态调节各个连接权重的学习率，其伪代码如下。

```
#遍历每个训练周期
for t in range(1,epoches+1):
    for batchData in batchShuffle(allData):
        #使用小批量训练数据计算误差
        gradient =computeGradient(batchData, lossFunction)
        sum(t) =sum(t-1) +gradient(t-1) * gradient(t-1)
        newWeights(t) =oldWeights(t-1) -lr * gradient(t-1)/(√[2]{sum(t)} +ε)
```

这里，学习率 lr 通过 $(\sqrt[2]{sum(t)}+\varepsilon)$ 进行反向调节，sum(t) 是对每个连接权重梯度平方和的历史累加；ε 的作用是为了避免分母为 0 造成的计算错误。

如果连接权重的梯度一直较大，那么该连接权重的学习率将维持较小的状态；反之，如果连接权重的梯度一直较小，那么该连接权重的学习率将维持较大的状态。

6. RMSProp 算法

自适应梯度下降法 AdaGrad 是通过对每个连接权重的历史梯度平方和的累加反向调节学习率。参考带动量的随机梯度下降法的动量保持的思想，也可以通过超参数调节当前梯度平方和对这个累加和的影响，这就是 RMSProp（Root Mean Square Propagation）算法，其伪代码如下。

```
#遍历每个训练周期
for t in range(1,epoches+1):
    for batchData in batchShuffle(allData):
        #使用小批量训练数据计算误差
        gradient =computeGradient(batchData, lossFunction)
        sum(t) =γsum(t-1) +(1-γ)gradient(t-1) * gradient(t- 1)
        newWeights(t) =oldWeights(t-1) -lr * gradient(t-1)/(√[2]{sum(t)} + ε)
```

这里，如果 γ 较大，就认为历史的梯度对学习率影响较大；如果 γ 较小，就认为当前梯度对学习率影响较大。

7. Adam 算法

Adam 算法在 RMSProp 算法基础上进一步进行了优化，其伪代码如下。

```
#遍历每个训练周期
for t in range(1,epoches+1):
    for batchData in batchShuffle(allData):
        #使用小批量训练数据计算误差
        gradient =computeGradient(batchData, lossFunction)
        grad(t) = (γ₁grad(t-1) + (1-γ₁)gradient(t-1)) / (1-γ₁ᵗ)
        sum(t) = (γ₂sum(t-1) + (1-γ₂)gradient(t-1) * gradient(t-1)) / (1-γ₂ᵗ)
        newWeights(t) =oldWeights(t-1) -lr * grad(t)/(²√(sum(t) +ε)
```

可以看出，Adam 算法在 RMSProp 算法基础上，进一步对梯度考虑历史梯度和动量的影响。

$grad(t) = \gamma_1 grad(t-1) + (1-\gamma_1)gradient(t-1)$，这部分称为动量项。

$sum(t) = \gamma_2 sum(t-1) + (1-\gamma_2)gradient(t-1) * gradient(t-1)$，这部分称为 RMSProp 项。

3.5　经典的深度卷积神经网络

当前，深度卷积神经网络得到广泛应用，代表性的网络有 LeNet、AlexNet、GoogleNet、VGG、ResNet、MobileNet 等。下面介绍两个经典的深度卷积神经网络，分别是 LeNet5 和 VGG16。

3.5.1　LeNet5

LeNet5 是一种用于识别手写字符图像的经典深度卷积神经网络，如图 3-41 所示。网络由输入层、卷积层 C1、池化层 S2、卷积层 C3、池化层 S4、卷积层 C5 以及两个全连接层构成。LeNet5 中的 5 指的是 3 个卷积层和 2 个池化层，构成了特征提取的主要网络结构。

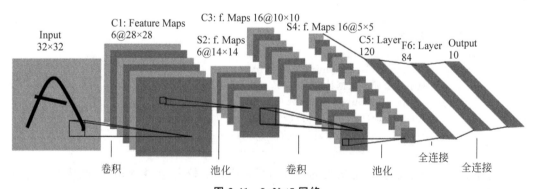

图 3-41　LeNet5 网络

LeNet5 网络结构的具体说明如下。

(1) 首先，输入图像的所有尺寸统一为分辨率 32×32 的灰度图像。

(2) 卷积层 C1，卷积核的尺寸为 5×5，卷积核的数量为 6，输出的特征图大小为 32—

5+1=28,即分辨率为 28×28 的特征图有 6 个。该层神经元的数量为 28×28×6=4704 个。可训练的卷积核中的参数数量为(5×5+1)×6=156 个,这里,+1 中的 1 是每个神经元具有 25 个输入和 1 个偏置。连接的数量为(5×5+1)×6×28×28=122 304 个。

(3) 池化层 S2,输入是 6 个 28×28 的特征图,邻域大小或采样区域大小为 2×2,输出的特征图大小为 14×14 的特征图 6 个。该层神经元的数量为 14×14×6=1176 个。连接数为(2×2+1)×6×14×14=5880 个。

(4) 卷积层 C3,输入是 6 个 14×14 的特征图,卷积核的尺寸仍然为 5×5,卷积核的数量为 16,输出的特征图大小为 14-5+1=10,即分辨率为 10×10 的特征图 16 个。该层神经元的数量为 10×10×16=1600 个。可训练的卷积核参数数量为(5×5+1)×16=416 个。连接的数量为(6×5×5+1)×16×10×10=241 600 个。

(5) 池化层 S4,输入是 16 个 10×10 的特征图,邻域大小或采样区域大小为 2×2,输出的特征图大小为 5×5 的特征图 16 个。该层神经元的数量为 5×5×16=400 个。连接数为(2×2+1)×16×5×5=2000 个。

(6) 卷积层 C5,输入是 16 个 5×5 的特征图,卷积核的尺寸仍然为 5×5,卷积核的数量为 120,输出的特征图大小为 5-5+1=1,即分辨率为 1×1 的特征图 120 个。该层神经元的数量为 1×1×120=120 个。可训练的卷积核参数数量为(5×5+1)×120=3120 个。连接的数量为(16×5×5+1)×120×1×1=48 120 个。

(7) 全连接层 F6,将大小为 120 的一维特征图映射到 0~9 的 10 个样本标记空间中,实现字符的识别。

3.5.2　VGG16

VGG16 是由牛津大学 VGG(Visual Geometry Group)提出的,是 2014 年 ImageNet 竞赛定位任务的第一名和分类任务的第二名中的骨干网络。VGG16 网络如图 3-42 所示。

VGG16 网络主要由 5 组"卷积+池化"模块叠加而成,再接入 3 个全连接层实现 1000 个分类。VGG16 中的 16 表示该网络中含有 13 个卷积和 3 个全连接,具体结构说明如下。

(1) 网络从输入到输出依次为: 第 1 组 Block(卷积-卷积-池化)→第 2 组 Block(卷积-卷积-池化)→第 3 组 Block(卷积-卷积-卷积-池化)→第 4 组 Block(卷积-卷积-卷积-池化)→第 5 组 Block(卷积-卷积-卷积-池化)→全连接→全连接→全连接。

(2) 第 1 组 Block 到第 5 组 Block 的通道数分别为 64、128、256、512、512,通道数依次增长,直到 512 时不再增加;通道数增加,意味着使用更多的卷积核,从而提取了图像更多维的特征。

(3) 神经元均使用 ReLU 作为激活函数,可以有效避免梯度消失。

(4) VGG16 中的 13 层卷积层和 5 层池化层用于进行特征提取,最后 3 层全连接层用于构造分类器。

VGG16 网络的计算过程如下。

(1) 第 1 组 Block 运算: 输入图像尺寸为 224×224×3(分辨率为 224×224,通道数

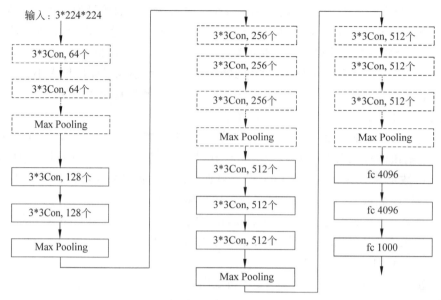

输入：3*224*224

3*3Con, 64个
3*3Con, 64个
Max Pooling

3*3Con, 128个
3*3Con, 128个
Max Pooling

3*3Con, 256个
3*3Con, 256个
3*3Con, 256个
Max Pooling

3*3Con, 512个
3*3Con, 512个
3*3Con, 512个
Max Pooling

3*3Con, 512个
3*3Con, 512个
3*3Con, 512个
Max Pooling

fc 4096
fc 4096
fc 1000

图 3-42 VGG16 网络

为 3），经 64 个尺寸为 3×3 的卷积核，步长为 1，padding 填充，经过两次卷积运算，再经过 ReLU 函数激活，输出的特征图大小为 224×224×64；经过最大池化后，邻域大小或采样区域大小为 2×2，图像尺寸减半，池化后的特征图尺寸为 112×112×64。

（2）第 2 组 Block 运算：经 128 个尺寸为 3×3 的卷积核，步长为 1，padding 填充，经过两次卷积运算，再经过 ReLU 函数激活，输出的特征图大小为 112×112×128；经过最大池化后，邻域大小或采样区域大小为 2×2，图像尺寸减半，池化后的特征图尺寸为 56×56×128。

（3）第 3 组 Block 运算：经 256 个 3×3 的卷积核，步长为 1，padding 填充，经过三次卷积运算，再经过 ReLU 函数激活，输出的特征图大小为 56×56×256；经过最大池化后，邻域大小或采样区域大小为 2×2，图像尺寸减半，池化后的特征图尺寸为 28×28×256。

（4）第 4 组 Block 运算：经 512 个 3×3 的卷积核，步长为 1，padding 填充，经过三次卷积运算，再经过 ReLU 函数激活，输出的特征图大小为 28×28×512；经过最大池化后，邻域大小或采样区域大小为 2×2，图像尺寸减半，池化后的特征图尺寸为 14×14×512。

（5）第 5 组 Block 运算：经 512 个 3×3 的卷积核，步长为 1，padding 填充，经过三次卷积运算，再经过 ReLU 函数激活，输出的特征图大小为 14×14×512；经过最大池化后，邻域大小或采样区域大小为 2×2，图像尺寸减半，池化后的特征图尺寸为 7×7×512。

（6）经过拉平 Flatten 操作，将数据拉平成一维向量，维度为 512×7×7＝25 088；再经过三层全连接，其中前两层的神经元个数都为 4096，后一层的神经元个数为 1000，并通过 ReLU 函数激活，最后通过 softmax 输出 1000 个预测结果。

3.6　深度卷积神经网络中的新技术

随着计算机算力的飞速发展,卷积神经网络中的神经元之间具有权重共享和部分连接的优点,使得构造层次更深的神经网络成为可能,深度卷积神经网络得到快速发展和普遍关注。更深层次的网络结构使得深度卷积神经网络具有更强的拟合能力和学习能力,擅长提取数字图像中更加复杂的颜色、形状和纹理等各方面的视觉特征,这是普通的浅层神经网络难以做到的。

一般地,深度卷积神经网络通过卷积、池化、Dropout、批量归一化、全连接等运算的层层连接,可以满足一般性图像分类、目标检测和实例分割任务。随着深度卷积神经网络的发展,出现了很多代表性的新技术,如 Inception 模块、残差模块、深度可分离卷积、视觉注意力等。残差模块的提出使得可以构造深度很深的网络而同时保持较好的学习效果,对不同尺度的复杂工业目标检测展现出极强的特征抽取能力,第 5 章将重点介绍残差模块及 ResNet 网络。深度可分离卷积的主要作用是减少计算量,适合在嵌入式机器视觉开发板上或在移动端进行部署,第 7 章将重点介绍深度可分离卷积以及 MobileNet 网络。本章主要对 Inception 模块和视觉注意力进行介绍。

3.6.1　Inception 模块

Inception 模块的主要思想是：同时组合使用不同尺度的卷积核,增加网络对目标尺度的适应性。通俗来说,就是使得网络能够识别或检测出不同尺度大小的同类物体。为了减少计算量且使得特征聚集,使用 1×1 卷积进行降维,这也是一个具有普遍意义的技术。

Inception V1 模块如图 3-43 所示。其中,图 3-43(a)给出的是不使用 1×1 卷积进行降维的 Inception 模块,图 3-42(b)给出的是使用 1×1 卷积进行降维的 Inception 模块。通过实际计算可比较 1×1 卷积的降维作用。

对于图 3-43 所示的 Inception V1 模块的计算,假设输入特征图是 $96 \times 14 \times 14$(分辨率为 14×14,通道数为 96),最大池化的步长是 1,则不使用 1×1 卷积进行降维的 Inception V1 模块的乘法计算量如下。

$$1 \times 1 \times 96 \times 32 \times 14 \times 14 + 3 \times 3 \times 96 \times 64 \times 12 \times 12 + 5 \times 5 \times 96 \times 128 \times 10 \times 10 = 39\ 284\ 736$$

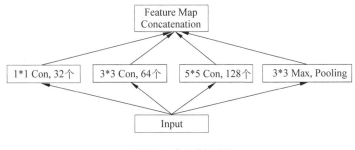

(a) 不使用1×1卷积进行降维

图 3-43　Inception V1 模块

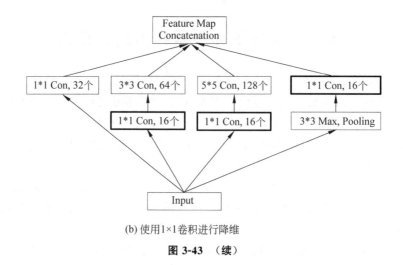

(b) 使用1×1卷积进行降维

图 3-43 （续）

使用 1×1 卷积进行降维的 Inception V1 模块的乘法计算量如下（最大池化分支未考虑计算量）。

$$1\times1\times96\times32\times14\times14+(1\times1\times96\times16\times14\times14+3\times3\times16\times64\times12\times12)+$$

$$(1\times1\times96\times16\times14\times14+5\times5\times16\times128\times10\times10)=7\ 651\ 328$$

对比以上计算结果可以看出，使用 1×1 卷积进行降维后，计算量大大降低。可以看出，Inception 模块实际是对卷积神经网络"宽度"方向的扩展，通过同时组合使用不同尺度卷积核实现不同尺度特征的提取。

3.6.2 视觉注意力模块

当人眼看到图像时，人会在快速"扫描"图像的同时，对某些引起自身特别注意的区域投入更多的注意力，从而得到关于感兴趣目标的更多信息，包括纹理、颜色和形状等特征，而其他没有引起注意的区域则会被人眼无意识或下意识地忽略，这就是视觉注意力机制（visual attention）。视觉注意力机制可以帮助人类在注意力资源有限的情况下，快速筛选出大量信息中更具价值的部分，极大地提高了人类自身处理视觉信息的效率与准确性。

深度学习中，注意力机制原理参考了人类视觉注意力的特点，其目的同样在于从大量信息中筛选出对当前任务目标而言更加有效、更加重要的信息。在计算机视觉领域引入注意力机制的目的是让网络在提取图像特征时产生类似人类视觉注意力的效果，能够在忽略无关信息的同时对重点信息加以关注。

深度学习领域，注意力机制可以分为硬注意力（hard attention）、软注意力（soft attention）和自注意力（self attention）。其中，软注意力可进一步细分为通道注意力机制（channel-wise attention）、空间注意力机制（spatial-wise attention）和混合注意力机制（mixed attention）。

1. 通道注意力机制

通道注意力的典型代表是 SENet（Squeeze-and-Excitation Network），中文意思为挤压、激励网络，实际为一个计算模块。SE 模块如图 3-44 所示。

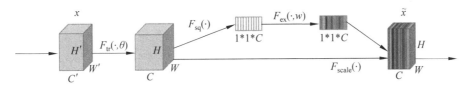

图 3-44　SE 模块

x 是输入图像,记录为 $x(C',H',W')$,经过一系列卷积、池化运算后,输出特征图为 $U(C,H,W)$。SE 模块是输出特征图的通道按照一定权重进行分配,具体过程分为挤压(Squeeze)和激励(Excitation)两个阶段。

在挤压阶段,使用一次全局平均池化操作生成通道统计信息,从而将全局空间信息压缩到通道上,如式(3-29)所示。

$$z_c = F_{sq}(u_c) = \frac{1}{H \times W} \sum_{i=1}^{H} \sum_{j=1}^{W} u_c(i,j) \tag{3-29}$$

这里,z_c 是通道 c 上所有像素亮度的平均值。在激励阶段,当得到 $C \times 1 \times 1$ 的特征图后,加入一个全连接层,对每个通道的权重或重要性进行预测。

最后,将激励的输出权重看作通道重要性的度量,然后通过乘法逐通道加权到先前的特征图,完成通道注意力的分配。

2. 混合注意力机制

混合注意力机制的典型代表是 CBAM(Convolutional Block Attention Module)。该模块以中间特征图作为输入,生成一维的通道注意力特征图和二维的空间注意力特征图。

CBAM 中的通道注意力模块,如图 3-45 所示。通道注意力模块不仅使用了平均池化方法,还使用了最大池化方法,然后送入一个共享网络中完成通道注意力特征图的计算,最终以按元素求和的方式将特征向量合并后输出。

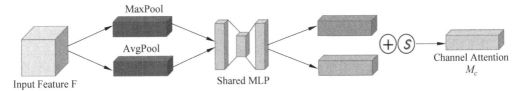

图 3-45　通道注意力模块

CBAM 的空间注意力模块则作为通道注意力的补充,侧重关注特征的位置信息,如图 3-46 所示。该模块同样使用平均池化操作和最大池化操作,随后使用一个标准卷积层对两个描述符进行连接和卷积操作,进而生成空间注意力特征。

最后,将通道注意力模块和空间注意力模块进行组合连接,如图 3-47 所示。首先把一张特征图作为通道注意力的输入得到通道注意力加权后的特征图,再将后者送入空间注意力进行空间注意力加权。

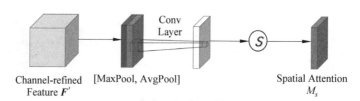

图 3-46　空间注意力模块

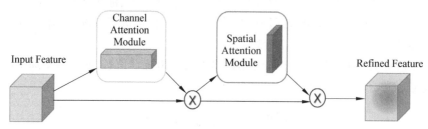

图 3-47　CBAM 混合注意力

本 章 小 结

机器学习研究的是使用计算机模拟或实现人类学习过程的科学,是实现人工智能的重要途径。

按照学习方式进行分类,机器学习可以分为有监督学习、无监督学习和强化学习。

深度学习可以分为训练阶段和验证阶段。训练阶段指的是根据输入数据,在学习算法的驱动下,针对设计的损失函数,期望通过样本的训练降低误差损失的值。当训练达到一定迭代次数或其他终止条件时,将学习到的知识以一定方式进行保存即可获得模型。验证阶段指的是对获得的模型输入新的数据,检验并统计输出结果是否满足系统精度要求。

对于分类的损失函数,经常使用 MSE 和 CE 来进行描述。

对于分类问题,常用的评价指标大多基于混淆矩阵,并据此定义精确率、召回率、准确率、错误率以及 F1 值。

激活函数指的是将神经元的输入映射为输出的函数,包括 Sigmoid 函数、$tanh$ 函数、ReLU 函数和 PReLU 函数。

卷积操作的目的是对图像进行特征提取,使用不同的卷积核,可以获取到图像的形状、边缘、纹理或亮度等各方面的特征图。

一般来说,池化有两种方式:最大池化(max pooling)和平均池化(mean pooling),最大池化对邻域内的特征点取最大值,平均池化对邻域内的特征点取平均值。

VGG16 网络主要由 5 组"卷积＋池化"模块叠加而成,再接入 3 个全连接层实现 1000 个分类。VGG16 中的 16 表示该网络中含有 13 个卷积和 3 个全连接。

Inception 模块的主要思想是:组合使用不同尺度的卷积核,增加网络对尺度的适应性。

深度学习中,注意力机制原理参考了人类视觉注意力的特点,其目的在于从大量信息中筛选出对当前任务目标而言更加有效、更加重要的信息。如果这种重要性体现在特征图通道的不同权重分配上,即为通道注意力;如果这种重要性体现在特征图的空间区域的不同权重分配上,即为空间注意力。

习 题

一、选择题

1. 对于人工智能的各种学派,神经网络属于( )。

    A. 符号主义   B. 连接主义   C. 行为主义   D. 虚无主义

2. 对于人工智能的各种学派,强化学习属于( )。

    A. 符号主义   B. 连接主义   C. 行为主义   D. 虚无主义

3. 下列是 PReLU 激活函数的是( )。

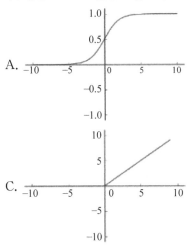
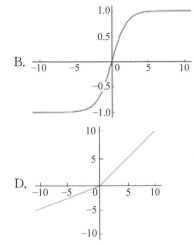

4. 对于深度卷积神经网络主要用来提取特征的层是( )。

    A. 卷积层   B. 池化层   C. 激励层   D. 全连接层

5. 用来进行降维、去除冗余信息、对特征进行压缩和简化计算复杂度的层是( )。

    A. 卷积层   B. 池化层   C. 激励层   D. 全连接层

6. 一般来说,深度学习中的 TP 表示( )。

    A. 样本为正并且预测结果也为正的数据

    B. 样本为负但预测结果为正的数据

    C. 样本为正但预测结果为负的数据

    D. 样本为负预测结果也为负的数据

7. 机器学习过程经常会出现过拟合和欠拟合,下列关于过拟合说法正确的是( )。

    A. 训练 loss 较高,验证 loss 较高   B. 训练 loss 较低,验证 loss 较高

    C. 训练 loss 较高,验证 loss 较低   D. 训练 loss 较低,验证 loss 较低

8. 卷积神经网络的第一层中有 5 个卷积核,每个卷积核的尺寸为 7×7,无填充且步幅为 1。该层的输入维度是 $3 \times 224 \times 224$(通道为 3,分辨率为 224×224),该层输出的维度是(　　)。

  A. $3 \times 217 \times 217$　　　B. $8 \times 217 \times 217$　　　C. $5 \times 218 \times 218$　　　D. $3 \times 220 \times 220$

9. 神经网络中的隐藏层节点使用了激活函数 X,某次运算得到输出为 -0.01。X 可能为(　　)。

  A. ReLU　　　　　　B. $tanh$　　　　　　C. Sigmoid　　　　　D. 以上都有可能

10. 输入一张 256×256 的彩色(RGB)图像,卷积核的尺寸为 3×3,输出包含 10 个通道,在使用偏置的情况下,该卷积层共有(　　)个参数。

  A. 100　　　　　　B. 180　　　　　　C. 280　　　　　　D. 300

11. 神经网络中,BP 算法的正确步骤是(　　)。

  ① 计算预测输出和真实标签之间的误差

  ② 迭代更新,直到找到最佳神经元连接权重

  ③ 把输入传入网络,经过层层计算,得到输出值

  ④ 对神经网络的权重和偏置进行随机初始化

  ⑤ 对每个产生误差的神经元的连接权重,计算梯度来调整权重以减小误差

  A. ①②③④⑤　　　　　　　　　B. ⑤④③②①

  C. ③②①⑤④　　　　　　　　　D. ④③①⑤②

12. 下列是超参数的是(　　)。

  A. 学习率　　　　　　　　　　B. 权重

  C. 偏置　　　　　　　　　　　D. 卷积核中的参数

13. 关于深度卷积神经网络的参数优化方法,说法错误的是(　　)。

  A. MBGD 指的是每次随机均匀采样一个由训练数据样本组成的小批量数据,计算误差损失对神经元连接权重(卷积核中的参数)的梯度

  B. SGD 指的是随机均匀采样一个训练数据来计算误差损失对神经元连接权重(卷积核中的参数)的梯度

  C. 自适应梯度下降法 AdaGrad 就是根据每个神经元连接权重的梯度值的历史累加值的大小动态调节各个连接权重的学习率,如果误差损失对连接权重的梯度较小,应选择较小的学习率;如果梯度较大,应选择较大的学习率

  D. 基于 AdaGrad 优化算法,通过超参数调节当前梯度平方和对历史累加值的影响,就是 RMSProp 优化算法的思想

二、填空题

1. 按照学习方式进行分类,机器学习可以分为_____、无监督学习和强化学习。

2. 深度学习中的学习率取决于所选择优化算法的类型,包括 BGD、SGD、_____、带动量的随机梯度下降法、自适应梯度下降法 AdaGrad、RMSProp 以及 Adam 等。

3. 池化有两种方式,即_____和_____。

4. 如果输入是 6 个 14×14 的特征图,卷积核的尺寸为 5×5,卷积核的种类为 16,那么输出的特征图大小为_____,输出的特征图数量为_____个,该层神经元的数量为

_____个 ,可训练的卷积核参数数量为_____个,连接的数量为_____个。

5. 深度学习中,通过随机地让一些神经元不工作避免某些特征只在固定的组合下才生效的技术称为_____。

6. 基于机器视觉的火灾监测系统,对于 16 幅图像,检测出有火灾的图像如方框所示,即检测出 10 幅图像有火灾(方框内),6 幅图像没有火灾(方框外)。请计算下列指标。

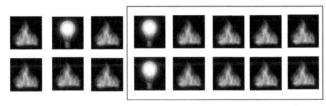

TP=_____,FP=_____,FN=_____,TN=_____,Precision =_____,

Recall =_____,Accuracy =_____,ErrorRate =_____。

7. 对于下图的两个 Inception 模块,如果输入为 $128 \times 28 \times 28$,那么乘法计算量分别是_____和_____。

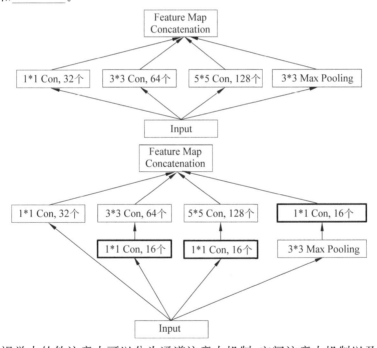

8. 机器视觉中的软注意力可以分为通道注意力机制、空间注意力机制以及_____。

三、简答题

1. 简要说明人工神经元的结构和组成。

2. 简要说明神经网络中的各种激活函数,并比较其优缺点。

3. 简要说明模型的过拟合和欠拟合。

4. 举例说明卷积运算过程,并给出典型的卷积算子及计算效果。

5. 举例说明池化运算过程,阐述神经网络中池化的作用。

四、分析讨论题

1. 解释说明卷积神经网络的层与层之间的连接是权重共享、部分连接的。

2. 解释说明一般神经网络和深度卷积神经网络的不同。

3. 解释说明 VGG16 网络的计算过程,以输入图像 $3 \times 224 \times 224$ 为例,给出每个卷积和池化运算后的输出特征图。

4. 解释说明 LeNet5 网络的计算过程,以输入图像 $1 \times 32 \times 32$ 为例,给出每个卷积和池化运算后的输出特征图。

5. 比较分类问题的误差损失函数,讨论各种误差损失函数的优缺点。

6. 设计一个 3 个输入、3 个隐藏神经元和 3 个输出的简单前馈神经网络,进行 2 次正向计算误差和 1 次梯度反向传播,比较权重调整后的误差损失函数的值,观察权重调整是否有效。

7. 查阅文献,分析、讨论并比较深度卷积神经网络中的各种参数优化方法。

8. 查阅文献,分析、讨论并比较常见的注意力机制。

五、实验

参考附录中的实验,选做一个完成。

1. 实验 3:基于深度学习的图像分类。

2. 实验 4:基于深度学习的目标检测。

第 4 章

工业字符智能识别

钢铁生产过程是一种典型的流程制造。随着钢铁企业智能制造的深入推广,铁包包号、钢包包号、板坯号、钢卷号、台车号等工业字符的识别对于精准跟踪钢铁生产物流具有十分重要的作用。

本章首先介绍钢铁生产过程中典型的工业字符,并简要分析复杂工业场景中进行工业字符识别的常见困难;然后介绍使用传统数字图像处理方法进行字符识别的过程,并分析这种方法应用于复杂场景中工业字符识别的不足;最后以两阶段深度卷积神经网络Faster R-CNN 应用于钢铁生产过程中的钢包包号识别为例,对使用深度学习方法进行工业场景的目标检测进行较为详细的讨论。

4.1　钢铁生产过程中的工业字符

当前,钢铁企业的智能制造正在深入推进。为了对钢铁产品从生产到成品投放市场全过程实现在线识别、产品质量跟踪以及永久性质量追溯,钢铁企业需要对生产流程中的物流信息进行实时跟踪并进行精准记录,将产品生产流程数字化。

长流程的钢铁生产过程是以铁矿石为铁素源,经过炼铁、炼钢及二次精炼,再把钢水凝固成连铸坯后轧制成钢材的生产过程,如图 4-1 所示。铁矿石在高炉中被还原成铁水后,经过铁水包运输并兑铁到转炉,在转炉中完成氧化去除杂质,然后出钢到钢水包,并由钢水包运输至 LF、RH 等二次精炼装置完成进一步处理,再由钢包运送至连铸机进行浇铸。浇铸生产的板坯有些进入板坯库临时缓存,有些可以直接进入加热炉加热后,进行热轧形成热轧产品。一些品种,还要进行冷轧形成冷轧产品。对于这个复杂的长流程生产,原料、半产品、产品等通过容器装载并由天车、台车进行运输,或者直接由天车、台车进行运输,生产路径复杂、工艺流程长,且伴随高温和复杂的物理、化学反应。因此,需要对装载容器或产品进行精准跟踪,以满足生产调度或质量追溯等应用的需要。精准识别容器上的工业字符或刻印在产品表面的工业字符是实现物流精准跟踪的基础。

钢铁生产过程中的典型工业字符,如图 4-2 所示。这些工业字符包括铁包包号、钢包包号、板坯号和钢板号。铁水包是铁水的转运容器,负责将铁水从高炉转运至转炉。钢水包是钢水的转运容器,负责将钢水从转炉运输至二次精炼装置或连铸机。铁水包包号、钢水包包号图像容易受到粉尘、高温辐射的影响,生产场景常带有很强火焰造成较强的光照干扰。

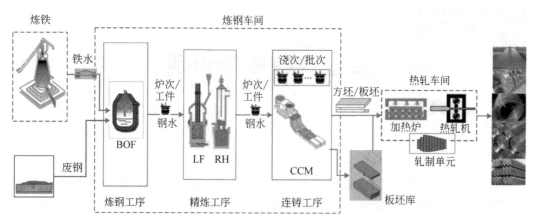

图 4-1　长流程的钢铁生产过程

(a) 铁包包号 　　　　　　　　　　　 (b) 钢包包号

(c) 板坯号 　　　　　　　　　　　 (d) 钢板号

图 4-2　钢铁生产过程中的典型工业字符

　　板坯是连铸的产品,由输送辊道和天车进行传输。板坯号是由喷号机将字符喷印在炽热的板坯端面形成的。由于板坯号喷印过程面临炽热的高温,当板坯冷却时容易造成字符边缘模糊。

钢板是由板坯轧制后得到的具有一定宽度和厚度的钢材。钢板号多由喷号机喷印而成。由于钢板尺寸较大,因此钢板号作为目标在整个场景中较小,且号码常出现断裂、不连续的情况。

4.2　钢铁生产过程中工业字符识别的难点

钢铁生产过程中工业字符识别的难点,主要有以下几个。

(1) 字符容易受到污染。铁水包、钢水包长期处于复杂生产环境中,生产、运输过程中的钢水溅渣、烟尘腐蚀和磨损可能导致字符出现脱落、熔化或钢渣附着等现象,导致铁包包号、钢包包号信息受污损比较厉害。图 4-3 展示了一个污损较为严重的钢包包号图像。

(2) 图像受光照影响较大。一方面,复杂工业环境下高密度的粉尘及恶劣的光照条件对采集的图像数据产生了严重的光照干扰;另一方面,运输容器、产品本身表面特性也容易造成成像的光照或反射不稳定。图 4-4 展示了一个带有较强光照背景的钢包包号图像。

图 4-3　污损较为严重的钢包包号图像(见彩插)　图 4-4　带有较强光照背景的钢包包号图像(见彩插)

(3) 高温熔蚀效应。钢铁生产过程大多伴有高温,板坯就是由钢水直接经过连铸机浇铸而成。对于高温的板坯,通过打号机所打印的字符,当温度逐渐降低时,字符边界存在扩散现象,导致字符粘连、拖尾等,对这些工业字符的分割、识别造成较大的挑战。图 4-5 展示了一个常温状态下的板坯号图像。这些字符都是在高温状态下喷打而成,当慢慢冷却时,字符边界扩散导致字符"8"和字符"B"已经较难区分。

图 4-5　常温状态下的板坯号图像(见彩插)

(4) 大场景中的小目标。由于生产现场环境复杂,相机安装位置受限,钢铁生产过程中的工业字符无法保证始终出现在相机中的固定狭小范围,或者产品尺寸较大,只能让相机保证较大视场,捕捉到包含工业字符的全部场景,这些都容易导致大场景、小目标的现象,给工业字符的定位、识别造成困难。图 4-6 展示了两幅钢板号图像的局部区域,字符出现位置不固定。

图 4-6　钢板号图像（目标出现位置不定）（见彩插）

4.3　基于传统图像处理的字符识别

字符识别有大量的应用场景，包括汽车车牌号、银行卡号、身份证号、票据号等比较清晰的打印字符的识别，以及铁水包号、钢水包号、火车车厢号、钢板号等特征不稳定、不清晰的工业字符的识别。

一般来说，对汽车车牌号、银行卡号、身份证号、票据号等比较清晰的打印字符的识别，可以使用传统图像处理的方法。而对铁水包号、钢水包号、火车车厢号、钢板号等特征不稳定、不清晰的工业字符的识别，需要使用基于深度学习的方法。

首先对传统图像处理方法识别字符的流程进行介绍，所采用的方法是：基于投影的字符分割和基于模板匹配的字符识别，如图 4-7 所示。

首先，加载如图 4-8 所示的字符模板。字符模板指的是一组已知标签（或分类类别）的字符图像。字符模板中共有 10 个图像，并且以文件名的方式标识出每个图像对应的标签，即真实字符。

图 4-7　基于投影的字符分割和基于
模板匹配的字符识别

0 1 2 3 4 5 6 7 8 9

图 4-8　字符模板

其次，加载如图4-9所示的字符图像。字符图像指的是待识别的一组字符构成的图像。字符识别就是从一幅图像中的多个字符目标识别出一组字符，其输入是图像，输出是一组文本。

然后，对字符图像进行垂直投影分割。对原图进行二值化处理后，利用二值化图像的像素分布直方图进行分析，从而找出相邻字符的分界点进行分割。投影法又分为水平投影和垂直投影。这里使用垂直投影，如图4-10所示。垂直投影中的直方图，其横坐标表示图像水平方向上的投影位置，纵坐标表示在对应水平投影位置上的像素个数。

图 4-9　字符图像

图 4-10　垂直投影

基于垂直投影进行字符图像分割的结果，如图4-11所示。

图 4-11　字符分割结果

最后，使用模板匹配进行字符识别。通过让分割出的字符图像与模板库中的标准字符图像进行模板匹配运算，取匹配度最高的模板图像的标签为识别结果。匹配之前，通过调用图像大小调整函数 resize()统一模板图像和分割字符的图像大小，匹配的方法是采用图像减法函数 absdiff()，将分割出的字符图像与模板中的 10 个字符模板图像依次进行减法运算，再对所有像素差值统计均值，均值最小的即为匹配成功的模板，该模板字符即为识别的字符。字符识别结果如图4-12所示。

从以上传统图像处理方法识别字符过程可以看出，投影分割要求字符图像中噪声或干扰性信息较少，字符角度规整且字符之间有一定间距，模板匹配要求模板库中字符和待识别字符尽可能形态一致、大小一致、亮度一致，甚至纹理一致，这些都是复杂工业生产环境下无法保证的。因此，为保证识别系统的鲁棒性、准确率和可靠性，需要采用基于深度学习的方法。

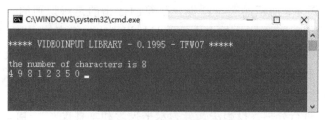

图 4-12　字符识别结果

4.4　基于深度学习的工业字符识别

4.4.1　目标检测网络

字符识别是典型的目标检测。目标检测可分为两个关键的子任务：目标分类和目标定位。目标分类任务负责判断输入图像或图像区域中是否有感兴趣类别的目标出现，输出一系列带置信度分数的标签表明感兴趣类别的物体出现在输入图像或图像区域中的概率；目标定位任务负责确定输入图像或图像区域中感兴趣类别的物体的位置和范围，输出物体的包围盒，或物体中心，或物体的闭合边界等，通常选择四边形框作为包围盒。

关于深度卷积神经网络，主流的目标检测算法可以分成两大类。

（1）一阶段目标检测网络。直接产生目标类别概率和位置坐标，不需要候选区域推荐，代表性的网络如 YOLO 和 SSD 等。

（2）两阶段目标检测网络。将目标检测划分为两个阶段，产生候选推荐区域，对候选区域进行分类和位置精修，代表性的算法是 R-CNN 系列网络，如 R-CNN、Fast R-CNN 和 Faster R-CNN 等。

一般来说，两阶段目标检测算法具有较高的检测准确率，一阶段目标检测算法具有较快的检测速度。这里以两阶段目标检测算法为例进行介绍。

4.4.2　R-CNN 网络

R-CNN(Region Convolution Nerual Network)首次将卷积神经网络（CNN）应用到目标检测领域。R-CNN 网络结构如图 4-13 所示。

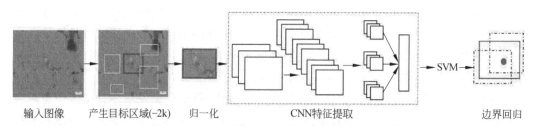

输入图像　　产生目标区域(-2k)　　归一化　　　　CNN特征提取　　　　　　边界回归

图 4-13　R-CNN 网络结构

R-CNN 使用选择性搜索（Selective Search）对一幅图像生成 1000～2000 个候选区

域。首先对输入图像进行分割,然后根据分割子区域的颜色、纹理、区域大小等做相似性比较,将相似性大的子区域不断进行合并,如此反复迭代。每次迭代过程中提取这些合并子区域的外切矩形作为候选框,产生可能存在目标的区域。与穷举法、滑动窗口等方法寻找候选框比较,选择性搜索算法有效去除了冗余候选区域,大大减少了计算量。

当目标候选区域产生之后,使用归一化操作将目标区域缩放到固定大小,以方便后续的卷积神经网络提取特征。

最后,对提取到的目标特征,使用**支持向量机**(Support Vector Machine,SVM)进行分类,并使用回归器精修候选框位置。候选框回归的目的是精细化调整目标的四边形大小、位置。

目标检测包括目标分类和目标回归两个任务。深度学习训练过程中,目标分类损失使用 MSE 或 CE 描述,前面已经进行过讨论,这里介绍目标回归损失函数。

目标回归的任务指的是根据候选框和真实框的大小和位置,通过回归函数拟合出回归框的大小和位置。候选框、真实框和回归框,分别使用 proposal、groundTruth 和 regression 标识,如图 4-14 所示。这里,候选框又称为候选推荐框,或推荐框。

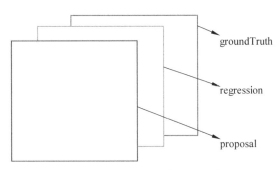

图 4-14 推荐框、真实框和回归框

设 x,y,w,h 分别是四边形框的中心点坐标、宽度和高度,x,x_p,x^* 分别是回归框、推荐框和真实框的中心点 x 坐标。同理,y,y_p,y^* 分别是回归框、推荐框和真实框的中心点 y 坐标;w,w_p,w^* 分别是回归框、推荐框和真实框的宽度;h,h_p,h^* 分别是回归框、推荐框和真实框的高度,回归框和推荐框的各参数之差或比例,如式(4-1)～式(4-4)所示。

$$t_x = (x - x_p)/w_p \tag{4-1}$$

$$t_y = (y - y_p)/h_p \tag{4-2}$$

$$t_w = \log(w/w_p) \tag{4-3}$$

$$t_h = \log(h/h_p) \tag{4-4}$$

这里,t_x,t_y,t_w,t_h 分别是回归框的中心点坐标 x、中心点坐标 y、宽度 w 和高度 h 与推荐框的中心点坐标 x_p、中心点坐标 y_p、宽度 w_p 和高度 h_p 之差或比例。

真实框和推荐框的各参数之差或比例,如式(4-5)～式(4-8)所示。

$$t_x^* = (x^* - x_p)/w_p \tag{4-5}$$

$$t_y^* = (y^* - y_p)/h_p \tag{4-6}$$

$$t_w^* = \log(w^*/w_p) \tag{4-7}$$

$$t_h^* = \log(h^*/h_p) \tag{4-8}$$

这里，t_x^*，t_y^*，t_w^*，t_h^* 分别是真实框的中心点坐标 x^*、中心点坐标 y^*、宽度 w^* 和高度 h^* 与推荐框的中心点坐标 x_p、中心点坐标 y_p、宽度 w_p 和高度 h_p 之差或比例。

常用来描述回归损失的函数 $\mathrm{Smooth}_{\mathrm{L1}}$ 的定义，如式(4-9)所示。

$$\mathrm{Smooth}_{\mathrm{L1}}(x) = \begin{cases} 0.5 * x^2, & |x| < 1 \\ |x| - 0.5, & 其他 \end{cases} \tag{4-9}$$

这里，x 是 t_i 与 t_i^* 之差，i 可以是中心点坐标 x、中心点坐标 y、四边形框的宽度或高度。

R-CNN 首次将 CNN 应用到目标检测领域，具有十分重要的应用价值。但是，R-CNN 仍然存在一些缺点，如采用选择性搜索生成候选区域需要消耗大量计算时间，效率不高；每个候选区域都需要使用 CNN 提取一次特征，存在大量重复计算。

4.4.3 Fast R-CNN

Fast R-CNN 基于 R-CNN 发展而来，是一个更快的网络。Fast R-CNN 主要解决 R-CNN 对每个候选区域都需要使用卷积神经网络提取一次特征从而产生大量重复计算的问题。基本思路是：将推荐区域映射到 CNN 的最后一个卷积层的特征图上。如此，一张图片只需要提取一次特征，大大加快了特征提取的速度。Fast R-CNN 网络如图 4-15 所示。

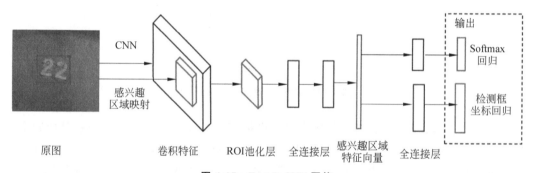

图 4-15 Fast R-CNN 网络

首先，输入图像经过 CNN 提取到特征图。仍然采用选择性搜索算法在原图上提取约 2000 个候选框。然后根据原图候选框与特征图的位置映射关系，在卷积后的特征图中找到每个候选框对应位置，并在 ROI 池化层中将每个特征框转换为固定尺寸大小。固定尺寸的特征框经过全连接层得到固定大小的特征向量。特征向量再经过各自的全连接层分别得到两个输出向量：一个是 Softmax 分类得分；一个是四边形窗口回归。最后，根据检测框得分对每类目标进行非极大值抑制剔除重叠候选框，最终得到每个类别修正后的得分最高的检测框。

Fast R-CNN 之所以能进行一次 CNN 特征提取，主要是因为设计了 ROI 池化层，将每个特征框转换为固定尺寸大小。ROI 池化层的工作原理，如图 4-16 所示。

ROI 池化层将原图中使用选择性搜索计算出的推荐框映射到 CNN 提取的特征图

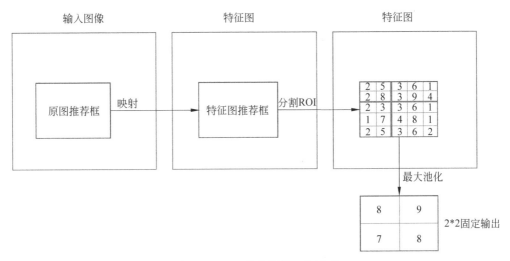

图 4-16 ROI 池化层的工作原理

上,然后按照全连接层固定的输入尺寸划分特征图上的推荐区域,并对每个划分的子块使用一定的池化方法进行输出。图 4-16 中,因全连接层要求的输入是 2×2 的,所以特征图中的特征图推荐框,无论其大小是多少,都划分成 2×2 块,然后对每个子块使用最大池化进行输出。

4.4.4 Faster R-CNN

虽然 Fast R-CNN 可以只使用 CNN 进行一次特征提取计算,但仍然使用选择性搜索算法产生候选推荐区域,计算速度还是较慢。Faster R-CNN 使用区域推荐网络(Region Proposal Network,RPN)取代选择性搜索生成候选区域。RPN 和整个 Fast R-CNN 检测网络共享 CNN 提取的特征图,区域推荐无须重新计算特征图。

Faster R-CNN 网络,如图 4-17 所示。该网络包括如下 4 部分。

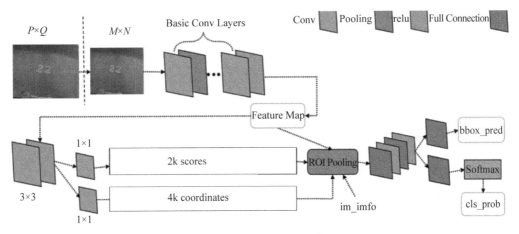

图 4-17 Faster R-CNN 网络

（1）CNN，提取图像的特征图。

（2）RPN，是一个全卷积网络，使用一个 3×3 大小的滑动窗口在卷积特征图上生成一个 512 维特征，然后使用 anchor 机制和边框回归在每个卷积映射位置输出该位置上多尺度（一般为 3 种）和多长宽比（一般为 3 种）的 k（3×3＝9）个候选区域的目标物体得分和回归边界。

（3）ROI 池化，接收特征图和候选框信息，综合这些信息后进行下采样得到固定尺寸的输出特征框，然后送入全连接层进行计算。

（4）分类与位置回归，利用特征框计算候选框的类别，同时再次使用边框回归获得检测框最终的精确位置。

4.4.5　基于 Faster R-CNN 进行工业字符识别

1. 目标检测问题的评价指标

3.2.3 节讨论了关于分类问题的精确率、召回率、准确率、错误率以及 F1 值等指标。本节进一步展开介绍目标检测问题的评价指标。

首先说明交并比的概念。交并比（Intersection over Union，IoU）指的是"预测四边形框"和"真实四边形框"的交集和并集比值，用于评判两个四边形框之间的重合度。IoU 的值位于[0,1]区间。这里，预测四边形框就是回归框。

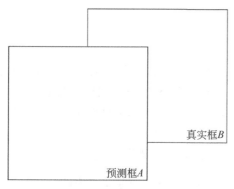

对于图 4-18 的预测四边形框和真实四边形框，IoU 的计算如式（4-10）所示。

$$IoU = \frac{A \bigcap B}{A \bigcup B} \qquad (4\text{-}10)$$

一般来说，当深度卷积神经网络预测出的目标四边形框与真实四边形框的交并比大于 0.60 时，即可认为目标被检测出来。这里，0.60 称为 IoU 阈值。显然，不同 IoU 阈值对应不同的 TP、FP、FN 和 TN，也就有不同的精确率和召回率。

图 4-18　预测四边形框和真实四边形框

因此，通过改变 IoU 阈值，将每次获得的召回率（Recall）值作为横坐标，将每次获得的精确率（Precision）值作为纵坐标，可以绘制一曲线，通常称之为 P-R 曲线，如图 4-19 所示。

根据 P-R 曲线，可以定义平均精度（Average Precision，AP）检测指标。AP 值指的是 P-R 曲线与横坐标、纵坐标围成的面积，其计算如式（4-11）所示。

$$AP = \int_0^1 P(R)\mathrm{d}R \qquad (4\text{-}11)$$

显然，AP 值越大，深度卷积神经网络对于目标检测的精度越高。

2. 目标检测结果展示

使用深度卷积神经网络 Faster R-CNN 对大量的已标注的钢包包号图像进行训练。对于某次学习率为 0.0001，迭代次数为 30 000 时的训练模型，使用验证数据绘制

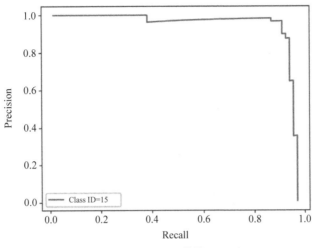

图 4-19 P-R 曲线

Precision-Recall（简称 P-R）曲线，如图 4-20 所示。字符"0""4""9"获得了 AP 值为 1 的检测精度，字符"6""7"获得了 AP 值大于 0.90 的检测精度，字符"1""2""3""8"获得了 AP 值大于 0.80 的检测精度，字符"5"的检测精度最低，AP 值为 0.79。

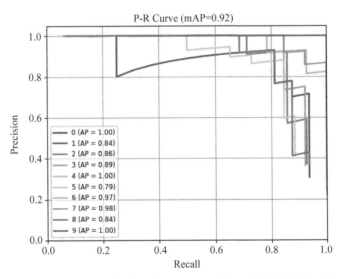

图4-20 学习率为 0.0001，迭代次数为 30 000 的钢包包号检测模型 P-R 曲线

（备注：实验结果仅是在一定钢包包号数据的特定实验超参数下获得的，意在展示基于深度卷积神经网络进行工业字符识别的结果）

选择 4 幅典型的钢包包号图像，检测结果如图 4-21 所示。

从以上检测结果可以看出，深度学习方法具有很好的鲁棒性，对于背景强光干扰的目标、特征污损较严重的目标、具有较大倾斜角度的目标、大场景中的小目标均具有较好的检测能力。

(a) 背景强光干扰的钢包包号图像和字符局部放大图

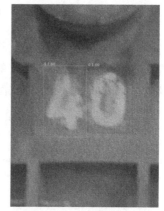

(b) 特征污损较严重的钢包包号图像和字符局部放大图

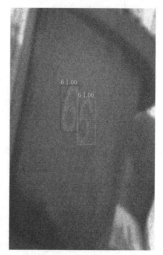

(c) 具有较大倾斜角度的钢包包号图像和字符局部放大图

图 4-21　典型钢包包号检测结果

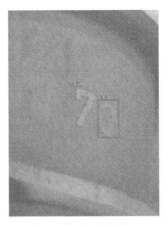

(d) 大场景中的小目标的钢包包号图像和字符局部放大图

图 4-21 （续）

本 章 小 结

钢铁生产过程中的典型工业字符包括铁包包号、钢包包号、板坯号和钢板号。

钢铁生产过程中工业字符识别的难点有：字符容易受到污染，图像受光照干扰较大，高温溶蚀效应和大场景中的小目标等。

对于汽车车牌号、银行卡号、身份证号、票据号等比较清晰的打印字符的识别，可以使用传统图像处理的方法，例如，基于垂直投影对字符进行分割和基于模板匹配对字符进行识别。

基于深度学习的主流目标检测方法包括：一阶段目标检测网络和两阶段目标检测网络。

R-CNN 使用选择性搜索算法产生候选区域。Fast R-CNN 通过引入 ROI 池化层，解决 R-CNN 对每个候选区域都需要使用 CNN 提取一次特征从而产生大量重复计算的问题。Faster R-CNN 使用 RPN 取代选择性搜索来生成候选区域，大大减少了计算量。

IoU 指的是"预测四边形框"和"真实四边形框"的交集和并集比值，用于评判两个四边形框之间的重合度。

AP 值是平均精确度的意思，定义为 P-R 曲线与横坐标、纵坐标围成的面积。

习 题

一、选择题

1. 钢铁生产过程中，钢包号、板坯号等工业字符识别的困难包括（ ）。

    A. 模糊、断点   B. 噪声、变形   C. 高温溶蚀   D. A、B、C 都对

2. R-CNN 中使用的区域推荐方法是（ ）。

    A. 选择性搜索   B. 穷举   C. 滑动窗口   D. 递归

3. Fast R-CNN 中使用的区域推荐方法是(　　　)。

    A. 选择性搜索　　　　B. 穷举　　　　　　　　C. 滑动窗口　　　　D. 递归

4. Faster R-CNN 中使用的区域推荐方法是(　　　)。

    A. 选择性搜索　　　　B. 穷举　　　　　　　　C. 滑动窗口　　　　D. RPN

5. 传统图像处理方法识别并打印比较规整的字符,常用来进行字符分割的方式是
(　　　)。

    A. 滤波　　　　　　　B. 投影　　　　　　　　C. 模板匹配　　　　D. 纹理计算

二、简答题

1. 解释说明传统图像处理方法应用于字符识别的过程。

2. 解释说明交并比的概念。

3. 解释说明 P-R 曲线。

4. 解释说明 AP 值。

5. 解释说明 ROI 池化层的工作原理和作用。

三、分析讨论题

1. 分析讨论目标检测问题中的回归损失函数。

2. 分析说明目标检测网络从 R-CNN、Fast R-CNN 到 Faster R-CNN 的发展过程。

3. 查阅资料,分析讨论并归纳复杂工业生产场景中字符识别的困难及应对策略。

4. 查阅资料,解释说明深度卷积神经网络对于工业字符识别展现出强大鲁棒性的
原因。

5. 查阅资料,比较分析滑动窗口、选择性搜索、RPN 等各种目标推荐算法的优缺点和
计算复杂度。

第 5 章

磨粒图谱识别与分割

铁谱分析是一种研究机械磨损现象,监测和诊断机器的磨损状态的技术。借助工业数字图像处理技术和深度学习方法实现对磨粒图谱的记录、分类、识别、检测、分割以及设备失效等级判定,已经成为铁谱分析的核心技术。

本章首先介绍铁谱分析技术流程、磨损机理以及常见的磨粒图谱,然后基于传统图像处理方法,对常见的磨粒图谱进行颜色特征、形状特征和纹理特征的比较研究;最后基于深度卷积神经网络进行磨粒图谱检测,并基于检测结果使用传统图像处理方法对磨粒进行准确分割。

5.1 铁谱分析技术

20 世纪 70 年代,国际摩擦学领域出现了一种磨损颗粒分析技术,称为铁谱分析技术。1979 年,我国参加欧洲摩擦学会议代表带回了铁谱技术的有关信息;1982 年,我国派代表出席了在英国召开的国际铁谱分析技术会议。之后的十几年里,铁谱分析技术在我国得到普遍应用。

铁谱分析技术指的是借助铁谱仪将磨损颗粒从润滑液中分离出来,并使其按照尺寸大小依次沉积在显微基片上制成铁谱片,然后将铁谱片置于铁谱显微镜或扫描电子显微镜下观察。通过对磨损颗粒数量、尺寸、形状与成分的分析,获得关于润滑设备磨损程度、磨损类型以及磨损部件等各方面的综合信息。这里,铁谱显微镜主要获得磨粒的数量、尺寸和形状信息;扫描电镜主要获得磨粒的形貌和成分信息。通过定期或不定期地收集并研究润滑设备磨粒信息,诊断机器的磨损状态和故障原因。这种从取样开始,制作谱片、观察成像直至对磨损状态做出分析与判断的技术,称为铁谱分析技术。

一般来说,铁谱分析流程分为取样、制作谱片、观察与分析和评级四部分。

(1)取样指的是使用专业取油样工具从管线上或油箱中抽取润滑油(或液压油)样品,取样操作必须保证所取油样中含有反映机器服役工况的磨损颗粒,如此才能通过铁谱分析做出正确的判断。取样点的选择和取样时间间隔的确定,需结合具体设备工况进行科学的设计。

(2)制作谱片指的是用铁谱仪分离出油样,将其中的铁磁性颗粒沉积于玻璃基片上,并进行固化和清洗。铁谱分析仪主要有两种类型:一种是直读式铁谱仪,如图 5-1 所示,可依据颗粒的沉积位置不同检测大于 $10\mu m$ 的大颗粒和小于 $5\mu m$ 的小颗粒;另一种是分析式铁谱仪,又可分为直线式铁谱仪和旋转式铁谱仪两种。直线式铁谱仪及制作的铁谱谱片,如图 5-2 所示;旋转式铁谱仪及制作的铁谱谱片,如图 5-3 所示。

图 5-1　直读式铁谱仪

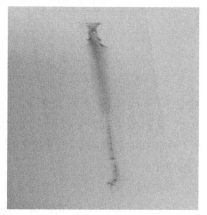

(a) 直线式铁谱仪　　　　　　　　　　　　(b) 直线式铁谱仪制作的铁谱谱片

图 5-2　直线式铁谱仪及其制作的铁谱谱片

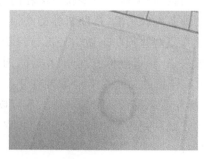

(a) 旋转式铁谱仪　　　　　　　　　　　　(b) 旋转式铁谱仪制作的铁谱谱片

图 5-3　旋转式铁谱仪及其制作的铁谱谱片

(3) 观察与分析阶段可以采用定性分析和定量分析两种方法。定性分析指的是使用显微镜观察谱片上颗粒的大小、形状和颜色,根据颗粒特征定性分析设备的运转润滑状态,判断磨损类型和磨损部位;定量分析指的是光密度测量仪与显微镜配套使用,测出谱片上不同区域的磨损颗粒覆盖面积,再使用公式计算出磨损指数。当然,也可以基于先进的数字图像处理方法对磨粒进行分割,判定磨粒类型,计算磨粒的个数和覆盖面积,从而计算磨损指数。

（4）评级指的是根据观察与分析结果,对设备作出故障诊断结论,为科学地制定设备维护措施提供依据。

自铁谱分析技术提出以来,该技术得到长足的发展,为机械磨损监测、状态诊断和磨损机理的研究,开辟了一个以磨粒为对象的分析、研究和应用的新领域。铁谱分析技术在机器设备的磨损工况监测、设备故障诊断、磨损机理研究、润滑剂的性能评价、机械零件失效分析与可靠性研究等诸多方面得到广泛应用。其中,基于先进的数字图像处理技术,构建丰富的磨粒图谱库,实现准确的磨粒分类、检测和分割,直至对设备磨损做出科学的评级,具有十分重要的意义。

5.2　设备磨损机理

一般来说,机械设备的效能、可靠性和安全性,主要取决于设备摩擦的状态。但是,摩擦在大多数情况下是有害的,会造成能量消耗和零件磨损。因此,必须通过添加润滑油或润滑脂的方式减少摩擦。据有关统计数据,世界上有 $1/3 \sim 1/2$ 的能源以各种形式消耗于设备间的摩擦。摩擦可能产生磨损,磨损的产物即为磨粒。

机械设备的磨损一般分为 3 个阶段:初期跑合阶段、正常磨损阶段和严重磨损阶段,如图 5-4 所示。

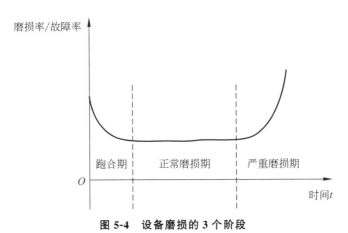

图 5-4　设备磨损的 3 个阶段

（1）在初期跑合阶段,新设备的摩擦表面具有一定的粗糙度,实际接触面积较小。经过短时间运行跑合后,表面逐渐变得光滑。根据对跑合表面粗糙度形成过程的研究,跑合过程实际是接触面积的弹性部分逐步增加和塑性部分逐步减小的过程。跑合阶段是设备故障产生早期,主要产生正常磨粒、切削磨粒和少量的严重滑动磨粒。

（2）在正常磨损阶段,设备的摩擦表面进入正常磨损期,这一阶段的磨损逐渐缓慢稳定,设备也处于稳定服役阶段,主要产生疲劳磨粒(包括片状磨粒、块状磨粒和疲劳剥离),后期可能产生大颗粒的块状疲劳剥离。

（3）在严重磨损阶段,设备进入严重磨损期后,磨损速度或磨损幅度开始急剧增长。这段时间内,磨损率有一个递增的过程,一个磨损事件可能引发更多的磨损事件,机械效率下降,设备工作精度丧失,可能产生异常噪声和异常振动,最终导致设备失效。该阶段主要产生球状磨粒、严重滑动磨粒和大颗粒的疲劳剥离。

一般来说,细小的正常磨粒和各种氧化物磨粒将贯穿整个设备服役周期。但是,不同种类的设备系统不可能使用同一个磨损失效标准,需要根据设备具体使用情况进行科学的分级判定。

5.3　磨粒图谱

制作好谱片后,可以通过计算机接口将显微镜里的磨粒图像保存在计算机中,这种图像称为磨粒图谱。由于数字图片比实际铁谱谱片的保存更加方便、持久,也方便进行科学研究,因此磨粒图谱得到广泛应用。一般来说,磨粒图谱主要有:正常磨粒、切削磨粒、球状磨粒、严重滑动磨粒、疲劳磨粒、铜合金磨粒、黑色氧化物磨粒和红色氧化物磨粒。

5.3.1　正常磨粒

正常磨粒较为细小,呈薄片状,表面光滑,通常沿磁力线方向沉积分布在铁谱片上,在铁谱显微镜下观察时一般呈银白色金属光泽。其长轴尺寸为 $0.5 \sim 15\mu m$ 甚至更小,厚度在 $0.15 \sim 1\mu m$。正常磨粒的示例,如图 5-5 所示。

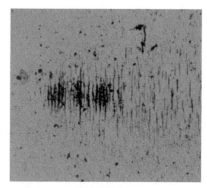

(a) 正常磨粒1　　　　　　　　　　　　　　(b) 正常磨粒2

图 5-5　正常磨粒的示例

5.3.2　切削磨粒

当设备因安装不对中或碎裂产生尖锐的刃边,该刃边穿入材料较软的摩擦表面,即可产生粗大的切削磨粒。切削磨粒一般呈现细长的形状,有明显毛刺,边缘带有黑色氧化物,形状上大多呈现弯曲,长宽比一般大于 10∶1。切削磨粒的示例,如图 5-6 所示。

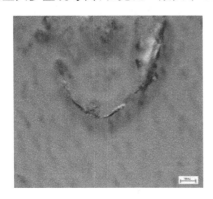

(a) 切削磨粒1　　　　　　　　　　　　　　(b) 切削磨粒2

图 5-6　切削磨粒的示例

5.3.3　球状磨粒

滚动轴承和齿轮节线处产生疲劳破坏时,易产生球状磨粒。球状磨粒的直径多数为 $3\mu m$ 左右,具有明亮的中心和黑色环带。球状磨粒的示例,如图 5-7 所示。

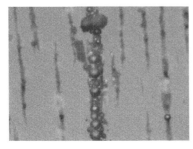
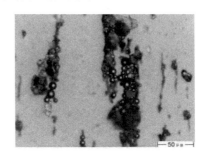

(a) 球状磨粒1　　　　　　　　　　　　　　(b) 球状磨粒2

图 5-7　球状磨粒的示例(见彩插)

5.3.4　严重滑动磨粒

严重滑动磨粒表面常伴有明显划痕,长宽比一般小于 10∶1(主要与切削磨粒区分),且划痕上附有黑色氧化物,呈现黑白相间的颜色分布。严重滑动磨粒的示例,如图 5-8 所示。

5.3.5　疲劳磨粒

一般来说,疲劳磨粒分为片状磨粒、块状磨粒和疲劳剥离。片状磨粒是尺寸较大的薄片,按磁力线分布;块状磨粒的厚度较大,表面纹理粗糙不平,并有不规则的条纹,磨粒轮廓不规则;疲劳剥离有随机曲折的边缘,形状因子不确定。疲劳磨粒的示例,如图 5-9 所示。

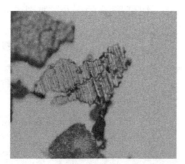 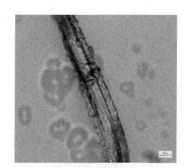

(a) 严重滑动磨粒1   (b) 严重滑动磨粒2

图 5-8   严重滑动磨粒的示例

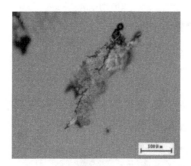 

(a) 疲劳磨粒1   (b) 疲劳磨粒2

图 5-9   疲劳磨粒的示例

5.3.6   铜合金磨粒

铜合金磨粒在颜色上呈现金色,与同一张图片上的其他颗粒相比,颜色较亮,一般呈现散列分布。铜合金磨粒的示例,如图 5-10 所示。

 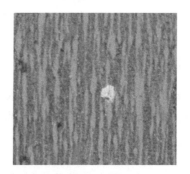

(a) 铜合金磨粒1   (b) 铜合金磨粒2

图 5-10   铜合金磨粒的示例

5.3.7　黑色氧化物磨粒

黑色氧化物磨粒，一般是含有 Fe_3O_4、Fe_2O_3 和 FeO 的混合物，主要因为机械润滑不良或过热导致。外观为表面粗糙不平的颗粒，有时表面带有蓝色或橘红色小斑点。黑色氧化物磨粒的示例，如图 5-11 所示。

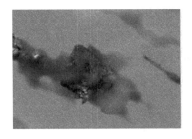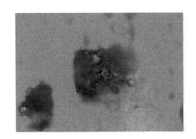

(a) 黑色氧化物磨粒1　　　　　(b) 黑色氧化物磨粒2

图 5-11　黑色氧化物磨粒的示例（见彩插）

5.3.8　红色氧化物磨粒

红色氧化物是金属铁和氧气在室温下的产物。红色氧化物磨粒的 Fe_2O_3 具有顺磁性，因此在强磁场中不沉积，分布在整个铁谱谱片上。红色氧化物磨粒的示例，如图 5-12 所示。

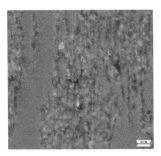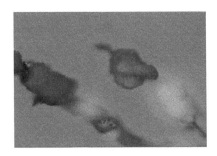

(a) 红色氧化物磨粒1　　　　　(b) 红色氧化物磨粒2

图 5-12　红色氧化物磨粒的示例（见彩插）

5.4　基于传统图像处理的磨粒特征计算

不同的磨粒有不同的颜色、形状、纹理等各方面不同的特征，这些特征与磨粒的形成过程具有较大的相关性。为了准确、有效地对磨粒进行分类、识别、检测和分割，需要分析不同类型的磨粒所对应的数字化特征及特征值。

5.4.1　磨粒的颜色特征

磨粒具有丰富的颜色,如红色氧化物表面一般呈现红色或暗红色,铜合金磨粒呈现黄色或亮黄色,球状磨粒呈现黑色或亮黑色等。对于 RGB 颜色空间,磨粒的颜色信息主要由每个像素点的 R、G、B 三通道信息表征。

磨粒图像每个像素点 R、G、B 三通道的值分别记录为 $f_R(i,j)$、$f_G(i,j)$ 和 $f_B(i,j)$ 其中,f_R,f_G,f_B 分别表示位置 (i,j) 处的 R、G、B 各分量的值,取值范围为 $0\sim255$;$P_R(k)$、$P_G(k)$、$P_B(k)$ 分别表示 R、G、B 各分量的值落在第 k 级的像素比例,k 的取值范围为 $0\sim255$。颜色特征相关定义,如式(5-1)~式(5-6)所示。

R 均值:
$$u_R = \sum_{k=0}^{255} k P_R(k) \tag{5-1}$$

R 标准差:
$$\sigma_R = \left\{ \sum_{k=0}^{255} (k-u_R)^2 P_R(k) \right\}^{\frac{1}{2}} \tag{5-2}$$

G 均值:
$$u_G = \sum_{k=0}^{255} k P_G(k) \tag{5-3}$$

G 标准差:
$$\sigma_G = \left\{ \sum_{k=0}^{255} (k-u_G)^2 P_G(k) \right\}^{\frac{1}{2}} \tag{5-4}$$

B 均值:
$$u_B = \sum_{k=0}^{255} k P_B(k) \tag{5-5}$$

B 标准差:
$$\sigma_B = \left\{ \sum_{k=0}^{255} (k-u_B)^2 P_B(k) \right\}^{\frac{1}{2}} \tag{5-6}$$

式(5-1)计算的是图像红色通道上的平均值,式(5-2)计算的是图像红色通道上的标准差,式(5-3)计算的是图像绿色通道上的平均值,式(5-4)计算的是图像绿色通道上的标准差,式(5-5)计算的是图像蓝色通道上的平均值,式(5-6)计算的是图像蓝色通道上的标准差。

颜色特征作为磨粒图的重要特征之一,若能正确地计算出磨粒的颜色特征值,则可以作为识别磨粒的手段之一。

5.4.2　磨粒的形状特征

数字图像中,形状是一条封闭曲线包围的区域。形状特征反映了磨粒组成部分的形态。磨粒形状特征主要包括:周长、区域面积、长短轴及比例、圆形度。

1. 周长

数字图像中,周长是使用相邻边缘点之间的距离之和表示的。常用的距离计算方法有以下两种。

(1) 欧几里得距离,在区域的边缘像素点中,像素与其水平或垂直方向上的相邻边缘像素点间的距离为 1,对角线方向上的距离为 $\sqrt[2]{2}$。

（2）8-邻域距离，指的是累加边缘点数得到的周长，与实际周长有差异，但计算方法简单。

对于图 5-13，带有阴影的像素为边缘检测的像素点，A 到 B 的欧几里得距离是 $5+4\times\sqrt[2]{2}$，A 到 B 的 8-邻域距离是 9。

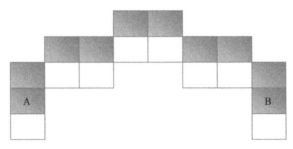

图 5-13　两种长度计算方法

2. 区域面积

区域面积指的是区域的大小。对于数字图像，区域面积一般定义为区域中的像素点个数。

3. 长短轴及比例

长轴指的是图像边缘上相隔最远的两点之间的线段长度。短轴指的是与长轴垂直的直线与边界相交最长的线段长度。长短轴比例指的是长轴与短轴的比值。

4. 圆形度

圆形度反映的是物体形状接近圆形的程度，其定义如式（5-7）所示。

$$C=\frac{4\pi A}{P^{2}} \tag{5-7}$$

其中，A 是目标所在区域的面积，P 是目标所在区域的周长。

5.4.3　磨粒的纹理特征

纹理是一种视觉特征，体现物体表面缓慢变化或周期性变化的表面结构和组织排列。通过像素点及其周围空间邻域的灰度分布体现的纹理是局部纹理，局部纹理在不同程度上的重复性是全局纹理。

数字图像中，常见的纹理特征包括：基于灰度共生矩阵的纹理特征、局部二值模式（LBP）、分形维数和 Tamura 粗糙度等。

5.4.4　磨粒特征计算示例

选取典型的磨粒图图谱，包括球状磨粒、切削磨粒、疲劳磨粒、严重滑动磨粒、红色氧化物磨粒、铜合金磨粒和正常磨粒各四张，如图 5-14 所示。

分别对每张磨粒图计算其颜色、形状和纹理特征，并进行比较分析。

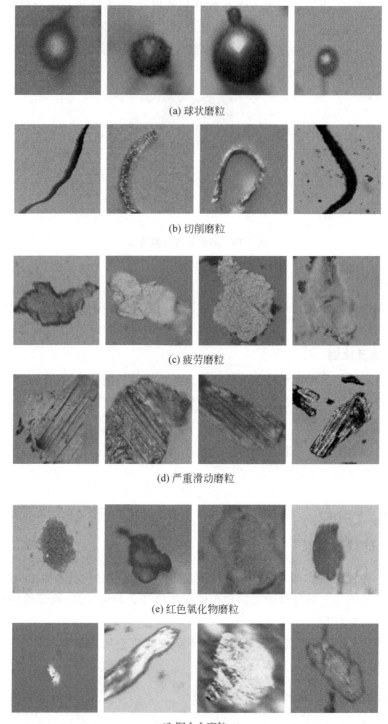

(a) 球状磨粒

(b) 切削磨粒

(c) 疲劳磨粒

(d) 严重滑动磨粒

(e) 红色氧化物磨粒

(f) 铜合金磨粒

图 5-14　典型磨粒图谱

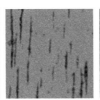

(g) 正常磨粒

图 5-14　（续）

1. 磨粒颜色特征计算结果

对代表性的磨粒图像，分别提取 RGB（Red Green Blue）和 HSI（Hue Saturation Intensity）各通道上的均值，如表 5-1 所示。其中，R、G、B 各通道的取值范围是[0,255]，HSI 各通道的取值范围归一化为 [0,1]。HSI 中的 H 是色度，S 是饱和度，I 是亮度。

表 5-1　磨粒图谱颜色均值特征

磨粒种类	R 均值	G 均值	B 均值	H 均值	S 均值	I 均值
球状 1	46.57	177.26	88.64	0.39	0.55	0.41
球状 2	110.88	154.48	122.25	0.30	0.23	0.51
球状 3	85.29	129.43	95.84	0.36	0.29	0.41
球状 4	65.55	158.57	119.29	0.41	0.50	0.45
切削 1	77.12	139.46	90.87	0.38	0.38	0.40
切削 2	90.55	133.52	113.05	0.42	0.25	0.44
切削 3	93.27	108.94	63.76	0.20	0.28	0.35
切削 4	91.40	146.83	88.30	0.30	0.25	0.43
疲劳 1	128.34	216.57	207.77	0.50	0.31	0.72
疲劳 2	73.12	163.82	60.91	0.30	0.60	0.39
疲劳 3	151.87	137.58	102.12	0.18	0.28	0.51
疲劳 4	121.29	98.93	67.83	0.09	0.29	0.38
严重滑动 1	155.72	226.66	131.06	0.28	0.24	0.67
严重滑动 2	90.34	160.74	79.53	0.31	0.27	0.43
严重滑动 3	44.58	196.94	23.95	0.31	0.75	0.35
严重滑动 4	140.20	192.37	115.77	0.27	0.22	0.59
红色氧化物 1	157.17	247.69	131.26	0.30	0.27	0.70
红色氧化物 2	131.27	160.25	108.34	0.26	0.19	0.52
红色氧化物 3	195.93	238.35	158.98	0.24	0.20	0.78
红色氧化物 4	191.36	192.34	118.27	0.18	0.30	0.66
铜合金 1	74.44	126.64	34.34	0.25	0.61	0.31
铜合金 2	73.15	149.76	94.97	0.38	0.34	0.42

磨粒种类	R 均值	G 均值	B 均值	H 均值	S 均值	I 均值
铜合金 3	40.03	126.53	84.77	0.44	0.51	0.33
铜合金 4	30.98	188.64	51.60	0.38	0.67	0.35
正常 1	89.26	164.22	127.14	0.42	0.30	0.50
正常 2	73.68	149.84	109.00	0.41	0.37	0.43
正常 3	7.57	171.46	8.74	0.35	0.81	0.25
正常 4	102.37	162.59	80.59	0.26	0.30	0.45

可以看出,球状磨粒、切削磨粒、铜合金磨粒和正常磨粒的颜色均值特征较为相似,没有明显的分布规律。红色氧化物磨粒的亮度相对较大。仅从颜色上很难对磨粒进行区分,但颜色可以作为磨粒分类或识别的辅助特征。

2. 磨粒形状特征计算结果

对代表性的磨粒图像,计算的形状特征包括面积、周长、长轴特征,如表 5-2 所示。进行形状特征计算之前,使用 K-Means 聚类和形态学运算将磨粒分割出来。因为正常磨粒表面较为光滑,呈细小颗粒状,故在此未提取正常磨粒的形状特征。计算结果中,面积为像素点个数,周长采用欧几里得距离。

表 5-2   磨粒图谱的形状特征

磨粒种类	面　积	周　长	长　轴
球状 1	669.50	166.983	42.76
球状 2	283.50	63.36	81.05
球状 3	1797.50	178.64	78.60
球状 4	2089.00	489.16	103.76
切削 1	727.50	291.78	120.74
切削 2	1148.00	280.62	101.64
切削 3	976.00	411.68	77.80
切削 4	2419.00	226.05	94.92
疲劳 1	2708.50	276.38	97.42
疲劳 2	2746.00	240.31	100.42
疲劳 3	4398.00	243.54	96.30
疲劳 4	3173.50	221.95	96.93
严重滑动 1	6105.00	253.23	109.60

磨粒种类	面　积	周　长	长　轴
严重滑动 2	5935.00	252.71	116.4
严重滑动 3	4144.00	227.34	115.21
严重滑动 4	2157.50	226.89	96.65
红色氧化物 1	1572.00	157.88	56.04
红色氧化物 2	1847.50	208.41	90.55
红色氧化物 3	2377.00	199.57	99.25
红色氧化物 4	1742.00	195.05	60.67
铜合金 1	141.50	57.46	23.26
铜合金 2	2408.00	309.82	115.28
铜合金 3	5497.50	242.81	131.52
铜合金 4	4582.50	215.04	75.01

可以看出,疲劳磨粒、严重滑动磨粒和铜合金磨粒的面积较大,严重滑动、切削磨粒的长轴较大。与颜色特征相比,形状特征对磨粒的区分度略好,但也只能作为磨粒分类或识别的辅助特征。

3. 磨粒纹理特征计算结果

对代表性的磨粒图像,首先计算灰度共生矩阵,然后根据各个方向上的灰度共生矩阵计算能量、熵、对比度、逆差距和相关性等纹理特征。计算结果如表 5-3 所示。

表 5-3　磨粒图谱的纹理特征(基于灰度共生矩阵)

磨粒种类	能　量	熵	对比度	逆差距	相关性
球状 1	0.70	0.92	0.12	0.96	0.86
球状 2	0.25	1.95	0.16	0.92	0.42
球状 3	0.18	2.32	0.18	0.92	0.19
球状 4	0.16	2.67	0.34	0.88	0.09
切削 1	0.29	1.83	0.47	0.93	0.32
切削 2	0.21	2.23	0.85	0.82	0.45
切削 3	0.35	2.18	0.80	0.87	0.30
切削 4	0.57	1.28	0.68	0.91	0.17

续表

磨粒种类	能　量	熵	对 比 度	逆 差 距	相 关 性
疲劳 1	0.41	1.88	0.51	0.87	0.28
疲劳 2	0.17	2.47	0.50	0.85	0.20
疲劳 3	0.17	2.90	1.36	0.75	0.15
疲劳 4	0.25	2.29	0.52	0.85	0.40
严重滑动 1	0.12	3.15	1.60	0.72	0.22
严重滑动 2	0.06	3.49	1.89	0.66	0.20
严重滑动 3	0.31	2.09	0.46	0.85	0.59
严重滑动 4	0.20	3.03	4.34	0.73	0.08
红色氧化物 1	0.35	1.88	0.58	0.88	0.38
红色氧化物 2	0.33	1.91	0.16	0.94	0.40
红色氧化物 3	0.26	1.83	0.24	0.89	1.21
红色氧化物 4	0.40	1.65	0.28	0.91	0.23
铜合金 1	0.42	1.16	0.16	0.95	1.09
铜合金 2	0.19	2.36	0.65	0.84	0.36
铜合金 3	0.07	3.40	1.27	0.76	0.08
铜合金 4	0.47	1.64	0.32	0.89	0.92
正常 1	0.10	2.72	1.62	0.65	0.27
正常 2	0.21	2.24	1.52	0.73	0.33
正常 3	0.03	3.98	3.86	0.48	0.12
正常 4	0.23	2.64	2.02	0.69	0.23

可以看出,严重滑动磨粒和正常磨粒能量较低但熵较大,能量反映磨粒图中灰度变化的稳定程度和纹理的粗细程度,熵表明图像灰度分布的复杂程度。通过视觉观察,所取磨粒图像中,严重滑动磨粒的灰度变化差异大,且分布不均,而正常磨粒呈现细小颗粒平铺在整张图片。

严重滑动磨粒和正常磨粒对比度较大,对比度反映磨粒图清晰度和纹理沟纹的深浅,严重滑动磨粒表面有明显的划痕且深浅不一,正常磨粒沿磁力线沉积在铁谱谱片上,呈现均匀清晰的纹理特性,故二者的对比度较大。

从上述灰度共生矩阵提取纹理特征的分析可以看出,不同类型的磨粒在能量、熵、对比度和相关性方面都存在分布差异,纹理特征描述的研究较多,纹理特征的计算方法也十分丰富,从纹理特征入手并结合一些形状、颜色特征,实现磨粒图谱的分类、识别和检测,具有较好的可行性。

5.5　基于深度卷积神经网络的磨粒图谱识别

前述有关磨粒特征计算结果表明,以纹理特征为主并结合颜色、形状特征,实现对磨粒图谱的分类、检测具有较好的可行性。如果对磨粒图谱进行大量的关于纹理、颜色、形状特征的提取,使用支持向量机(SVM)、一般神经网络等作为分类器,就能够实现磨粒图谱的分类。但是,这种传统的图像处理方法还存在如下挑战。

(1) 选择合适的纹理特征及特征组合是一个挑战。纹理特征包括基于灰度共生矩阵的纹理特征、LBP、分形维数、Tamura 粗糙度等,纹理特征计算方法种类繁多,选择合适的纹理特征及组合是一个挑战。

(2) 图像特征计算均以整图为输入,对磨粒的定位是一个挑战。磨粒识别是一个兼有磨粒图分类和定位两个挑战的任务,是一个典型的目标检测任务。

因此,基于深度卷积神经网络进行磨粒识别,是一个工程上具有较强可行性的方法,主要步骤包括:磨粒图谱标注、模型训练、结果评价和磨粒分割。这里仍然使用两阶段目标检测网络 Faster R-CNN 进行目标检测,模型输出为目标检测结果。如果需要进一步计算磨粒的面积、周长等形状特征,还需要在目标检测区域中进一步进行磨粒分割。

5.5.1　磨粒图谱标注

磨粒图谱标注,使用工具软件 LabelImg,如图 5-15 所示,该图中标注了两个疲劳磨粒(fatigue)和一个切削磨粒(cutting)。

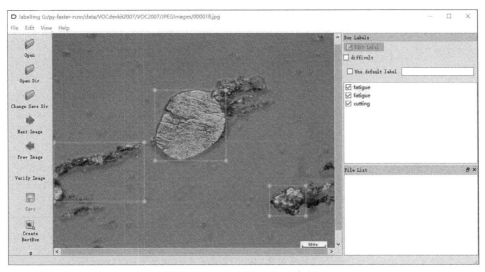

图 5-15　使用 LabelImg 标注磨粒图谱

5.5.2　特征提取网络

对于磨粒图谱识别，仍然采用 Faster R-CNN。对于特征提取网络，采用 VGG16 和 ResNet。VGG16，前文已经介绍过，这里介绍一下 ResNet 网络。

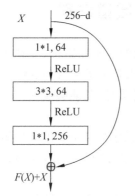

图 5-16　ResNet 的残差模块

2015 年，ResNet 取得 ImageNet ILSVR（ImageNet Large Scale Visual Recognition）比赛的冠军。当网络深度增加时，会出现梯度消失或梯度爆炸问题。为了能够训练更深的网络，可以在一个浅层网络基础上叠加恒等映射，以此保证网络层数增加不会加大训练误差。因此，ResNet 提出一种全新的网络残差模块，如图 5-16 所示。

残差模块的作用是学习残差。设该模块的输出是 $H(X)=F(X)+X$，由于增加了恒等映射，因此中间的卷积堆积的输出是 $H(X)-X$，这就是残差。学习残差可以突出微小的变化。例如，当 $X=5$ 时，$H(X)=5.1$，当没有恒等映射时，学习的就是从输入 5 到输出 5.1 的映射；而增加恒等映射后，学习的就是从输入 5 到输出 0.1 的映射。显然，恒等映射去掉了主体部分，突出了残差部分。

ResNet 有很多变形，主要包括 18 层、34 层、50 层、101 层和 152 层，常用的是 50 层的 ResNet 和 101 层的 ResNet，分别记录为 ResNet50 和 ResNet101。ResNet 如表 5-4 所示。

表 5-4　ResNet

卷 积 层	输出尺寸	18 层	34 层	50 层	101 层	152 层
Conv1	112 * 112			7 * 7,64,步长为 2		
				3 * 3,最大池化,步长为 2		
Conv2_x	56 * 56	$\begin{bmatrix}3*3,64\\3*3,64\end{bmatrix}*2$	$\begin{bmatrix}3*3,64\\3*3,64\end{bmatrix}*3$	$\begin{bmatrix}1*1,64\\3*3,64\\1*1,256\end{bmatrix}*3$	$\begin{bmatrix}1*1,64\\3*3,64\\1*1,256\end{bmatrix}*3$	$\begin{bmatrix}1*1,64\\3*3,64\\1*1,256\end{bmatrix}*3$
Conv3_x	28 * 28	$\begin{bmatrix}3*3,128\\3*3,128\end{bmatrix}*2$	$\begin{bmatrix}3*3,128\\3*3,128\end{bmatrix}*4$	$\begin{bmatrix}1*1,128\\3*3,128\\1*1,512\end{bmatrix}*4$	$\begin{bmatrix}1*1,128\\3*3,128\\1*1,512\end{bmatrix}*4$	$\begin{bmatrix}1*1,128\\3*3,128\\1*1,512\end{bmatrix}*8$
Conv4_x	14 * 14	$\begin{bmatrix}3*3,256\\3*3,256\end{bmatrix}*2$	$\begin{bmatrix}3*3,256\\3*3,256\end{bmatrix}*6$	$\begin{bmatrix}1*1,256\\3*3,256\\1*1,1024\end{bmatrix}*6$	$\begin{bmatrix}1*1,256\\3*3,256\\1*1,1024\end{bmatrix}*23$	$\begin{bmatrix}1*1,256\\3*3,256\\1*1,1024\end{bmatrix}*36$
Conv5_x	7 * 7	$\begin{bmatrix}3*3,512\\3*3,512\end{bmatrix}*2$	$\begin{bmatrix}3*3,512\\3*3,512\end{bmatrix}*3$	$\begin{bmatrix}1*1,512\\3*3,512\\1*1,2048\end{bmatrix}*3$	$\begin{bmatrix}1*1,512\\3*3,512\\1*1,2048\end{bmatrix}*3$	$\begin{bmatrix}1*1,512\\3*3,512\\1*1,2048\end{bmatrix}*3$
	1 * 1			平均池化,1000 个神经元的全连接,Softmax 输出		

ResNet 采用与 VGG 网络类似的卷积堆叠的思想，同时在每组卷积层的前后端增加

恒等映射,形成残差模块。

5.5.3　非极大值抑制

　　一般来说,目标检测可能有多个,特别当 IoU 阈值较低时,对同一个目标可能检测出多个四边形框。这时可以使用非极大值抑制(Non Maximum Suppress,NMS)消减冗余的目标。NMS 的基本思想是通过搜索局部极大值抑制非极大值元素。NMS 的抑制效果示例,如图 5-17 所示。

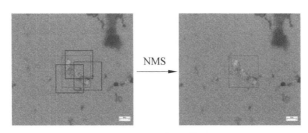

图 5-17　NMS 的抑制效果示例

　　NMS 算法是一个首先遍历然后消除最后不断迭代的过程,如式(5-8)所示。

$$s_i = \begin{cases} s_i, & \mathrm{iou}(M,b_i) < N_t \\ 0, & \mathrm{iou}(M,b_i) \geqslant N_t \end{cases} \tag{5-8}$$

其中,s_i 代表第 i 个候选框得分,b_i 代表第 i 个候选框,M 为当前得分最高的候选框,N_t 代表抑制阈值。

　　非极大值抑制的计算过程如下。

　　(1) 首先,获得所有候选框的位置坐标和得分,按得分大小进行排序。

　　(2) 然后,保留得分最高的候选框,并遍历其余的候选框,剔除与最高分候选框交并比大于一定抑制阈值的候选框。

　　(3) 最后,从剩余的候选框中再选择一个得分最高的候选框,重复上述过程,所有保留下来的候选框即为最终结果。

5.5.4　基于深度卷积神经网络的磨粒图谱识别实验结果展示

　　分别以 VGG16 和 ResNet101 作为特征提取网络,使用 Faster R-CNN 对 5 种磨粒图谱的检测进行实验。训练迭代次数为 20 000 次的实验结果,如图 5-18 所示。

　　由实验结果可知,ResNet101 网络模型表现更好。通过分析每类磨粒的 AP 值可知,严重滑动(severe sliding)磨粒和铜合金(copper)磨粒识别效果最好,球状(spherical)磨粒识别效果最差。严重滑动、铜合金和切削(cutting)磨粒的特征比较明显,易区分,部分疲劳(fatigue)磨粒没有特别明显的边界,可能无法精确定位而影响其 AP 值。

5.5.5　基于 GrabCut 的磨粒分割

　　基于 Faster R-CNN 的目标检测结果,对目标区域进行一定程度扩展,并作为 GrabCut 图像分割算法的输入。磨粒分割结果如图 5-19 所示。可以看到,基于深度卷积

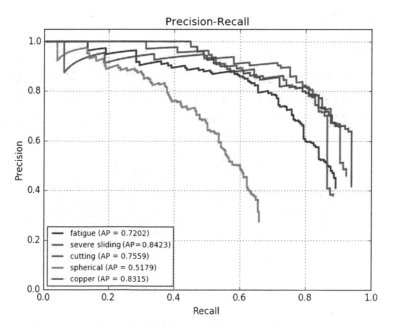

(a) VGG16 作为特征提取网络的P-R曲线

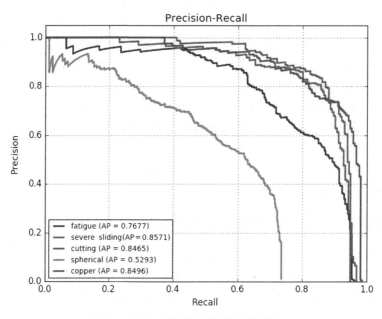

(b) ResNet101 作为特征提取网络的P-R曲线

图 5-18　VGG16 和 ResNet101 作为特征提取网络的 P-R 曲线（见彩插）

（备注：实验结果仅是在一定磨粒图谱的特定实验数据和超参数下获得的，意在
展示基于深度学习进行磨粒图谱识别的结果）

神经网络的目标检测区域的分割取得了较好效果。显然，当对目标进行准确的定位后，对
目标的分割就相对比较容易且效果较好。

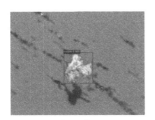

目标区域　　　　　　　　　　　　目标区域分割结果

(a) 基于目标区域的铜合金磨粒分割

目标区域　　　　　　　　　　　　目标区域分割结果

(b) 基于目标区域的切削磨粒分割

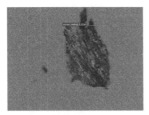

目标区域　　　　　　　　　　　　目标区域分割结果

(c) 基于目标区域的严重滑动磨粒分割

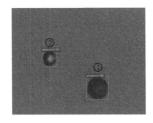

推荐区域　　　　　　　　　　　　推荐区域分割结果

(d) 基于目标区域的多目标磨粒分割

图 5-19　基于目标区域的 GrabCut 分割磨粒图

本 章 小 结

铁谱是一种研究机械磨损现象,监测和诊断机器的磨损状态的重要技术。

机械设备磨损一般分为 3 个阶段:初期跑合阶段、正常磨损阶段和严重磨损阶段。

　　常见的磨粒包括正常磨粒、切削磨粒、球状磨粒、严重滑动磨粒、疲劳磨粒、铜合金磨粒等。

　　磨粒特征包括颜色特征、形状特征和纹理特征等,纹理特征对于磨粒分类、识别更具有区分度。

　　为了能够训练更深的网络,可以在一个浅层网络基础上叠加恒等映射,以此保证网络层数增加不会加大训练误差,这就是残差模块的思想。

　　ResNet 有很多变形,主要包括 18 层、34 层、50 层、101 层和 152 层。

　　NMS 的基本思想是通过搜索局部极大值并计算极大值目标与邻近目标的 IoU 值,抑制非极大值元素。

　　Faster R-CNN 中常见的特征提取网络包括 VGG16 和 ResNet101 等。

习　　题

一、选择题

1. 下列属严重滑动磨粒的是(　　)。

A.

B.

C.

D.

2. 使用磨粒图谱检测设备状态,设备磨损初期可能出现的磨粒是(　　)。

　　A. 球状磨粒　　　　　B. 切削磨粒　　　　　C. 严重滑动磨粒　　　D. 疲劳磨粒

3. 以下不属于纹理特征的是(　　)。

　　A. 能量　　　　　　　B. 圆形度　　　　　　C. 信息熵　　　　　　D. 粗糙度

4. 一般来说,设备跑合阶段不可能产生的磨粒是(　　)。

　　A. 正常磨粒　　　　　B. 切削磨粒　　　　　C. 严重滑动磨粒　　　D. 疲劳磨粒

5. 一般来说,设备全生命周期都可能产生的磨粒是(　　)。

　　A. 正常磨粒　　　　　B. 切削磨粒　　　　　C. 严重滑动磨粒　　　D. 疲劳磨粒

二、简答题

1. 简要说明残差模块的设计思想。

2. 简要说明非极大值抑制的工作流程。

3. 列举常见的纹理特征。

4. 列举常见的形状特征。

5. 列举常见的颜色特征。

三、分析讨论题

1. 查阅资料,收集并设计更多的颜色特征,计算典型的磨粒图谱的颜色特征。

2. 查阅资料,收集并设计更多的形状特征,计算典型的磨粒图谱的形状特征。

3. 查阅资料,收集并设计更多的纹理特征,计算典型的磨粒图谱的纹理特征。

4. 绘制 ResNet101 的结构,以输入图像 $3 \times 224 \times 224$ 为例,给出每个卷积和池化运算后的输出特征图。

5. 绘制 ResNet50 的结构,以输入图像 $3 \times 224 \times 224$ 为例,给出每个卷积和池化运算后的输出特征图。

6. 查阅资料,分析讨论 CNN 提取的图像特征主要是颜色特征,还是纹理特征或形状特征。

第 6 章

射线检测的焊缝缺陷识别

射线检测是一种重要的无损检测技术,成像的缺陷较为直观,方便后续分析、识别和评级。

本章首先简单介绍射线检测技术、射线检测设备和射线检测方法等;然后详细描述常见的焊缝缺陷图谱,包括裂纹、未熔合、未焊透、条形缺陷和气孔等,并对焊缝缺陷识别的困难进行阐述,从总体上提出应对策略;最后以融合特征金字塔网络 FPN 的 Faster R-CNN 为例,介绍基于深度卷积神经网络进行焊缝缺陷识别的应用情况。

6.1 射线检测技术

无损检测技术是一种检测管道、压力容器等内部缺陷的常用技术,通常利用电磁、超声波和射线等手段检测目标内部是否存在缺陷。其中,射线检测(Radiographic Testing,RT)技术通常用于检测管道和压力容器的焊缝缺陷。当射线穿过检测目标时,按照一定的规律衰减,使部分物质出现荧光现象与光化学现象。当射线到达胶片上,因为有无缺陷部位的厚度或者密度的差异,射线在各部位的衰减程度不一样,射线穿过各部位投射到胶片上能量不同,导致胶片感光效果不同。

射线检测技术的优点有:缺陷显示直观;对气孔和夹渣之类的缺陷检出率高;检测厚度无下限;可应用的检测材料范围广。

射线检测技术的缺点有:对裂纹类缺陷的检出率受透照角度影响;检测厚度上限受射线穿透能力限制;成本较高,检测速度较慢;对人体有害,需采取防护措施。

6.1.1 射线检测设备

射线检测设备通常包括无损检测探伤仪、信号接收器和洗片机,如图 6-1 所示。探伤仪的工作原理是利用 X 射线穿透物质并在物质中衰减的特性发现物体内部的缺陷。工业 X 射线探伤机是指包括 X 射线管头组装体、控制箱及连接电缆在内的对物体内部结构进行 X 射线摄影或断层检查的设备总称。X 射线探伤装置按照 X 射线发射的方向和窗口范围可分为定向式和周向式;按安装形式可分为固定式和移动式。洗片机指的是冲洗胶片的仪器,洗片主要分显影、定影、冲洗和烘干四个步骤。

6.1.2 射线检测方法

根据射线源布置位置,X 射线检测方法可以分为如下几类。

(a) 无损检测探伤仪　　　　　　(b) 洗片机　　　　　　　(c) 信号接收器

图 6-1　X 射线检测设备

1. 管道中心透照法

携带探伤仪的管道爬行器可以在管道内部连续行走,对管道焊缝进行周向曝光检测。这种检测不存在投影变形,所拍摄的底片黑度较为均匀,如图 6-2 所示。

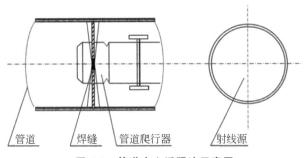

管道　　焊缝　　管道爬行器　　　射线源

图 6-2　管道中心透照法示意图

2. 管道双壁单影法

对于不适合管道爬行器工作的场景,采用管道双壁单影法进行透照检测,如图 6-3 所示。一般来说,透照射线束应指向被检部位中心,并在射线束方向与环焊缝所在平面夹角控制在 10°以内。

3. 管道双壁双影法

对于外径小于或等于 89mm 的焊缝的射线检测,采用管道双壁双影法进行透照,如图 6-4 所示。一般来说,射线束的方向应能满足上、下焊缝的影像在底片上呈椭圆显示。

6.2　射线检测缺陷成像

目前,射线检测的缺陷成像有两种方法:胶片成像和数字成像。

6.2.1　胶片成像

X 射线胶片成像技术指的是 X 射线照射到胶片的乳剂层,乳剂层内的卤化银晶体发

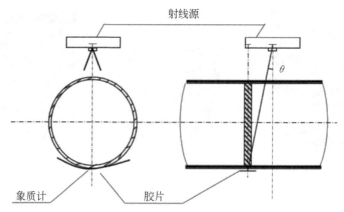

图 6-3　管道双壁单影法示意图

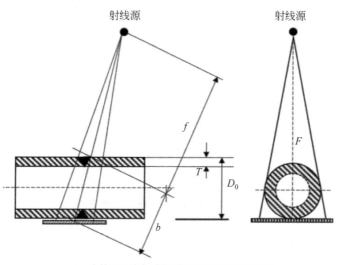

小管径环向焊缝倾斜透照方式(椭圆成像)

图 6-4　管道双壁双影法示意图

生化学反应,并与邻近也受到 X 光照射的卤化银晶体相互聚结起来,沉积在胶片上,留下影像,厚度越大,衰减越大,成像越白,如图 6-5 所示。乳剂层接收到的光量越多,就有越多的晶体聚结在一起;光量越少,晶体的变化和聚结也越少。没有光落到的乳剂上也就没有晶体的变化和聚结。

6.2.2　数字成像

数字成像(Digital Radiography,DR)是一种对 X 射线直接进行信号转换的技术,使用平板探测器接收 X 射线,由探测器上覆盖的电路把 X 射线光子直接转换成数字化电流。

DR 系统中,在曝光结束后数十秒内即可得到图像,探测器可以固定在设备内,技术人员无须移动探测器,减轻了劳动强度,节省了时间,提高了工作效率。

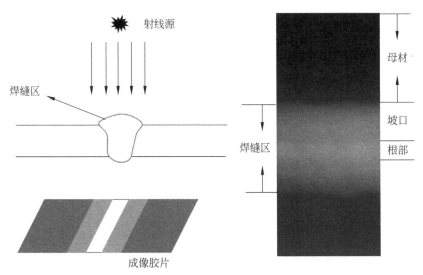

图 6-5　X 射线胶片成像示意图

　　X 射线数字成像检测系统由射线源、被检工件、数字成像器件、机械支撑与传动,以及控制与处理系统组成,如图 6-6 所示。

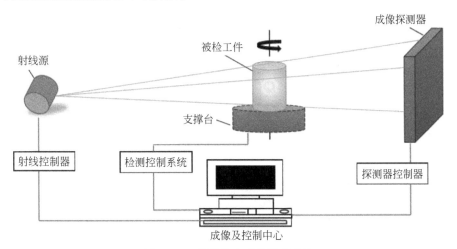

图 6-6　X 射线数字成像检测系统

6.3　焊缝缺陷图谱

　　根据标准 NB/T 47013—2015《承压设备无损检测》对 X 射线检测的缺陷进行分类,其中,容器中的缺陷包括裂纹、未熔合、未焊透、条形缺陷、气孔缺陷共 5 种;管道中的缺陷包括裂纹、未熔合、未焊透、条形缺陷、气孔缺陷、根部内凹、根部咬边共 7 种。下面重点介绍 5 种常见的焊缝缺陷。

6.3.1 裂纹

裂纹是焊缝中的常见缺陷,也是最具危害性的缺陷。当焊缝受力时,容易形成应力集中,裂纹会延伸、扩展,严重减小焊缝实际受力面积,以致发生事故。

裂纹一般易产生在焊缝和热影响区附近,具有尖锐端头且其开口位移长,这种缺陷在底片上呈现不规则的黑色细长线条,裂纹一端或两端呈尖状,黑度由中间向两端逐渐降低。按照形状划分,裂纹可分为横向裂纹和纵向裂纹等,如图6-7所示。

(a) 横向裂纹　　　　　　　　　　　　　(b) 纵向裂纹

图6-7　X射线检测的焊缝裂纹缺陷

6.3.2 未熔合

未熔合指的是焊缝金属和母材金属或焊缝金属之间未熔化结合在一起的缺陷,按其产生的部位,可分为根部未熔合、坡口未熔合及层间未熔合。

根部未熔合的影像特征表现为一条细长黑线,线的一侧轮廓整齐且黑度较大,一般位于焊缝中间,因坡口形状或投影角度等原因也可能偏向一边;坡口未熔合的影像特征是连续或断续的黑线,宽度不一,黑度不均匀,一侧轮廓较齐,另一侧轮廓不规则,黑度较小,在底片上的位置一般在焊缝中心至边缘的1/2处,沿焊缝纵向延伸;层间未熔合的影像特征是黑度不大的块状阴影,形状不规则。三种未熔合缺陷如图6-8所示。

(a) 根部未熔合　　　　　　(b) 坡口未熔合　　　　　　(c) 层间未熔合

图6-8　X射线检测的焊缝未熔合缺陷(见彩插)

6.3.3 未焊透

未焊透指的是母材金属之间没有熔化,焊缝金属没有进入接头的根部造成的缺陷。

未焊透的典型影像是形状较规则但长短不定的细长的直黑线,两侧轮廓都很整齐,为坡口钝边痕迹,宽度恰好为钝边间隙宽度。坡口钝边部分熔化,影像轮廓就变得很不整齐,线宽度和黑度在局部发生变化。但是,只要判断缺陷是处于焊缝根部的线性缺陷,就可判定为未焊透。未焊透在底片上处于焊缝根部的位置,一般在焊缝中部。未焊透呈断续或连续分布,有时能贯穿整张底片。X 射线检测的焊缝未焊透缺陷如图 6-9 所示。

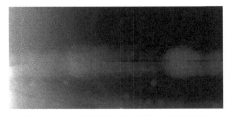

图 6-9　X 射线检测的焊缝未焊透缺陷

图 6-10　X 射线检测的焊缝条形缺陷

6.3.4　条形缺陷

条形缺陷在底片上的影像特征表现为黑条或者黑块,形状不规则,黑度变化无规律,条形缺陷的长宽比一般大于 3,如图 6-10 所示。

6.3.5　气孔缺陷

气孔缺陷是由于熔入焊缝金属的气体所导致的空洞,按照形状划分,可分为球状气孔、条形气孔和针形气孔;按照分布状态划分,可分为单个气孔、密集气孔、链状气孔、虫状气孔等。气孔在底片上的影像特征表现为黑色圆点,有的呈黑线或其他不规则形状,气孔轮廓比较圆滑,其中心黑度较大,至边缘稍减小,影像清晰,一般较容易识别。

一般来说,气孔可以出现在焊缝中的任何部位,线状气孔和链状气孔大多发生在根部,虫状气孔多发生在焊缝中心线两侧,针形气孔直径较小,而黑度较大,一般发生在焊缝中心。X 射线检测的焊缝气孔缺陷如图 6-11 所示。

(a) 链状气孔

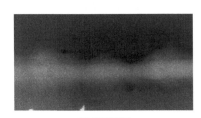

(b) 密集气孔

图 6-11　X 射线检测的焊缝气孔缺陷

6.4　焊缝缺陷识别的困难及应对策略

当获得射线检测的胶片图像或数字图像后,准确识别图像上的焊缝缺陷是进行底片评级的前提。但是,X 射线检测的影像特点、检测过程中的噪声以及焊缝缺陷的形态等因素,使得准确识别图像上的焊缝缺陷是一件富有挑战性的工作。一般来说,识别的困难主要有：底片透过亮度较小、缺陷尺寸较小、目标边缘模糊、噪声干扰严重、影像变形较大、面积型缺陷成像差异较大、重叠缺陷的影像变化复杂。

6.4.1　底片透过亮度较小

对于胶片成像来说，黑色卤化银是其主要成分，某一部位的卤化银密度决定了该位置的黑度值，卤化银密度大的部分由于难以透光，对应的黑度值 D 较大。当照射光强度一定时，透射光强与底片黑度存在反比关系，如图 6-12 所示。

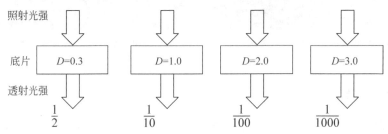

图 6-12　透射光强与底片黑度

常用标准 NB/T 47013.2—2015《承压设备无损检测 第 2 部分 射线检测》中对射线底片的黑度范围进行了规定：技术等级为中灵敏度的底片，黑度范围要求达到 2.0～4.5；技术等级为高灵敏度的底片，黑度要求达到 2.3～4.5。因此，射线底片透射光强度较小，人眼难以直接观察到底片中的缺陷，需要借助观片灯。

针对底片透过亮度较小的识别困难，拟采用亮度、对比度增强方法进行缺陷的增强，突出缺陷特征。

6.4.2　缺陷尺寸较小

一般来说，焊缝中的缺陷的整体面积比整个底片的总面积要小很多。但有些尺寸很小的危害性缺陷，如裂纹，会对整个焊缝的质量产生决定性影响。根据标准 NB/T 47013.2—2015，只要焊缝处发现裂纹缺陷，无论尺寸多小，都将其质量等级评级为最低（一般为Ⅳ级），焊件必须返修或报废，不得投入使用。

底片中裂纹、气孔等缺陷尺寸相对较小，造成观察者的敏锐度下降，这是焊缝缺陷识别的困难之一。

针对缺陷尺寸较小导致的识别困难，拟采用深度卷积神经网络融合多尺度 FPN (Feature Pyramid Network)作为主要模型，同时通过调整 IoU 阈值，保证查全率，提高模型对小尺寸目标的检出能力。

6.4.3　目标边缘模糊

当射线照射到阶梯边缘时，在本该突变的边界，呈现出一定宽度、渐变的连续黑度过渡区域，边缘变得更宽、更模糊，如图 6-13 所示。这种阶梯边缘的边蚀效应，使得图像理论边缘应该是不连续、突变、清晰锐利的，而实际边缘是连续、渐变、不清晰、不锐利的，使得本就尺寸较小的焊缝缺陷识别更加困难。

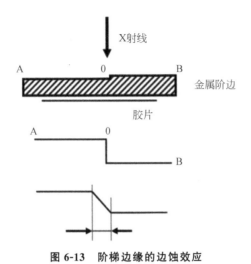

图 6-13　阶梯边缘的边蚀效应

针对边蚀效应造成的缺陷识别困难,仍然考虑以深度卷积神经网络为主要手段进行目标检测,并在人工标注时采用统一尺度划分目标边界。

6.4.4　噪声干扰严重

底片成像时,会带来大量噪声。一般来说,噪声主要来自两方面:一是胶片本身的颗粒带来的成像噪声;二是底片转换成数字图像过程中引入的噪声。

针对噪声干扰严重的缺陷识别困难,对噪声较大的图像进行各种降噪或去噪处理,同时对深度学习的训练数据进行各种噪声扩增,包括高斯噪声、泊松噪声和椒盐噪声等,增强模型的鲁棒性。

6.4.5　影像变形较大

影像变形指的是由于透照方式不同造成的缺陷影像的变形,主要包括放大、畸变和位置改变,如图 6-14 所示。

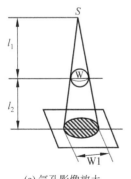

(a) 气孔影像放大

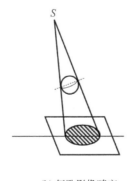

(b) 气孔影像畸变

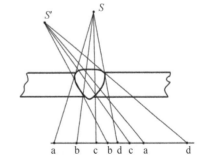

(c) 投影角度不同导致缺陷位置改变

图 6-14　影像变形

　　针对透照方式不同造成的缺陷影像变形,可以采用射线成像模拟或几何变换的方法精确计算缺陷的真实位置和形态,也可以基于几何变换进行数据扩增,模拟缺陷影像变形。

6.4.6　面积型缺陷成像差异较大

　　面积型缺陷主要包括裂纹和未熔合。对于面积型缺陷,当改变射线入射方向时,缺陷影像形态可能变化较大,造成识别困难,如图 6-15 所示。

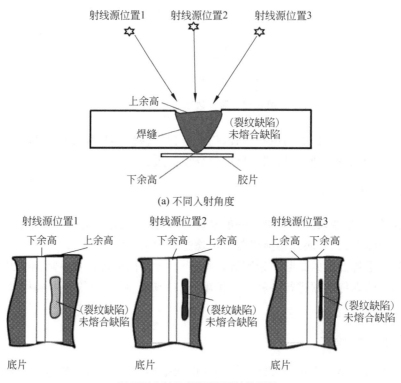

(a) 不同入射角度

(b) 不同入射角度的面积型缺陷影像

图 6-15　面积型缺陷的成像

　　射线源位置 1 和位置 2 所得的缺陷影像,表现为黑度较浅的小片区域,没有明显的裂纹或未熔合的典型特征。

　　针对面积型缺陷成像差异较大造成的识别困难,在实际操作过程中可以改变射线的入射角度来发现缺陷的最典型特征,也可以采用射线成像模拟或几何变换的方法精确计算缺陷的真实位置和形态。

6.4.7　重叠缺陷的影像变化复杂

　　当焊接工艺控制不当时,焊缝同一空间区域可能存在多个缺陷,造成同一射线方向上的缺陷重叠,如图 6-16 所示。

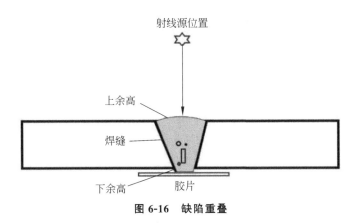

图 6-16　缺陷重叠

6.4.8　综合应对策略

焊缝缺陷存在底片透照亮度较小、缺陷尺寸较小、目标边缘模糊、噪声干扰严重等识别困难,仅使用传统数字图像处理方法识别焊缝缺陷较为困难,准确率不高,且所开发的系统不具备学习能力。使用深度学习方法进行目标检测,找出目标区域,在目标区域中使用传统图像分割算法进行目标分割是一种较为切实可行的做法。据此,综合应对策略如下。

(1) 数据扩增,是一种提高深度学习模型鲁棒性的有效手段,包括几何变形方面的数据扩增、噪声模拟方面的数据扩增、亮度变化方面的数据扩增、缺陷融合方面的数据扩增等,特别是针对每种缺陷影像特点开发出有针对性的数据扩增方法。

(2) 深度学习,是当前较为主流的目标检测方法。对于焊缝缺陷识别,建议使用两阶段目标检测模型,并融合用于小尺寸多目标检测的特征金字塔网络,结合视觉注意力机制,开发针对小目标检测的深度学习模型。

(3) 人工交互,通过区域选择、人工辅助以及交互对话等方式吸收、借鉴评片专家的经验,并融合到深度学习模型中,进一步提高模型识别精度。

(4) 三维模拟,对射线检测缺陷过程进行模拟,应对影像变形较大、面积型缺陷的成像差异较大等识别困难。

6.5　基于深度学习的焊缝缺陷识别

针对焊缝缺陷识别,仍然采用深度卷积神经网络 Faster R-CNN,特征提取网络采用 ResNet 101,考虑到气孔、裂纹等缺陷的目标尺寸较小、边缘模糊、影像变形等识别困难,融合特征金字塔网络(Feature Pyramid Network,FPN)。前面已经对 Faster R-CNN 网络结构及使用案例进行过介绍,本节主要对 FPN 进行简单分析。

6.5.1　特征金字塔网络

FPN 通过将 Faster R-CNN 各层次特征图的信息进行融合,保留了浅层特征图中的细节信息。结合深层特征图中的语义信息,在多个尺度上更好地表征目标,可以显著提高对小目标检测的精度,如图 6-17 所示。

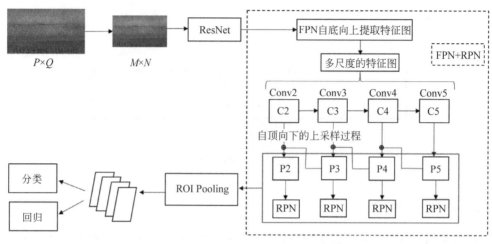

图 6-17　FPN

此网络中,FPN 利用残差网络的四层卷积得到的四组特征图,其中浅层的特征图(如Conv2)包含更多的纹理信息,而深层的特征图(如 Conv5)则含有更多的语义信息。缺陷图像数据经过自底向上的卷积网络的前馈计算,能够计算出不同尺度大小的缺陷特征;然后通过自顶向下的过程,模型对包含更多整体信息的高层次的特征图像执行上采样操作,之后再与特征提取网络的特征图相连,模型中的每一层次的特征都融合进了各种不同分辨率和不同语义强度的信息;最后将特征图和 RPN 生成的推荐框一同送入 ROI Pooling,再进行检测目标的分类和回归。

6.5.2　数据扩增方法

实际的工业生产,往往无法收集到很多的训练数据。模型训练时,如果数据量太小,训练出来的模型容易过拟合,即模型在训练集上表现出较好的性能,但对于未知的样本的预测能力表现较差,模型泛化能力不好。因此,很多情况下需要借助数据扩增改进模型的泛化能力。

焊缝缺陷识别存在缺陷尺寸较小、目标边缘模糊、影像变形等困难,也需要通过数据扩增模拟缺陷的各种形态、尺寸、噪声等干扰,以增强模型的鲁棒性。

针对不同的焊缝缺陷检测困难,建议采取的数据扩增方法如表 6-1 所示。

表 6-1　底片缺陷检测困难及对应的扩增方法

底片缺陷检测困难	扩 增 方 法
缺陷尺寸小、缺陷影像变形	对图片进行几何变换
底片透亮度小,影像较暗	对图片进行亮度变换
边蚀效应、信噪比影响	添加高斯和椒盐噪声

　　常见的数据扩增方法包括几何变换、噪声扩增、亮度或对比度变化等。这里以几何变换为例，介绍几种数据扩增方法。使用几何变换对图像数据进行扩增可以模拟目标的大小、尺度以及视角差异等，包括旋转、裁剪、缩放和镜像等。

　　对于旋转 180° 和上下镜像两种数据扩增方法，原图及几何变换后的图像如图 6-18 和图 6-19 所示。经过几何变换后的图片中的缺陷发生位置的变化，对应的标注文件也需要进行修改，但一般无须重新进行标注，只对 XML 文件中的 4 个坐标重新进行计算即可。

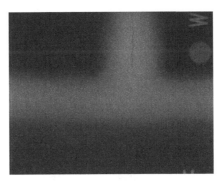

图 6-18　裂纹缺陷原图

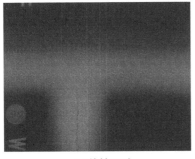
　　　　　　　(a) 旋转180°

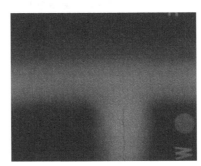
　　　　　　　(b) 上下镜像

图 6-19　几何扩增的裂纹缺陷

6.5.3　基于深度学习的焊缝缺陷识别实验结果展示

　　使用原始数据，迭代 80 000 次训练的模型，其 P-R 曲线如图 6-20 所示。这里，crack 表示裂纹缺陷，bar 表示条形缺陷，round 表示气孔缺陷，lop 表示未焊透缺陷，icf 表示未熔合缺陷。裂纹的 AP 值为 0.900、条形的 AP 值为 0.747、气孔的 AP 值为 0.945、未焊透的 AP 值为 0.901、未熔合的 AP 值为 0.616。

　　使用原始数据和几何扩增数据，迭代 80 000 次训练的模型，其 P-R 曲线如图 6-21 所示，裂纹的 AP 值为 0.908、条形的 AP 值为 0.817、气孔的 AP 值为 0.944、未焊透的 AP 值为 0.979、未熔合的 AP 值为 0.850。

　　原始数据与原始数据＋几何扩增数据实验结果的比较，如表 6-2 所示。可以看出，除气孔缺陷的 AP 值降低了 0.001，其他缺陷的 AP 值都有所提升。出现这种现象的原因可

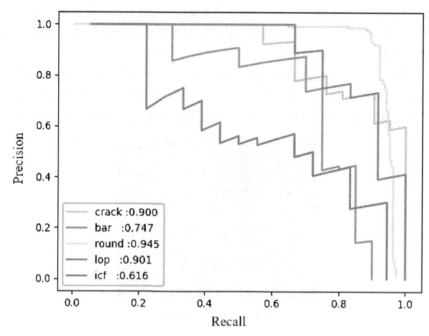

图 6-20　原始数据训练模型的 P-R 曲线（见彩插）

（备注：实验结果仅是在一定数量焊缝缺陷图谱的特定实验数据和超参数下获得的，意在展示基于深度卷积神经网络进行工业场景中复杂目标检测的结果）

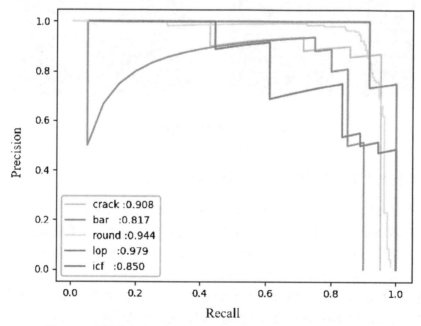

图 6-21　原始数据和几何扩增数据训练模型的 P-R 曲线（见彩插）

　　能是除气孔缺陷以外，其他四种缺陷的长宽比都大于 3∶1，且形状不规则。气孔缺陷经过旋转和上下镜像之后的变化不大,形状相对比较规则,而其他四类缺陷经过旋转和上下镜像等几何变换之后,形态发生了较大变化,这几类缺陷在数据扩增后所训练的模型中获得了较好的检测效果。

表 6-2　原始数据与原始数据＋几何扩增数据实验结果的比较

缺 陷 类 型	原始数据 AP 值	原始数据＋几何扩增数据 AP 值
裂纹	0.900	0.908
条形	0.747	0.817
气孔	0.945	0.944
未焊透	0.901	0.979
未熔合	0.616	0.850

6.5.4　前端界面

根据 NB/T47013 标准,基于深度学习的焊缝缺陷识别系统的检测流程如图 6-22 所示。

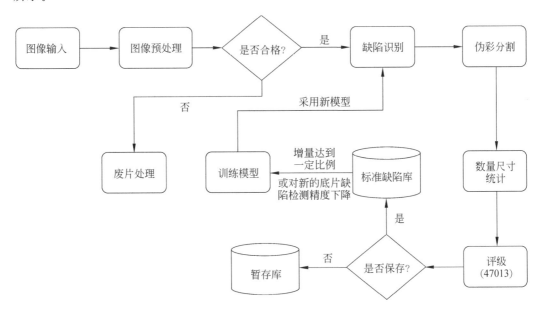

图 6-22　基于深度学习的焊缝缺陷识别系统的检测流程

基于深度学习的焊缝缺陷识别的前端界面,如图 6-23 所示。该界面包括的功能有废片判定、缺陷自动识别、缺陷分割、人工选择区域进行检测、人工标注、缺陷长度测量、缺陷等级评级、导出评级结果等。缺陷自动识别可通过模型调用完成。

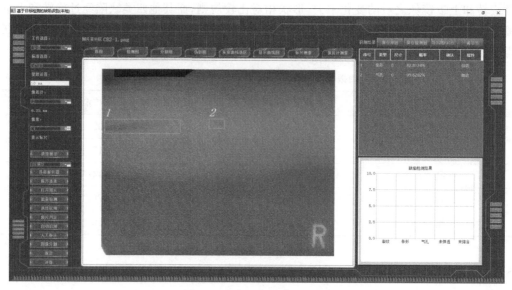

图 6-23　基于深度学习的焊缝缺陷识别的前端界面

本 章 小 结

射线检测技术通常用于检测管道和压力容器中的焊缝缺陷。

根据射线源布置位置,X 射线检测方法可以分为:管道中心透照法、管道双壁单影法和管道双壁双影法。

常见的焊缝缺陷包括裂纹、未熔合、未焊透、条形缺陷和气孔缺陷等。

焊缝缺陷检测的困难包括:底片透过亮度较小、缺陷尺寸较小、目标边缘模糊、噪声干扰严重、影像变形较大、面积型缺陷的成像差异、重叠缺陷的影像变化等。

FPN 通过将 Faster R-CNN 各层次特征图的信息进行融合,保留了浅层特征图中的细节信息,结合深层特征图中的语义信息,并在多个尺度上更好地表征目标,可以显著提高对小目标检测的精度。

习 题

一、选择题

1. 下列不是射线检测优点的是(　　　)。

 A. 缺陷显示直观

 B. 使用材料范围广

 C. 对人体无害,无须采取防护措施

 D. 对气孔和夹渣之类的缺陷检出率高

2. 下列不是典型焊缝缺陷的是(　　　)。

　　A. 裂纹　　　　　　　　B. 严重滑动磨粒　　　C. 气孔　　　　　　　D. 未熔合

3. 下列不属于焊缝缺陷识别困难的是(　　　)。

　　A. 缺陷的影像变形　　　　　　　　B. 图像中噪声干扰

　　C. 缺陷可能在图像上重叠　　　　　D. 缺陷边界清晰

4. 下列不属于几何扩增方法的是(　　　)。

　　A. 垂直镜像　　　　B. 旋转　　　　　　C. 对比度增强　　　D. 斜切

5. 关于FPN,说法正确的是(　　　)。

　　A. FPN融合浅层特征图中的细节信息和深层特征图中的语义信息

　　B. FPN是一种目标区域推荐网络

　　C. FPN只关注浅层特征,从而保证小目标细节信息不会丢失

　　D. FPN只关注深层特征,从而保证小目标细节信息不会丢失

二、简答题

1. 简要说明数字射线检测系统的设备组成。

2. 简要说明焊缝射线检测中裂纹、未熔合、未焊透、条形和气孔5种缺陷的形貌特点。

3. 列举常见的数字图像几何扩增方法。

4. 列举常见的图像亮度、对比度或颜色相关扩增方法。

三、分析讨论题

1. 论述FPN的基本思想。

2. 针对裂纹、未熔合、未焊透、条形和气孔5种缺陷,查找典型的焊缝缺陷图像至少各1张,使用几何扩增方法、基于噪声扩增方法以及基于亮度或对比度扩增方法进行数据扩增,观察扩增效果。

3. 查阅资料,分析X射线焊缝缺陷智能检测的困难及应对策略。

4. 查阅资料,分析讨论深度卷积神经网络中提高小/微小目标检测的方法和措施。

第7章

嵌入式机器视觉系统开发

嵌入式机器视觉指的是在嵌入式系统上部署机器视觉模型,以实现机器视觉相关智能模型在边侧运行,是一种典型的边缘计算模式。

本章首先给出边缘计算、嵌入式机器视觉的基本概念,然后对几种常见的嵌入式机器视觉开发板进行解析,并对轻量级卷积神经网络 MobileNet 和目标检测算法 SSD 进行介绍,最后以嵌入式机器视觉开发板 EAIDK 610 为例,详细说明一个实际的嵌入式机器视觉系统的开发过程。

7.1　边　缘　计　算

边缘计算指的是在靠近运行设备或网络边侧执行计算任务的一种新型计算方式,是一种融合网络、计算、存储和应用等核心能力的新型系统部署模式,就近提供边缘智能服务,满足在应用智能、实时响应、安全隐私等方面的业务需求。

随着工业领域智能制造的深入开展,机器视觉系统在物流跟踪、质量检测和安全监控等领域得到广泛应用。相机在工业领域部署的数量急剧增加,相机种类、通信接口、现场网络等各方面可能出现较大差异,将所有机器视觉模型统一部署到云端,会带来响应时间、通信负载、数据安全等各种挑战。因此,将机器视觉模型部署到嵌入式系统上,实现机器视觉相关智能模型在边侧运行,这就是嵌入式机器视觉系统。

嵌入式机器视觉系统作为一种新型的边缘计算模式,可以和云端计算相结合,在边侧运行模型并进行模型推理,在云端训练模型和迭代模型,形成一种云、边、端结合的新型工业互联网架构。

一般来说,开发面向机器视觉的深度学习模型包括两个主要阶段:训练和推理。训练和推理可以在完全不同的硬件平台和软件框架上进行。训练阶段,通常以离线方式在单机或云端进行,需要耗费较多的计算资源和较长的计算时长。推理阶段,通常是将训练好的模型部署到特定的嵌入式平台。

对于单一的云计算模式,训练和推理都在云端进行,模型的部署是无缝的,几乎没有什么困难。例如,基于 PyTorch 框架在一个带有 Nvidia Titan X 的 GPU 上训练模型,模型运行也是基于带有该 GPU 的 PyTorch 框架,训练框架和推理机都是 PyTorch,模型训练和推理运行是无缝衔接的。

对于云、边结合的计算模式,训练在云端进行,模型的部署可能面对一种新的嵌入式系统,做好模型对于硬件的适配是一个不小的挑战。例如,基于 PyTorch 框架在一个带有 Nvidia Titan X 的 GPU 上训练模型,当模型训练完成后,将模型部署到嵌入式机器视觉开发板 EAIDK 610 上并使用 Tengine 作为推理机,这就是一种典型的训练在云端,部署在边侧的新型计算模式。

一般来说,对于部署机器视觉模型的嵌入式机器视觉的核心处理器,需要满足以下要求。

(1) 丰富的外围设备接口,用于连接不同类型的传感器,如视觉、温度、湿度、流量等各种信号采集,满足不同场景应用的数据接入需求。

(2) 加速推理的方法,嵌入式机器视觉模型的核心处理器部署在边侧,一般要求设备功耗小、体积也较小,但处理能力实际是受限的,需要模型推理具有较强的运算加速能力。

需要说明的是,边缘计算和云计算各有优势,边缘计算的出现并不是为了取代云计算,而是为了与其相辅相成,取长补短,更好地满足万物互联时代对不同计算模式的要求。

7.2　嵌入式机器视觉开发板

当前,典型的嵌入式机器视觉开发板包括 OPEN AI LAB 公司的 EAIDK 系列开发板、华为公司的 Atlas 200 开发板,以及 Nvidia 公司的 Jetson 系列开发板。

7.2.1　EAIDK 系列开发板

OPEN AI LAB 是一家构建面向嵌入式人工智能计算生态的公司,代表性的产品包括嵌入式机器视觉开发板 EAIDK 系列和边侧推理框架 Tengine。

EAIDK 系列开发板包括 EAIDK 310、610 和 650 等,这里以 EAIDK 610 为例进行介绍。EAIDK 610 开发板如图 7-1 所示。

EAIDK 610 开发板的硬件组成如下。

(1) 主芯片采用 RK3399,拥有两个 Cortex-A72 大核和四个 Cortex-A53 小核。

(2) 采用两颗 32 位 2GB LPDDR3,构成 64 位 4GB DDR 内存。

(3) 采用 EMMC 作为系统盘,默认容量为 16GB。

(4) 标配显示屏为 5.5 英寸(1 英寸＝2.54 厘米)720P MIPI 显示屏,支持 5 点触摸。

(5) 拥有 2 路 MIPI Camera 接口。

(6) 支持 RJ45 接口,可提供千兆以太网连接功能。

(7) 集成 2 路 RS485 接口,支持半双工通信。

(8) 自带系统采用 Linux 系统中的 Fedora,搭载了轻量级 CV 加速库 BladeCV。

Tengine 是一个轻量级、模块化、高性能的推理引擎,支持用 CPU、GPU、DSP、NPU 作为硬件加速。Tengine 解决了深度卷积神经网络模型在边缘和端侧设备上推理速度慢的问题,涵盖深度卷积神经网络模型的加速、优化、推理和异构调度等。

Tengine 推理框架具有如下特点。

(1) 支持主流框架的模型文件,如 Caffe、TensorFlow、PyTorch 和 MxNet 等。

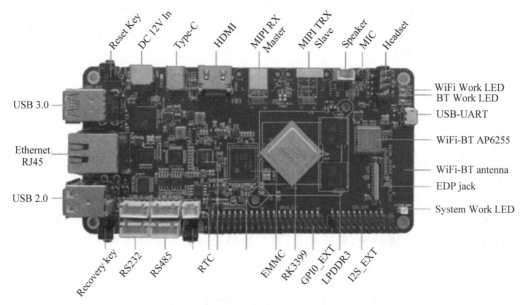

图 7-1　EAIDK 610 开发板

（2）只依赖 C/C++ 库，无任何第三方库依赖。

（3）自带图像处理库，支持图像缩放、图像格式转换、旋转、镜像、翻转、腐蚀膨胀、阈值处理、高斯模糊、图像编解码等。

（4）自带语音处理库，支持快速傅里叶变换（Fast Fourier Transform，FFT）和快速傅里叶逆变换（Inverse Fast Fourier Transform，IFFT）、梅尔倒谱系数（Mel-scale Frequency Cepstral Coefficients，MFCC）等信号处理方式，方便完成噪声抑制、回声清除等语音处理。

（5）支持 Android、Linux、RTOS 等裸板环境。

（6）无须手动安装推理机，EAIDK 自带 Tengine 推理机。

7.2.2　Atlas 开发板

华为公司基于昇腾 310 处理器开发的 Atlas 200 开发板，可以在端侧实现图像识别、图像分类、目标检测等应用，广泛用于智能摄像机、机器人、无人机等端侧场景。Atlas 200 开发板如图 7-2 所示，其设备组成如下。

图 7-2　Atlas 200 开发板

（1）处理器采用昇腾 310。

（2）内存采用 LPDDR4X，8GB 或 4GB。

（3）支持 H.264/265 硬件解码。

（4）支持 UART/I^2C/SPI 串行总线。

华为公司提供的模型转换工具可以将 Caffe、TensorFlow 等开源框架模型转换成 Atlas 200 支持的模型。

7.2.3　Jetson 开发板

Jetson 开发板有 Jetson TX1 和 Jetson TX2 两种。Jetson TX2 是一款人工智能开发板,采用 NVIDIA Pascal 架构,其运算性能比 Jetson TX1 的运算速度提高了两倍左右,但能耗只有 Jetson TX1 的一半。

Jetson TX2 处理器有 6 个 CPU 核心(4 个 Cortex-A57、2 个丹佛 Denver 计算核心),GPU 则是 Pascal 架构,256 个 CUDA 核心,搭配 8GB 128bit LPDDR4 内存。Jetson TX2 开发板如图 7-3 所示。

图 7-3　Jetson TX2 开发板

Jetson TX2 外形较小,功耗低,非常适合部署到便携式设备、无人车、无人机、智能摄像机等智能边缘计算系统。

7.3　MobileNet

一般来说,嵌入式系统具有外形小巧、功耗低等特点,其处理达不到云端系统的性能,所运行的模型需要轻量级模型或对较大模型进行裁剪、量化等优化后再进行部署。对于机器视觉系统来说,MobileNet 是一种适合边侧部署的轻量级深度卷积神经网络。

当前,MobileNet 已经从 v1 版本发展到 v3 版本,这里以 MobileNet v2 为例,对其结构进行介绍。

MobileNet v2 是一种轻量级的特征提取网络。与 VGG 和 ResNet 相比,MobileNet 的参数更少,但特征图大小几乎相差不大,更加适合部署在移动端和嵌入式等算力不高的硬件设备。MobileNet v2 的网络结构如表 7-1 所示。

表 7-1　MobileNet v2 的网络结构

输　　入	运　　算	扩展因子 t	输出通道 c	数量 n	步长 s
$224^2 \times 3$	Conv2d	—	32	1	2
$112^2 \times 32$	bottleneck	1	16	1	1

续表

输　入	运　算	扩展因子 t	输出通道 c	数量 n	步长 s
$112^2 \times 16$	bottleneck	6	24	2	2
$56^2 \times 24$	bottleneck	6	32	3	2
$28^2 \times 32$	bottleneck	6	64	4	3
$14^2 \times 64$	bottleneck	6	96	3	1
$14^2 \times 96$	bottleneck	6	160	3	2
$7^2 \times 160$	bottleneck	6	320	1	1
$7^2 \times 320$	Conv2d 1×1	—	1280	1	1
$7^2 \times 1280$	Argpool 7×7	—	—	1	—
$1 \times 1 \times 1280$	Conv2d 1×1	—	k	—	

表 7-1 中,每行描述 n 个输入大小一致的层,每行所展示的层中,只有第一层的步长为 s,而这行其他层都使用 kernel = 3×3,stride = 1 的参数设置。t 为扩展因子(Expansion Factor),后续会重点介绍该参数的含义及作用。

7.3.1　深度可分离卷积

深度可分离卷积是 MobileNet 中引入的一种最重要的新型卷积算子。深度可分离卷积在减小计算量方面有无可替代的作用。深度可分离卷积将一般卷积分解为两个单独的卷积层:第一层称为深度卷积,对每个输入通道应用一个独立卷积核执行运算;第二层是 1×1 卷积,称为点积或点卷积,通过计算输入通道间的线性加和生成新的特征。

假设卷积核的尺寸为 $D_k \times D_k$,输出特征图的尺寸为 $D_f \times D_f$,输入通道数为 M,输出通道数为 N,则实现一次标准卷积所需的乘法次数为 $D_k \times D_k \times M \times N \times D_f * D_f$。标准卷积如图 7-4 所示。

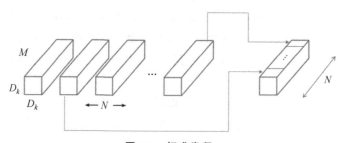

图 7-4　标准卷积

深度可分离卷积如图 7-5 所示,包括可分离卷积和点卷积两部分。在可分离卷积阶段,对于输入通道为 M 的图像或特征图,每个输入通道分别单独使用一个尺寸为 $D_k \times D_k$ 的卷积核进行运算,得到 M 个输出特征图。输入通道数、可分离卷积核的数量、输出通道数都是相同的,实现一次可分离卷积所需的乘法次数为 $D_k \times D_k \times M \times D_f \times D_f$。在点卷积阶段,对于可分离卷积阶段获得的 M 个特征图,使用尺寸为 1×1 的卷积核进行标准卷积,输出 N 个特征图,实现这样一次 1×1 标准卷积所需的乘法次数为 $M\times N\times D_f\times D_f$。总的计算次数为 $D_k\times D_k\times M\times D_f\times D_f+M\times N\times D_f\times D_f$。

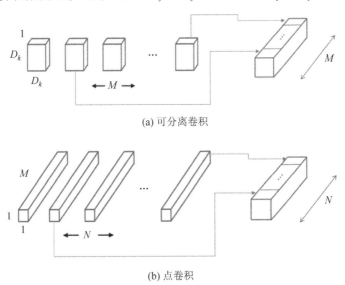

(a) 可分离卷积

(b) 点卷积

图 7-5　深度可分离卷积

一般来说,输出通道数要远大于卷积核中的参数数量,根据上述公式可以看出,深度可分离卷积的计算量是标准卷积的 $1/(D_k\times D_k)$。

例如,对于通道为 3、尺寸为 12×12 的图像,使用 7×7 的卷积核进行标准卷积,输出 256 个特征图,实现一次标准卷积所需的乘法次数为 $7\times7\times256\times3\times6\times6=1\ 354\ 752$;如果使用深度可分离卷积,所需的乘法次数为:$7\times7\times3\times6\times6+1\times1\times256\times3\times6\times6=32\ 940$。显然,乘法运算次数减少了很多。

MobileNet v1 与 MobileNet v2 深度可分离卷积结构的对比如图 7-6 所示。MobileNet v1 中的深度可分离卷积采用 3×3 的可分离卷积后,做批量归一化后使用 ReLU 激活,然后再进行点卷积并做批量归一化后使用 ReLU 激活。MobileNet v2 中的深度可分离卷积基于 MobileNet v1 发展而来,具体有以下几方面的改进。

(1) 引入残差结构,先升维再降维。

(2) 可分离卷积前增加一个点卷积进行升维,使得可分离卷积可以工作于高维空间,有利于特征提取。

(3) 去掉最后一个点卷积的激活函数。这是因为激活函数在高维空间能够增加模型非线性,而在低维空间可能破坏特征。

MobileNet v2 中的深度可分离卷积又称为 bottleneck 结构。实际使用时,中间的可分离卷积可以是多个。

下面举例说明 MobileNet v2 中的 bottleneck 结构,如图 7-7 所示。

图 7-7 中的第 1 个点卷积将分辨率为 56×56、通道为 24 的特征图升维为 144 个通道,该点卷积又称为扩展卷积,扩展因子为 6。可分离卷积在 144 个通道上进行,输出的

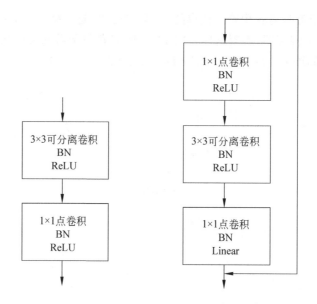

(a) MobileNet v1 深度可分离卷积　　　(b) MobileNet v2 深度可分离卷积

图 7-6　MobileNet v1 与 MobileNet v2 深度可分离卷积结构的对比

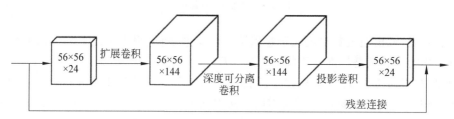

图 7-7　MobileNet v2 的 bottleneck 结构

特征图通道仍然是 144 个。第 2 个点卷积将维度从 144 降低为 24，该卷积又称为投影卷积，降维的目的是减少计算量。

7.3.2　通道因子与分辨率因子

为了控制 MobileNet 的参数量，设置了两个参数调节网络，分别是通道因子和分辨率因子。

1. 通道因子

通道因子 α 是一个属于 $(0,1]$ 的数，控制网络通道数的比例，可以理解为网络中每一个模块要使用的卷积核数量相较于标准的 MobileNet 模块的比例。当使用通道因子 α 后，进行一次深度可分离卷积的乘法次数如下。

$$D_k \times D_k \times \alpha M \times D_f \times D_f + \alpha M \times \alpha N \times D_f \times D_f$$

2. 分辨率因子

分辨率因子 β 的取值范围在 $(0,1]$，控制输入尺寸的比例，可以理解为网络中每个模

块要使用的输入特征图的尺寸相较于标准 MobileNet 模块的比例。当使用分辨率因子 β
后,进行一次深度可分离卷积的乘法次数如下:

$$D_k \times D_k \times M \times \beta D_f \times \beta D_f + M \times N \times \beta D_f \times \beta D_f$$

3. 通道因子和分辨率因子对模型性能的影响

当通道因子或分辨率因子小于 1 时,有助于减少网络的运算,但可能带来精度的损
失。据有关数据,使用 MobileNet v1 且输入尺寸为 224 时,通道因子和分辨率因子对网
络精度的影响,如表 7-2 和表 7-3 所示。表 7-2 显示,MobileNet 的精度随通道因子的减
小而逐渐减小,(乘加)运算次数和参数量也随之降低;表 7-3 显示,MobileNet 的精度随
分辨率因子的减小而逐渐减小,运算次数也随之降低。

表 7-2　MobileNet 通道因子

通 道 因 子	ImageNet 上图片识别准确率	运算次数/百万	参数个数/百万
1.0 MobileNet-224	70.6%	569	4.2
0.75 MobileNet-224	68.4%	325	2.6
0.50 MobileNet-224	64.7%	149	1.3
0.25 MobileNet-224	50.6%	41	0.5

表 7-3　MobileNet 分辨率因子

分辨率因子	ImageNet 上图片识别准确率	运算次数/百万	参数个数/百万
1.0MobileNet-224	70.6%	569	4.2
1.0MobileNet-192	69.1%	418	4.2
1.0MobileNet-160	67.2%	290	4.2
1.0MobileNet-128	64.4%	186	4.2

7.4　SSD 算 法

MobileNet 是一种轻量级的深度卷积神经网络,可以快速抽取图像的特征。如果要
进行目标检测,还需要合适的目标检测网络。

前述的 Faster R-CNN 是典型两阶段目标检测网络,先通过选择性搜索或 RPN 产生
目标候选框,然后再对候选框进行分类和回归。

SSD 的英文全称是 Single Shot Multibox Detector,属于典型的一阶段目标检测网
络,能快速实现多目标检测。SSD 的基本思想是:在多个尺度的特征图上执行目标检测
工作,使得各个尺度的目标都能被兼顾,小尺度特征图预测大目标,大尺度特征图预测相
对较小的目标。当获得目标候选框后,仍然采用类似于两阶段目标检测网络的候选框回
归和非极大值抑制,进一步精修目标位置,降低重复检出的目标。

这里以 MobileNet v1 为特征抽取网络介绍 SSD,具体网络结构如图 7-8 所示。

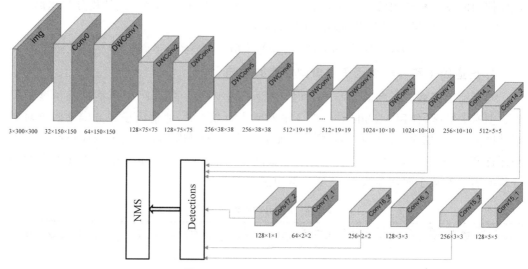

图 7-8　MobileNet SSD 网络结构

　　MobileNet SSD 中输入图像的大小是 300 像素 × 300 像素，特征提取部分使用 MobileNet 进行特征提取。MobileNet 由多个深度可分离卷积组成，图 7-8 中使用 DWConv 标识。之后，为了提取多种不同分辨率的特征图并保证目标检测精度，又增加了 4 组标准卷积（从 Conv14 到 Conv17），图 7-8 中使用 Conv 标识。

　　SSD 算法基于 6 种不同尺度的特征图（按照通道数 × 高度 × 宽度进行表达）进行目标检测，具体如下。

　　（1）深度可分离卷积 DWConv11，输出特征图是 512×19×19。

　　（2）深度可分离卷积 DWConv13，输出特征图是 1024×10×10。

　　（3）普通卷积 Conv14_2，输出特征图是 512×5×5。

　　（4）普通卷积 Conv15_2，输出特征图是 256×3×3。

　　（5）普通卷积 Conv16_2，输出特征图是 256×2×2。

　　（6）普通卷积 Conv17_2，输出特征图是 128×1×1。

　　具体应用时，可以根据目标检测的需要，调整 SSD 融合的特征图的数量和尺度。

7.5　嵌入式机器视觉系统开发的过程

　　嵌入式机器视觉系统开发过程包括数据收集、数据标注、模型训练、模型转换和模型部署。其中，数据收集、数据标注和模型训练与一般机器视觉开发过程基本类似，只是要考虑所选择的深度学习框架和深度学习模型，方便进行模型转换，适合在嵌入式系统上进行部署和运行。模型转换和模型部署依赖于嵌入式系统的硬件配置和软件环境。

　　下面以嵌入式安全帽智能监测系统为例，介绍其开发过程。

7.5.1　数据收集

　　数据收集主要来源于部分开源安全帽数据集、网络搜集安全帽图片以及自主拍摄图片等。

为了加强本项目对安全帽检测的准确性,收集图像时考虑图像光照、目标密集程度、景深等各种差异。现实情况中安全帽的颜色各异,数据集中注意融合不同颜色的安全帽图片。而且,为了突出在复杂工业环境中的应用,数据中包含了大量工地背景的图片。安全帽图像数据如图 7-9 所示。

(a) 单人场景

(b) 多人场景

(c) 建筑工地场景

(d) 炼钢厂内场景

图 7-9　安全帽图像数据

7.5.2　数据标注

使用 LabelImg 标注安全帽数据如图 7-10 所示。安全帽检测主要针对员工进入作业现场不戴安全帽的情况。因此,需要区分没有佩戴安全帽人脸和正确佩戴安全帽人脸两种情况。将没有佩戴安全帽人脸标记为 person,实现的是一般的人脸检测;将正确佩戴安全帽人脸标记为 hat,实现的是戴安全帽的人脸检测。图 7-10 中标记了 3 个没有佩戴安全帽的人脸和 1 个正确佩戴安全帽的人脸。

标记的结果保存为一个 XML 文件,称为标签文件。图 7-10 安全帽标注的标签文件内容如下所示。该标签文件中包含:图片名称位于＜filename＞＜/filename＞标签中,文件路径位于＜path＞＜/path＞标签中,图片尺寸信息位于＜size＞＜/size＞标签中,图片宽度位于＜width＞＜/width＞子标签中,图片高度位于＜height＞＜/height＞子标签中,图片通道数位于＜depth＞＜/depth＞子标签中,图像中的标注目标保存在＜object＞＜/object＞标签中。图 7-10 中标记了 3 个 person 目标和 1 个 hat 目标,标签文件中有 4 个＜object＞＜/object＞标签。每个目标的标记内容保存在＜name＞＜/name＞标签中,

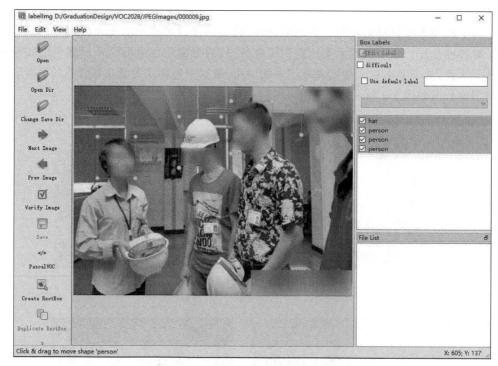

图 7-10　使用 LabelImg 标注安全帽数据

尺寸和坐标信息保存在<bndbox></bndbox>标签中。

```
<annotation>
    <folder>JPEGImages</folder>
    <filename>000009.jpg</filename>
    <path>D:\VOC2024\JPEGImages\000009.jpg</path>
    <source>
        <database>Unknown</database>
    </source>
    <size>
        <width>650</width><height>474</height><depth>3</depth>
    </size>
    <segmented>0</segmented>
    <object>
        <name>hat</name>
        <pose>Unspecified</pose>
        <truncated>0</truncated>
        <difficult>0</difficult>
        <bndbox>
            <xmin>247</xmin><ymin>69</ymin><xmax>345</xmax><ymax>185</
            ymax>
        </bndbox>
```

```
        </object>
        <object>
            <name>person</name>
            <bndbox>
                <xmin>57</xmin><ymin>115</ymin><xmax>145</xmax><ymax>209</
                ymax>
            </bndbox>
        </object>
        <object>
            <name>person</name>
            <bndbox>
                <xmin>368</xmin><ymin>33</ymin><xmax>464</xmax><ymax>152</
                ymax>
            </bndbox>
        </object>
        <object>
            <name>person</name>
            <bndbox>
                <xmin>531</xmin><ymin>1</ymin><xmax>650</xmax><ymax>109</
                ymax>
            </bndbox>
        </object>
    </annotation>
```

7.5.3　模型训练

采用 MobileNet SSD 网络进行训练,设置的超参数如表 7-4 所示。批处理大小设定为 24,需要根据机器性能(特别是显卡性能)确定;迭代轮次设定为 200 轮,每轮中另有 250 次的迭代步数 Step,每个 Step 都会对训练结果进行刷新输出,更新训练的 Loss 函数;初始学习率设定为 0.01。一般来说,初始学习率过小,会导致模型迭代学习的速度慢;但是初始学习率过大,会导致模型最后不稳定,可能无法收敛。

表 7-4　MobileNet SSD 训练超参数

超　参　数	值
BATCH_SIZE	24
NUM_EPOCHES	200
BASE_NET_LR	0.01

模型训练的 Loss 函数变化如图 7-11 所示。可以看出,在前 15 次迭代中,平均损失、回归损失和分类损失都在迅速下降,迭代到 15～60 次都能看到三项损失在缓慢下降,之后平均损失基本稳定在 2.4 左右,回归损失稳定在 1.0 左右,分类损失稳定在 1.4 左右。

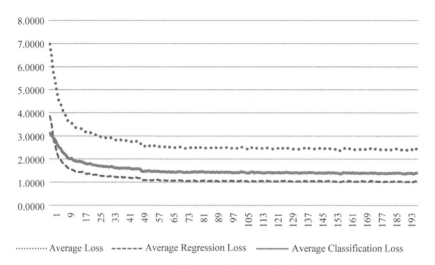

.... Average Loss　　------ Average Regression Loss　　——— Average Classification Loss

图 7-11　模型训练的 Loss 函数变化

（备注：实验结果仅在一定数量安全帽数据和超参数下获得，意在展示基于轻量级深度卷积
神经网络的训练过程）

7.5.4　模型转换

模型转换的具体过程是：PyTorch 模型→ONNX 模型→Tengine 模型。一般来说，当需要将 GPU 上训练的模型部署到嵌入式机器视觉开发板时，开发板在算力、内存等计算资源方面是有限的，开发板上运行的推理框架为实现高效、加速运行而需要进行定制开发，就需要将 GPU 上训练的模型先转换成 ONNX 模型，再将 ONNX 模型转换为开发板上部署的推理框架所支持的模型。这里，开发板上部署的是一种轻量级、快速且适合嵌入式系统运行的推理框架 Tengine。

ONNX（Open Neural Network Exchange，开放神经网络交换）是一种深度学习模型的标准，可使得模型在不同推理框架之间进行转换。目前，支持 ONNX 模型推理的深度学习框架有 PyTorch、TensorFlow、Caffe2、MXNet、TensorRT 和 Microsoft CNTK 等。ONNX 使用 Protobuf 存储神经网络的权重。Protobuf 是一种轻便、高效的结构化数据存储格式。ONNX 中主要记录的是神经元之间连接而成的计算图，定义的标准数据类型和内置运算。模型转换可使用网站指定的工具转换，如图 7-12 所示。

将 PyTorch 模型转换为 ONNX 模型后可利用工具对模型进行优化，去除冗余计算，加快端侧推理。PyTorch 模型转换为 ONNX 模型，并使用 ONNX RunTime 推理框架对 ONNX 模型进行了评估。评估结果如表 7-5 所示。

表 7-5　GPU 上 ONNX 模型评估结果与原模型对比

评 价 指 标	PyTorch 原模型	ONNX 模型
mAP	60.26%	47.10%
Mean Recall	72.82%	62.88%
Mean Precision	80.92%	70.43%

续表

评 价 指 标	PyTorch 原模型	ONNX 模型
单张检测时间	174.916ms	84.528ms
模型大小	1914K	1819K

（备注：实验结果仅在一定安全帽数据集的特定实验数据和超参数下获得，意在展示 PyTorch 模型和 ONNX 模型的不同）

图 7-12　深度学习模型相互转换

可以看出，模型转换为 ONNX 模型之后，检测精度、平均召回率和平均精确率都有一定程度的下降，但是检测单张图片的时间缩短到之前的一半，模型大小也变小了。

7.5.5　模型部署

当使用深度学习框架 PyTorch、TensorFlow 在 GPU 或高性能机器上训练出模型之后，如果仅是将模型在训练硬件平台上进行测试，就可以使用训练框架自带的推理框架。例如，PyTorch 的推理框架就是 PyTorch，TensorFlow 的推理框架就是 TensorFlow。

但是，如果将 PyTorch、TensorFlow 训练出的模型部署在嵌入式系统上，就需要使用适合在嵌入式系统上运行的推理框架。这种推理框架一般不同于 PyTorch、TensorFlow 等学习框架自带的推理框架，大多具有高效推理能力，甚至面向特定硬件进行适配，如 TensorRT、Tengine 和 ONNXRunTime 等。

这里，进一步将模型从 ONNX 转为 Tengine，部署到 EAIDK 610 嵌入式机器视觉开发板上运行。Tengine 是一个轻量级、模块化、高性能的推理引擎，支持用 CPU、GPU、DSP、NPU 作为硬件加速计算资源异构加速，适合在嵌入式系统设备上运行。

完成部署后运行检测程序，程序会调用 MIPI 摄像头。若图片帧为空，则会弹窗报错，否则将会调用检测模型对实时视频中的图片帧进行检测，获取检测结果框 Box 之后添加到图像并输出，基本达到实时检测的效果。

EAIDK 610 边缘计算设备运行检测结果如图 7-13 所示。根据检测结果可以看出，嵌入式机器视觉开发板 EAIDK 610 在启动安全帽智能检测程序后可以实时对摄像头采集的目标进行安全帽智能检测,实现对画面内的佩戴安全帽和未佩戴安全帽的行人进行标记,并在目标框外显示置信度。

图 7-13　EAIDK 610 边缘计算设备运行检测结果

本 章 小 结

边缘计算指的是在靠近运行设备或网络边侧执行计算任务的一种新型计算方式,是一种融合通信、计算、存储、应用等核心能力的新型开发模式,就近提供边缘智能服务,满足行业数字化在应用智能、实时响应、安全隐私等方面的业务需求。

典型的嵌入式机器视觉开发板包括 OPEN AI LAB 公司的 EAIDK 系列开发板、华为公司的 Atlas 200 开发板,以及 Nvidia 公司的 Jetson 系列开发板。

MobileNet 是一种适合边侧部署的轻量级深度卷积神经网络。深度可分离卷积、通道因子与分辨率因子是 MobileNet 所采用的减少计算量的关键技术。

SSD 的基本思想是:在多个尺度的特征图上执行目标检测工作,使得各个尺度的目标都能被兼顾,小尺度特征图预测大目标,大尺度特征图预测相对较小的目标。

嵌入式机器视觉系统的开发过程包括:数据收集、数据标注、模型训练、模型转换和模型部署。

习　　题

一、选择题

1. 下列常用于嵌入式设备的深度卷积神经网络是(　　)。

　　A. Fast R-CNN　　　B. Faster R-CNN　　　C. Mask R-CNN　　　D. MobileNet

2. 下列不属于嵌入式机器视觉开发板的是(　　)。

　　A. NVIDIA GPU　　　B. EAIDK 610　　　C. Jetson TX2　　　D. Atlas 200

3. 下列针对边侧模型部署的深度学习推理框架的是(　　)。

    A. Tengine   B. PyTorch   C. TensorFlow   D. Caffe

4. 下列同时是深度学习的训练框架和推理框架的是(　　)。

    A. Tengine   B. ONNXRunTime   C. TensorFlow   D. TensorRT

二、填空题

1. 对于通道为 3、尺寸为 12×12 的图像,使用 7×7 的卷积核进行标准卷积,输出 256 个特征图,实现一次标准卷积所需的乘法次数为_____;如果使用深度可分离卷积,所需的乘法次数为_____。

2. 一般来说,初始_____过小会导致模型迭代学习的速度慢,但其过大会导致模型最后无法稳定,损失函数无法收敛。

3. MobileNet v2 的 bottleneck 结构首先使用 1×1 的卷积进行_____,最后再使用 1×1 的卷积进行_____。

4. 一般来说,模型部署到嵌入式系统时,可以将训练模型首先转换为_____标准模型,然后再将该模型转换为适合在嵌入式系统上运行的推理框架所支持的模型。

三、分析讨论题

1. 简述嵌入式机器视觉开发过程。

2. 绘图说明标准卷积和深度可分离卷积的区别。

3. 查阅资料,比较分析各种嵌入式机器视觉开发板的优缺点及性能。

4. 查阅资料,比较分析各种面向嵌入式应用的轻量级卷积神经网络。

5. 查阅资料,分析讨论嵌入式机器视觉系统对推理框架的性能要求。

第 8 章

工业数字图像处理相关工具和平台

工业制造领域，基于 OpenCV 计算机视觉库开发图像预处理、后处理算法，基于 PyTorch、TensorFlow、MindSpore 等深度学习框架开发深度学习模型，已经成为物流跟踪、质量检测和安全监控等各种智能制造相关机器视觉应用的普遍的技术路径。

本章主要介绍 OpenCV 的基本模块，并以图像缩放、边缘检测为例对 OpenCV 的使用过程进行展示；然后以 PyTorch 深度学习框架为例，介绍标量、向量、矩阵和张量等数据基本概念及数据相关操作，重点对神经网络中的梯度计算和图像卷积进行实例说明；最后以 LeNet5 为特征提取网络实现对磨粒图谱分类为例，对 PyTorch 中的深度卷积神经网络进行较为详细的解释，同时对华为昇腾人工智能全栈中的 MindSpore 进行概要介绍。

8.1 OpenCV

8.1.1 OpenCV 简介

OpenCV(Open Computer Vision)是一个开源的面向计算机视觉应用的开发库。库中的数据和函数由 C、C++ 语言编写，可以在包括 Windows、Linux 等各种操作系统上运行，支持 C++ 、Python、Java 和 MATLAB 等各种编程语言。

OpenCV 在包括图像识别、视觉测量、目标跟踪、安全监控、质量检测、无人驾驶等各个领域有广泛的应用，特别是在工业制造领域，以 OpenCV 为计算机视觉库的传统图像处理算法的开发，结合 PyTorch、TensorFlow 等深度学习框架的深度学习模型的开发，已经成为物流跟踪、质量检测和安全监控等各种智能制造相关机器视觉应用的普遍技术路径。

OpenCV 由众多模块组成，每个模块又包括多个函数。随着 OpenCV 的发展，已有模块的功能在演进，新的模块也在逐渐加入。具体来说，OpenCV 的主要模块如下。

(1) 核心功能模块。

核心(Core)功能模块包括 OpenCV 基本数据结构、操作函数、绘图功能、XML 和 YAML 语法支持、辅助功能和系统函数与宏等。

(2) 图像处理模块。

图像处理(Image Processing，简称 Imgproc)模块包括线性和非线性滤波、几何变换、直方图、边缘提取、纹理特征计算等。

(3) 高层用户界面模块和媒体输入/输出（High Level GUI and Media I/O，简称 Highgui)模块。

高层用户界面模块和媒体输入/输出模块包括用户界面、图像和视频读写、Qt 支持等。

（4）二维特征框架模块。

二维特征框架（2D Features Framework，简称 Feature2D）模块包括特征检测和描述、特征检测器的通用接口、描述符匹配器的通用接口、描述符提取器的通用接口、关键点和匹配结果的绘制功能等。

（5）多维空间聚类和搜索模块。

多维空间聚类和搜索（Clustering and Search in Multi-Dimensional Spaces）模块包括快速近似最近邻搜索库（Fast Library for Approximate Nearest Neighbor，FLANN）和聚类等。

（6）视频模块。

视频（Video）模块主要实现视频流的读、写操作。

（7）相机校准和三维重建模块。

相机校准和三维重建（Camera Calibration and 3D Construction，简称 calib3d）模块包括多视角几何算法、立体摄像头标定、物体姿态估计、立体相似性算法和 3D 信息重建等。

（8）贡献模块。

贡献（Contrib）模块包含一些新的但没有被集成到 OpenCV 的函数。

（9）深度神经网络模块。

深度神经网络（Deep Neural Network，DNN）模块包括支持 PyTorch、TensorFlow、Caffe 等深度学习框架的神经网络的模型的调用，可应用于图像分类、目标检测、实例分割和目标跟踪等任务。该模块主要实现对深度学习模型的调用，OpenCV 不支持模型的训练。

8.1.2　OpenCV 代码实例

下面以图像缩放和图像边缘检测为例，对 OpenCV 使用进行介绍。一般来说，基于 OpenCV 处理数字图像的步骤为：导入 OpenCV 模块、读取图像、图像预处理、主要功能函数调用、结果显示等。

下列的 Python 代码展示了一个图像的缩放功能实现。这里，import cv2 导入了 OpenCV 模块，调用 cv2.imread()函数可读取指定位置的图像；imread()函数有两个参数；第 1 个参数指定图像文件所在位置，第 2 个参数指定图像的打开方式，这里的值为 1，表示读入含有 alpha 通道的完整通道；通过 img.shape 获取图像的 shape 信息，图像的 shape 信息是一个三元组，依次为图像的高度、宽度和通道数；后续使用除法运算将高度、宽度减半，然后再调用 cv2.resize()函数对图像进行缩放；最后，调用 print()函数分别打印缩放前和缩放后的图像 shape 信息，调用 cv2.imshow()函数分别显示缩放前和缩放后的图像，如图 8-1 所示。

```
#导入 OpenCV 模块
import cv2

#读取图像
img = cv2.imread("lion.jpg",1)

#获取原图像信息
imgInfo = img.shape
height = imgInfo[0]
width = imgInfo[1]
channels = imgInfo[2]

#缩小
dstHeight = int(height * 0.5)
dstWidth = int(width * 0.5)
#降采样,缩放为原来的 1/4
dst = cv2.resize(img, (dstWidth,dstHeight))

#打印缩放后的图像 shape
print("the original image's shape is: ",end="")
print(img.shape)
#显示原图
cv2.imshow("original image",img)
#打印缩放后的图像 shape
print("the resized image's shape is:",end="")
print(dst.shape)
#显示缩放后的图像
cv2.imshow('resized image', dst)

#等待用户输入,进程进入等待状态
cv2.waitKey(0)
cv2.destroyAllWindows()
```

图 8-1　缩放前和缩放后的图像

　　下列 Python 代码展示了一个图像的 Canny 边缘检测效果。与上面的示例一样,同样要导入 OpenCV 模块和读取图像,然后使用 cv2.resize()函数进行预处理,调整到合适的尺寸;之后再使用 cv2.GaussianBlur()函数进行高斯滤波的进一步预处理,并调用 cv2.Canny()函数进行边缘检测,这里,Canny 检测使用的低、高两个阈值分别是 50 和 150,通过控制该阈值可以获取到合适的边缘结果;最后,调用 cv2.imshow()函数显示边缘检测后的结果。原图及 Canny 检测效果如图 8-2 所示。

```python
#导入 OpenCV 模块
import cv2

#读取图像
img =cv2.imread('steel slab.png', 1)
#获取原图像信息
imgInfo =img.shape
height =imgInfo[0]
width =imgInfo[1]
#降采样,缩放为原来的 1/4
img =cv2.resize(img, ((int)(width/2),(int)(height/2)))

#显示原图
cv2.imshow('original', img)

#用高斯滤波处理原图像
blur =cv2.GaussianBlur(img, (3, 3), 0)

#使用 Canny 算子进行边缘检测
#50 是最小阈值,150 是最大阈值
canny =cv2.Canny(blur, 50, 150)

#显示检测结果图像
cv2.imshow('results using canny', canny)

#等待用户输入,进程进入等待状态
cv2.waitKey(0)
cv2.destroyAllWindows()
```

(a) 原图

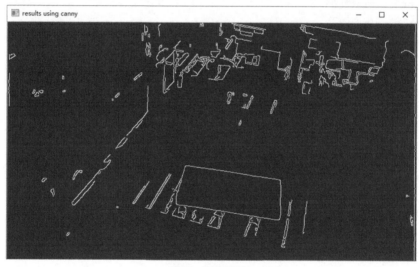

(b) Canny检测效果

图 8-2　原图及 Canny 检测效果

8.2　PyTorch

PyTorch 是一个具有张量计算和支持自动求导的神经网络的深度学习框架。PyTorch 主要包括以下组件。

（1）torch：支持类似 NumPy 的张量库，具有强大的 GPU 加速功能；NumPy 一般运行在 CPU 上，并没有 GPU 的支持。

（2）torch.autograd：为 Tensor 所有操作提供自动求导方法。

（3）torch.nn：实现与 autograd 深度集成的神经网络库。

（4）torch.optim：实现与 torch.nn 中的参数优化方法，如 SGD、RMSProp、Adam 等。

（5）torch.utils：提供如 DataLoader、Trainer 等辅助功能工具包。

8.2.1　数据

PyTorch 中的数据称为张量（Tensor），由一组数值组成。具有一个维度的张量称为向量（vector），具有两个维度的张量称为矩阵（matrix）。两个维度的长度都为 1 的数据称为标量。具有两个以上维度的张量，没有特殊的名称，一般统称为张量。

下列 Python 代码首先生成一个大小为 15 的向量，然后通过 reshape 操作转化为 3 行 5 列的矩阵。

```
import torch
#产生 15 个数的一维向量
x=torch.arange(15)
print(x)
print(x.shape)
#通过 reshape 操作将一维向量转化为 3 行 5 列的数组
y=x.reshape(3,5)
print(y)
print(y.shape)
```

这里，

print(x)的输出为 tensor([0,1,2,3,4,5,6,7,8,9,10,11,12,13,14])，即输出该向量 x 的内容；

print(x.shape)的输出为 torch.Size([15])，即输出该向量 x 的尺寸；

print(y)的输出为

```
tensor([[ 0, 1, 2, 3, 4],
        [ 5, 6, 7, 8, 9],
        [10, 11, 12, 13, 14]]),
```

即输出矩阵 y 的内容；

print(y.shape)的输出为 torch.Size([3,5])，即输出矩阵 y 的尺寸。

当对神经网络进行训练，神经元之间连接权重也保存为张量，初始值通过随机函数产生。下列的 Python 代码生成一个 3 个维度长度分别为 2、3 和 4 的张量，张量中的内容由随机函数产生。

```
import torch
#产生均值为 0、标准差为 1 的高斯分布的随机值
#生成三个维度大小分别为 2、3 和 4 的张量
z=torch.randn(2,3,4)
print(z)
print(z.shape)
```

这里，

print(z)的输出为 tensor([[[−1.4736，　0.6316，　1.4415，　0.2872]，

[−1.4755，　1.0795，−2.0318，−1.6041]，

[　0.6705，−0.1583，　1.0481，　1.0138]]，

[[−0.3931，　1.0116，−0.2279，　2.1663]，

[−1.5191，−0.0839，　1.9694，　0.3534]，

[−0.7140，　1.1993，−0.4695，　1.8577]]])，即输出

张量 z 的内容；

print(z.shape)的输出为 torch.Size([2,3,4])，即输出张量 z 的尺寸。

8.2.2 数据操作

基于张量的数据操作有很多类型，可以是对两个张量的操作，也可以是对一个张量的操作。下列的 Python 代码展示两个张量之间的加、减、乘和除法操作，以及对一个张量在各个维度上的求和操作。矩阵 a 是使用 arange()函数生成长度为 6 的向量后再使用 reshape 转化成的 2 行 3 列的矩阵，矩阵 b 直接使用填充法生成的一维向量再使用 reshape 转化而成。

```python
import torch
#数据操作
a =torch.arange(6).reshape(2, 3)
b =torch.tensor([5, 4, 3, 2, 1, 1]).reshape(2,3)
print(a)
print(b)
print(a+b)
print(a-b)
print(a * b)
print(a/b)
#计算张量中的所有元素的和,获得一个标量
print(a.sum())
#沿着 0 轴降维,对同 1 列元素进行求和
print(a.sum(axis=0))
#沿着 1 轴降维,对同 1 行元素进行求和
print(a.sum(axis=1))
```

print(a)的输出结果是：tensor([[0,1,2]，

[3,4,5]])，即输出 2 行 3 列的矩阵 a 的内容。

print(b)的输出结果是：tensor([[5,4,3]，

[2,1,1]])，即输出 2 行 3 列的矩阵 b 的内容。

对两个矩阵进行算术运算的结果分别如下。

加法运算结果：tensor([[5,5,5]，

[5,5,6]])

减法运算结果：tensor([[−5,−3,−1]，

$$[\quad 1,3,4]])$$

乘法运算结果：tensor([[0,4,6],

$$[6,4,5]])$$

除法运算结果：tensor([[0.0000,0.2500,0.6667],

$$[1.5000,4.0000,5.0000]])$$

对矩阵 a 执行求和 sum 运算实际是对矩阵 a 中的所有元素进行加和运算,获得一个标量。因此,print(a.sum())的输出为：

```
tensor(15)
```

即输出一个值为 15 的标量。

加和运算还可以沿着不同的轴方向展开,通过参数 axis 可以指定加和所沿着的轴的方向。当 axis＝0,沿着 0 轴方向进行降维,对同一列元素进行求和。print(a.sum(axis＝0))的输出是：tensor([3,5,7]),结果是一个长度为 3 的向量;当 axis＝1,沿着 1 轴方向进行降维,对同一行元素进行求和。print(a.sum(axis＝1))的输出是：tensor([3,12]),结果是一个长度为 2 的向量。

8.2.3　梯度计算

下列 Python 代码定义了均方误差损失在连接权重上的梯度计算结果。

```
import torch
from torch.nn import functional as FUN
#定义输入向量
x =torch.tensor([1,2,3,4,5])
print("input vector is: ",end="")
print(x)
#定义神经元的连接权重
w =torch.tensor([0.1,0.2,0.3,0.4,0.5], requires_grad=True)
print("link weights is: ",end="")
print(w)
#定义输出向量
y =torch.tensor([1.1,2.1,3.1,4.1,5.1])
print("output vector is: ",end="")
print(y)
#定义均方误差损失
mseLoss =FUN.mse_loss(x * w, y)
mseLoss.backward()
print("the gradient vector on weights is: ",end="")
print(w.grad)
```

输入定义为向量 tensor([1,2,3,4,5]),连接权重定义为向量 tensor([0.1,0.2,0.3,0.4,0.5],requires_grad＝True),这里的 requires_grad＝True 说明当前向量需要在计算中保留对应的梯度信息,输出定义为向量 tensor([1.1,2.1,3.1,4.1,5.1]),均方误差损失定义为

$$\text{mseLoss} = \frac{1}{5}\sum_{i=1}^{5}(y_i - x_i \times w_i)^2$$

该均方误差损失对连接权重 w_i 的梯度如下。

$$\frac{\partial \text{mseLoss}}{\partial w_i} = \frac{1}{5}\times 2\times(y_i - x_i \times w_i)\times(-x_i)$$

根据公式，计算均方误差损失对连接权重的梯度如下。

$$\frac{\partial \text{mseLoss}}{\partial w_1} = \frac{1}{5}\times 2\times(1.1 - 1\times 0.1)\times(-1) = -0.40$$

$$\frac{\partial \text{mseLoss}}{\partial w_2} = \frac{1}{5}\times 2\times(2.1 - 2\times 0.2)\times(-2) = -1.36$$

$$\frac{\partial \text{mseLoss}}{\partial w_3} = \frac{1}{5}\times 2\times(3.1 - 3\times 0.3)\times(-3) = -2.64$$

$$\frac{\partial \text{mseLoss}}{\partial w_4} = \frac{1}{5}\times 2\times(4.1 - 4\times 0.4)\times(-4) = -4.00$$

$$\frac{\partial \text{mseLoss}}{\partial w_5} = \frac{1}{5}\times 2\times(5.1 - 5\times 0.5)\times(-5) = -5.2$$

调用函数 mseLoss.backward() 可以计算均方误差在连接权重上的梯度。执行上述代码的输出为

```
input vector is: tensor([1,2,3,4,5])
link weights is: tensor([0.1,0.2,0.3,0.4,0.5],requires_grad=True)
output vector is: tensor([1.1,2.1,3.1,4.1,5.1])
the gradient vector on weights is: tensor([-0.40,-1.36,-2.64,-4.00,-5.20])
```

由 BP 算法工作过程可知，梯度计算对于神经网络的学习非常重要，决定权重更新的大小。

8.2.4　图像卷积

3.4.1 节中介绍的图像卷积，实际是一个相关运算，下列 Python 代码展示了该运算。函数 corr2d() 定义了两个矩阵的相关运算（图像中的卷积），需要两个参数：一个是输入图像矩阵 Image；另一个是卷积核矩阵 Kernel。其中，torch.zeros((Image.shape[0]−h+1, Image.shape[1]−w+1)) 计算输出特征图的尺寸（默认步长为 1，边缘不填充）；然后，双重循环依次计算特征图中的每个元素。

```
# 矩阵的相关运算
def corr2d(Image,Kernel):
    h,w =Kernel.shape
    #特征图大小
    featureMap =torch.zeros((Image.shape[0] -h +1,Image.shape[1] -w +1))
    for i in range(featureMap.shape[0]):
        for j in range(featureMap.shape[1]):
            featureMap[i,j] =(Image[i:i +h,j:j +w] * Kernel).sum()
    return featureMap
```

```
X =torch.tensor([[1,7,4,5,7],
                 [3,7,1,2,5],
                 [1,7,3,4,5],
                 [2,7,2,2,3],
                 [3,7,6,2,8]])
K =torch.tensor([[-1,0,1],
                 [-2,0,2],
                 [-1,0,1]])
print(corr2d(X,K))
```

最后,按照 3.4.1 节给定的示例,给定输入图像 X 和卷积核 K,调用 corr2d()输出结果如下。

```
tensor([[  1., -15.,  13.],
        [  2., -16.,   9.],
        [  5., -18.,   6.]])
```

在实际的卷积神经网络中,卷积运算还需要增加神经元的偏置,并与相关运算的结果进行加和运算,再输入给激活函数。下列 Python 代码定义了一个实际的标准图像卷积类。

```
#标准卷积类的定义
class Conv2D(nn.Module):
    #构造函数中,定义 weight 和 bias 两个模型参数
    #weight 为神经元权重,卷积核参数,初始化为随机数
    #bias 为神经元权重,初始化为 1
    def __init__(self, kernel_size):
        super().__init__()
        self.weight =nn.Parameter(torch.rand(kernel_size))
        self.bias =nn.Parameter(torch.zeros(1))
    #前向传播函数调用 corr2d() 完成互相关运算并与神经元偏置进行加和运算
    def forward(self, x):
        return corr2d(x, self.weight) + self.bias
```

8.2.5　基于 LeNet5 网络实现对磨粒图谱分类

基于 LeNet5 网络实现磨粒图分类的代码由如下几部分组成。

1. 导入库

导入库的代码如下:

```
#- * -以下为导入模块 - * -
#导入 os 模块,os 中一般含有文件相关操作
import os
#导入 pandas 模块,pandas 是一个快速的数据分析工具包
import pandas as pd
```

```
#导入 numpy,numpy 主要用来处理大型矩阵运算
import numpy as np
#导入 PIL,第三方图像处理库
from PIL import Image
#导入 matplotlib,提供数据绘图功能的第三方库
import matplotlib.pyplot as plt

#导入 torch 基本模块
import torch
#导入 torch.nn,即 torch 的神经网络
import torch.nn as nn
#导入 torch.nn.functional,即激活函数和池化操作等
import torch.nn.functional as FUNC
#导入 torch.optim,即神经网络参数的优化方法
import torch.optim as optim
#导入 torchvision 中的数据集,转换函数
from torchvision import datasets, transforms
#导入 torch 自动求导中的变量,支持张量操作
from torch.autograd import Variable
#导入数据集,数据加载辅助工具包
from torch.utils.data import Dataset, DataLoader
```

上述代码导入的库主要有两部分：一部分是基础操作部分,包括文件系统操作库 os、数据分析工具库 pandas、数值矩阵运算库 numpy、图像处理库 PIL 和绘图功能处理库 matplotlib；另一部分是深度学习部分,包括 torch 神经网络 torch.nn、torch 激活函数和池化操作 torch.nn.functional、torch 神经网络参数优化方法 torch.optim、torch 梯度计算 torch.autograd,以及数据相关辅助工具库 torch.utils.data。

2. 超参数设置

超参数设置的代码如下。

```
#-*-以下为超参数设置-*-
#学习率
lr = 0.01
#动量梯度下降法中的动量
momentum = 0.5
#训练周期
epoches = 100
#输入批量
batch_size = 1
```

上述代码设置的超参数包括：学习率 lr(learning rate)、动量梯度下降法中的动量 momentum、训练周期 epoches,以及输入批量大小 batch_size。

输入批量大小 batch_size 与下面提及的训练迭代次数 iterationTimes 和训练图像的数量 numberOfImages 之间存在一定的约束关系,具体如下。

$$numberOfImages = batch\_size \times iterationTimes$$

batch_size 指的是一次输入的图像批量大小，batch_size 与 GPU 显存有关。一般来说，GPU 显存越大，batch_size 越大，模型训练的单次处理能力越强，训练速度越快。如果 batch_size 过小，对于复杂问题的训练可能导致模型不收敛，loss 变化出现震荡。如果是使用 CPU 训练，建议 batch_size 设置为 1。

迭代次数 iterationTimes 指的是训练完一次所有输入数据的迭代次数。训练周期 epoches 指的是对所有输入训练数据进行完整训练的周期次数，也可称为训练代数。

3. 训练和测试过程数据管理相关变量

训练和测试过程数据管理相关变量代码如下。

```
#-*-以下为训练和测试数据管理-*-
#打印 loss 值的迭代次数
printInterval =10
#训练过程的损失函数值列表
trainLossList =[]
#测试过程的损失函数值列表
testLossList =[]
#测试过程的分类准确率列表
testAccuracyList =[]
```

上述代码中的 printInterval 用于指定一个周期的训练过程中，每 printInterval 个迭代次数打印 1 次训练过程的损失函数值，以方便观察训练过程的损失函数值。trainLossList 用于存储每个训练周期的训练数据上的平均损失函数值，testLossList 用于存储每个训练周期的测试数据上的平均损失函数值，根据 trainLossList 和 testLossList 绘制的曲线，可以对模型训练的欠拟合、过拟合情况做出判断。testAccuracyList 用于存储每个训练周期的测试数据上的分类精度。

4. 加载图像文件列表和设置标签列表

加载图像文件列表和设置标签列表的代码如下。

```
#将指定的根目录下的图像和标签文件读取到图像文件列表和标签文件列表中
def load_to_list(root):
    #图像文件列表
    img_list =[]
    #标签文件列表
    label_list =[]
    labelIndex = 0
    folderList =os.listdir(root)
    #遍历 root 文件夹
    for folder in folderList:
        img_pre_path =os.path.join(root,folder)
        imgList =os.listdir(img_pre_path)
        #遍历 folder 中的图像,每个 folder 存放一个类别磨粒图图像
```

```
        for img in imgList:
            file_path =os.path.join(img_pre_path +'/',img)
            img_list.append(file_path)
            label_list.append(labelIndex)
            print("file_path: ",file_path,","," labelIndex: ",labelIndex)
        #标签编号按照文件夹名称依次递增
            labelIndex =labelIndex +1
    return img_list, label_list
```

上述代码根据训练数据或测试数据的根目录下按照类别文件夹存放的磨粒图谱数据构建图像文件列表和标签列表。实际的磨粒图谱训练数据存放，如图 8-3 所示。

BlackOxide　CopperAlloy　Cutting　Fatigued　Globular　Normal　RedOxide　SevereSliding

图 8-3　实际的磨粒图谱训练数据存放

磨粒图谱训练数据和测试数据存放采用相同的方式，每个类别对应一个文件夹。文件夹名称与磨粒类别之间的关系如下。

BlackOxide，黑色氧化物磨粒；

CopperAlloy，铜合金磨粒；

Cutting，切削磨粒；

Fatigued，疲劳磨粒；

Globular，球状磨粒；

Normal，正常磨粒；

RedOxide，红色氧化物磨粒；

SevereSliding，严重滑动磨粒。

这里，print("file_path：",file_path,",","labelIndex：",labelIndex)可以打印出给定文件路径下每个文件及对应标签之间的关系，部分结果如下。

```
    file_path:   ./datasets/wear_debris/train/BlackOxide/0004.jpg ,   labelIndex:   0
    file_path:   ./datasets/wear_debris/train/BlackOxide/0015.jpg ,   labelIndex:   0
    file_path:   ./datasets/wear_debris/train/CopperAlloy/0001.jpg ,   labelIndex:   1
    file_path:   ./datasets/wear_debris/train/CopperAlloy/0002.jpg ,   labelIndex:   1
    file_path:   ./datasets/wear_debris/train/Cutting/0001.jpg ,   labelIndex:   2
    file_path:   ./datasets/wear_debris/train/Cutting/0002.jpg ,   labelIndex:   2
    file_path:   ./datasets/wear_debris/train/Fatigued/0001.jpg ,   labelIndex:   3
    file_path:   ./datasets/wear_debris/train/Fatigued/0002.jpg ,   labelIndex:   3
    file_path:   ./datasets/wear_debris/train/Globular/0007.jpg ,   labelIndex:   4
    file_path:   ./datasets/wear_debris/train/Globular/0010.jpg ,   labelIndex:   4
    file_path:   ./datasets/wear_debris/train/Normal/0001.JPG ,   labelIndex:   5
    file_path:   ./datasets/wear_debris/train/Normal/0004.jpg ,   labelIndex:   5
```

```
file_path:   ./datasets/wear_debris/train/RedOxide/0006.jpg,   labelIndex:   6
file_path:   ./datasets/wear_debris/train/RedOxide/0007.jpg,   labelIndex:   6
file_path:   ./datasets/wear_debris/train/SevereSliding/0002.JPG,   labelIndex:
  7
file_path:   ./datasets/wear_debris/train/SevereSliding/0005.jpg,   labelIndex:
  7
```

5. 磨粒图谱数据集管理类

磨粒图谱数据集管理的代码如下。

```python
#创建一个 Dataset 子类来管理存储在文件夹中的磨粒图谱数据集
class WearDebrisDataset(Dataset):
    #初始化函数
    def __init__(self, image_path, image_label, transform=None):
        #对继承自父类 Dataset 的属性进行初始化
        super(WearDebrisDataset, self).__init__()
        #图像文件列表
        self.image_path = image_path
        #标签文件列表
        self.image_label = image_label
        #数据增强/变换方法
        self.transform = transform
    #获取第 index 个图像和标签
    def __getitem__(self, index):
        image = Image.open(self.image_path[index]).convert('RGB')
        image = np.array(image)
        label = float(self.image_label[index])
        if self.transform is not None:
            image = self.transform(image)
        return image, torch.tensor(label)
    #返回图像个数
    def __len__(self):
        return len(self.image_path)
```

上述代码中的 Dataset 是 PyTorch 中用来管理数据集的一个抽象类。用户数据集管理类 WearDebrisDataset 可以通过继承该抽象类 Dataset 来实现,一般需要覆盖如下两个方法。

(1) __len__:数据集大小。例如,对于分类问题,训练或测试图像的数量。

(2) __getitem__:根据索引返回数据。例如,对于分类问题,返回训练图像及分类标签类别,该类别一般使用整数标识。

WearDebrisDataset 是 Dataset 类的继承类,用于管理磨粒图谱数据集。实例变量 image_path 定义图像文件列表,实例变量 image_label 定义标签文件列表。对于磨粒图谱分类问题,一个图像文件对应一个标签类别。

6. MyLeNet5 自定义神经网络管理类

MyLeNet5 自定义神经网络管理类的代码如下。

```
#创建 nn.Module 子类的自定义神经网络
class MyLeNet5(nn.Module):
    #self 自身的网络实例
    def __init__(self):
        #对继承自父类 nn.Module 的属性进行初始化
        super(MyLeNet5, self).__init__()
        #输入统一为(1*32*32),以下描述统一按照(channels,height,width)格式
        self.seq1 =nn.Sequential(
            #nn.Conv2d 的参数说明如下:
            #1,输入通道数 #6,输出通道数 #5,卷积核的尺寸 #1,步长
            nn.Conv2d(in_channels=1, out_channels=6, kernel_size=5, stride=1)
            #输入为(6*28*28),进行 ReLU 激活
            nn.ReLU()
            #输入为(6*28*28),进行最大池化,采样区域为 2*2,步长为 2
            nn.MaxPool2d(kernel_size=2, stride=2)
        )
        #接上,输入为(6*14*14)
        self.seq2 =nn.Sequential(
            #使用 16 个 5*5 的卷积核进行运算
            nn.Conv2d(in_channels=6, out_channels=16, kernel_size=5, stride=1),
            #输入为(16*10*10),使用 ReLU 激活
            nn.ReLU()
            #输入为(16 * 10 * 10),进行最大池化,采样区域为 2 * 2,步长为 2
            nn.MaxPool2d(kernel_size=2, stride=2)
        )
        #接上,输入为(16*5*5)
        self.fc1 =nn.Sequential(
            #全连接,从 16*5*5 到 120 个神经元
            nn.Linear(16 * 5 * 5, 120),
            nn.ReLU()
        )
        #接上,输入为(120*1*1)
        self.fc2 =nn.Sequential(
            #全连接,从 120 到 84 个神经元
            nn.Linear(120, 84),
            nn.ReLU()
        )
        #8个磨粒种类,分别如下:
        #0,BlackOxide,黑色氧化物磨粒    #1,CopperAlloy,铜合金磨粒
        #2,Cutting,切削磨粒             #3,Fatigued,疲劳磨粒
        #4,Globular,球状磨粒            #5,Normal,正常磨粒
        #6,RedOxide,红色氧化物磨粒      #7,SevereSliding,严重滑动磨粒
        self.fc3 = nn.Linear(84, 8)
```

MyLeNet5 类从 nn.Module 继承,定义四个前后顺序连接的序列 Sequential。第 1 个

序列由 1 个标准卷积、1 个 ReLU 激活函数和 1 个最大池化采样构成；第 2 个序列同样由 1 个标准卷积、1 个 ReLU 激活函数和 1 个最大池化采样构成；第 3 个序列由 1 个全连接和 1 个 ReLU 激活函数构成；第 4 个序列同样由 1 个全连接和 1 个 ReLU 激活函数构成。最后，再接一个输出为 8 的全连接实现对 8 种磨粒的分类，输出值最大的为对应的模型输出的分类类别。

这里，nn.Conv2d() 函数定义 1 个标准卷积运算，nn.ReLU() 函数定义 1 个 ReLU 激活运算，nn.MaxPool2d() 函数定义 1 个最大池化采样。各个函数参数的具体含义，见代码中的注释，并参考第 3 章中的基本概念、基本原理的解释。

MyLeNet5 类中的正向传播函数代码如下。

```
#正向传播过程,输入为 x
def forward(self, x):
    x = self.seq1(x)
    x = self.seq2(x)
    x = x.view(x.size()[0], -1)
    x = self.fc1(x)
    x = self.fc2(x)
    x = self.fc3(x)
    return x
```

代码将输入数据 x 依次通过前面所述的 4 个序列 Sequential 和最后的全连接。x.view() 函数的作用类似于 reshape，这里，第 2 个参数 -1 表示列的数量不确定，根据前面的输入可进行转换。

7. 模型训练函数

模型训练函数的代码如下。

```
#模型训练
def train(epoch,network,optimizer):
    totalLoss =.0
    #模型训练
    network.train()
    for iterationTimes, (data, target) in enumerate(train_loader):
        trainImage =data.to(device)
        trainLabel =target.to(device)
        #把数据转换成 Variable
        trainImage, trainLabel =Variable(trainImage), Variable(trainLabel)
        #优化器梯度初始化为零
        optimizer.zero_grad()
        #把数据输入网络并得到输出,进行正向传播
        modelOutput =network(trainImage)
        #对输出使用交叉熵损失函数
        trainLoss =FUNC.cross_entropy(modelOutput,trainLabel.long())
         #误差反向传播
```

```
trainLoss.backward()
#误差累加
totalLoss =totalLoss+ trainLoss.item()
#更新一次参数,即卷积核中的参数
optimizer.step()
#每 printInterval 次数,打印 1 次输出
if iterationTimes %printInterval ==0:
    print('Train Epoch: {}, Iteration: {} [Number of Images: {}]\tTraining
    Loss: {:.3f}'. format (epoch, iterationTimes, len (train_loader.
    dataset), trainLoss.item()))
#打印一个完整训练过程(epoch)的平均误差
print('Train Epoch: {}, Train average loss: {:.3f}'.format(
    epoch,totalLoss/iterationTimes))
#存储一个完整训练过程(epoch)训练平均误差
trainLossList.append(totalLoss/iterationTimes)
```

该代码定义了训练函数 train(),参数 epoch 指定训练周期,参数 network 指定用于训练的神经网络,参数 optimizer 指定用于网络参数优化的优化器。

该函数主要通过对加载的训练数据 train_loader 进行遍历来批量训练。这里,输入图像 trainImage 和输入标签 trainLabel 在送入网络之前需要转换成 torch. autograd. Variable,Variable 封装了 Tensor,并整合了反向传播的梯度计算。简单来说,只有转变为 Variable 之后才能进行反向传播求梯度。训练过程的每次损失误差计算通过 totalLoss 进行累加,并将一个训练周期内的所有损失误差求平均后记录在 trainLossList 列表中,以方便后续绘制训练过程的平均误差曲线。

8. 模型测试函数

模型测试函数的代码如下。

```
#模型测试
def test(epoch,network):
    #设置为 test 模式
    network.eval()
    #初始化测试损失值为 0
    totalLoss = .0
    #初始化分类正确的图像个数为 0
    numberOfCorrectClassification =0
    for data, target in test_loader:
        testImage =data.to(device)
        testLabel =target.to(device)
        #计算前要把变量变成 Variable 形式,支持进行梯度计算
        testImage, testLabel =Variable(testImage), Variable(testLabel)
        #把数据输入网络并得到输出,进行正向传播
        output =network(testImage)
        #将测试图像的所有交叉熵损失累加
```

```
        totalLoss +=\
            FUNC.cross_entropy( output, testLabel. long ( ), size _ average =
        False) .item()
    #获取输出中的最大值
    maxOutput =output.data.max(1, keepdim=True)[1]
    #对预测正确的数据个数进行累加
    numberOfCorrectClassification +=\
        maxOutput.eq(testLabel.data.view_as(maxOutput)).cpu().sum()
#计算平均损失
testLoss =totalLoss/len(test_loader.dataset)
print('\nTest Epoch '+str(epoch)+', Test average loss: {:.3f}, \
        Test Accuracy: {}/{} ({:.0f}% )\n'.format(
        testLoss, numberOfCorrectClassification, len(test_loader.dataset),
        100. * numberOfCorrectClassification / len(test_loader.dataset)))
#存储测试平均损失
testLossList.append(testLoss)
#存储测试分类精度
 testAccuracyList. append ( numberOfCorrectClassification / len ( test _
    loader.dataset))
```

该代码定义了训练函数 test()，参数 epoch 指定训练周期，参数 network 指定用于训练的神经网络。如同训练函数 train()，该函数主要通过对加载的训练数据 test_loader 进行遍历来批量测试。测试过程中的每次损失误差计算通过 totalLoss 进行累加，并将所有损失误差求平均后记录在 testLossList 列表中，以方便后续绘制测试过程的平均误差曲线。同理，也记录了测试分类精度到 testAccuracyList 列表。

9. 绘图函数

绘图函数的代码如下。

```
#绘制训练和测试损失函数曲线和分类准确率曲线
def drawFigure():
    x1 =range(1,epoches+1)
    x2 =range(1,epoches+1)
    x3 =range(1,epoches+1)
    y1 =trainLossList
    y2 =testLossList
    y3 =testAccuracyList
    plt.subplot(3,1,1)
    plt.plot(x1,y1,'--')
    plt.xlabel('epoches')
    plt.ylabel('Train Loss')
    plt.subplot(3,1,2)
    plt.plot(x2,y2,'.-')
    plt.xlabel('epoches')
    plt.ylabel('Test Loss')
    plt.subplot(3,1,3)
```

```
plt.plot(x3,y3,'*-')
plt.xlabel('epoches')
plt.ylabel('Test Accuracy')
plt.show()
```

上述代码用于绘制训练和测试损失函数曲线和分类准确率曲线。其中,训练损失函数曲线的 x 轴是训练周期 epoch,y 轴是训练过程中每个训练周期 epoch 中所有输入图像训练的平均误差;测试损失函数曲线的 x 轴同样是训练周期 epoch,y 轴是测试过程中所有测试图像的平均误差;分类准确率曲线的 x 轴同样也是训练周期 epoch,y 轴是测试过程中所有测试图像的分类准确率。

10. 主工作流程

主工作流程的代码如下。首先调用 load_to_list() 函数读取训练数据和测试数据,然后使用 WearDebrisDataset 构造 PyTorch 需要的数据集格式,并使用 DataLoader 进行训练和测试数据的加载。加载数据时,通过 transform 将图像统一变换为分辨率为 32×32 的灰度图像。接下来,生成深度卷积神经网络 MyLeNet5 的一个实例 myLeNet5,并指定 SGDOptimizer 作为带动量的随机梯度下降法的参数优化器。训练和测试在循环中完成,每训练一个周期,进行一次测试。最后,将模型进行保存,并绘制训练和测试损失函数曲线和分类准确率曲线,以评估神经网络的训练效果。

```
if __name__ == '__main__':
    #如果可能,则启用 GPU,否则使用 CPU 进行训练
    device = torch.device('cuda' if torch.cuda.is_available() else 'cpu')
    print("the training device is ",device)
    #训练数据存放路径
    train_root = r'./datasets/wear_debris/train/'
    train_img, train_label = load_to_list(train_root)
    #测试数据存放路径
    test_root = r'./datasets/wear_debris/test/'
    test_img, test_label = load_to_list(test_root)
    #输入数据变换及增强等预处理
    transform = transforms.Compose([transforms.ToPILImage(),
            transforms.Resize((32, 32)),      #统一输入分辨率为 32 * 32
            transforms.Grayscale(),           #转换成灰度图
            transforms.ToTensor(),            #转换成 PyTorch 的张量
    ])
    #使用 WearDebrisDataset 构造训练集 dataset
    train_dataset = WearDebrisDataset(train_img, train_label, transform=
    transform)
    #使用 WearDebrisDataset 构造测试集 dataset
    test_dataset = WearDebrisDataset(test_img, test_label, transform=
    transform)
    #训练数据加载
    train_loader = DataLoader(dataset=train_dataset,batch_size=1,shuffle=
    True,num_workers=0)
```

```
#测试数据加载
test_loader = DataLoader(dataset=test_dataset,batch_size=1,shuffle=
False,num_workers=0)
print("Load the train and test data")
#实例化一个网络对象
myLeNet5 =MyLeNet5()
print("Construct the LeNet5")
myLeNet5 =myLeNet5.to(device)
#使用带动量的随机梯度下降法优化参数
SGDOptimizer = optim.SGD(myLeNet5.parameters(), lr=lr, momentum=
momentum)
#每个epoch进行一次训练和一次测试
#1个epoch是对所有训练数据的一次完整训练过程
for epoch in range(1, epoches+1):
    train(epoch,myLeNet5,SGDOptimizer)
    test(epoch,myLeNet5)
#将模型保存为pth模型
torch.save(myLeNet5, 'myLeNet5Model.pth')
#绘制训练和测试损失函数曲线和分类准确率曲线
drawFigure()
```

DataLoader是PyTorch中用来进行数据加载的类,提供批量大小控制batch_size、是否进行shuffle、指定加载并行进程num_workers等功能。这里,shuffle用于指定对获取的数据是否允许乱序。训练时允许乱序实际就是对输入的随机采样,有利于模型泛化能力的改进;加载训练数据时,指定shuffle为True,允许乱序,而加载测试数据时,指定shuffle为False,不允许乱序。num_workers指定使用多进程加载的进程数,0标识不使用多进程进行加载。

11. 结果展示

对168个训练图像和56个测试图像训练100个周期,分别使用不同的学习率lr,获得的训练结果如图8-4和图8-5所示。学习率为0.005时,获得了比较理想的训练效果,LeNet5网络模型在大约70个epoches时,训练损失和测试损失都降低到比较低的水平,分类准确率达到很高的水平。

对于学习率为0.01的情况,LeNet5网络模型训练后期,训练损失和测试损失曲线表现出震荡现象,可以认为模型对于0.01的学习率在100个训练周期epoches中没有收敛。

这里,两种学习率0.005和0.01只是对特定训练数据和测试数据以及输入批量大小等所表现的结果。具体如何选择合适的学习率,甚至如何选择动态学习率曲线,需要根据训练损失曲线和测试损失曲线,进行反复实验来确定。

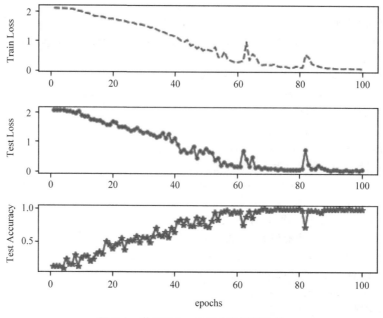

图 8-4　学习率 lr＝0.005 的训练结果

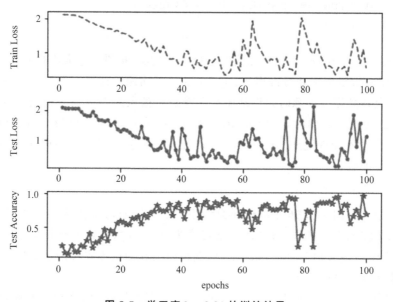

图 8-5　学习率 lr＝0.01 的训练结果

8.3　MindSpore

华为昇腾计算,是基于昇腾系列高性能处理器构建的全栈人工智能计算基础设施及应用,包括昇腾 Ascend 系列芯片、Atlas 系列硬件、CANN 芯片使能、MindSpore AI 框架、ModelArts、MindX 应用使能等。

　　其中,MindSpore 是一个全场景深度学习框架,旨在实现易开发、高效执行、全场景覆盖三大目标。其中,易开发表现为 API 友好、调试难度低,高效执行包括计算效率、数据预处理效率和分布式训练效率,全场景则指框架同时支持云、边缘以及端侧场景。MindSpore 总体架构如图 8-6 所示。

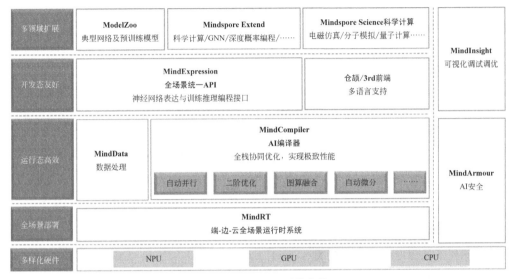

图 8-6　MindSpore 总体架构

MindSpore 的各主要部件的功能如下。

（1）ModelZoo:提供多种深度学习的模型库。

（2）MindSpore Extend:MindSpore 的扩展包,支持拓展新领域场景,如深度概率编程和强化学习等。

（3）MindSpore Science:是基于 MindSpore 融合架构的科学计算行业套件,包含数据集、基础模型、预置高精度模型和前后处理工具。

（4）MindExpression:基于 Python 的前端表达与编程接口,未来可支持更多的第三方生态。

（5）MindData:提供高效的数据处理、常用数据集加载等功能和编程接口,支持用户灵活注册和管道并行优化。

（6）MindCompiler:图层的核心编译器,主要基于端云统一的 MindIR 实现三大功能,包括硬件无关的优化(如类型推导、自动微分、表达式化简等)、硬件相关优化(如自动并行、内存优化、图算融合、流水线执行等)、部署推理相关的优化(如量化、剪枝等)。

（7）MindRT:MindSpore 的运行时系统,包含云侧主机侧运行时系统、端侧以及更小 IoT 的轻量化运行时系统。

（8）MindInsight:提供 MindSpore 的可视化调试、调优等工具。

（9）MindArmour:提供面向企业级运行时安全与隐式保护相关功能,如对抗鲁棒性、模型安全测试、差分隐私训练、隐私泄露风险评估、数据漂移检测等。

本 章 小 结

OpenCV 是一个开源的面向计算机视觉的库。

OpenCV 在包括图像识别、视觉测量、目标跟踪、安全监控、质量检测、无人驾驶等各领域有着广泛的应用。

基于 OpenCV 处理数字图像的步骤为：导入 OpenCV 模块、读取图像、图像预处理、主要功能函数调用、结果显示等。

PyTorch 是一个具有张量计算和支持自动求导的神经网络的深度学习框架。

torch.autograd 为 Tensor 所有操作提供自动求导方法。

torch.nn 实现与 autograd 深度集成的神经网络库。

torch.optim 实现与 torch.nn 中的参数优化方法，如 SGD、RMSProp、Adam 等。

习 题

一、选择题

1. 下列不是深度学习框架的是(　　)。

A. OpenCV　　　　B. Caffe　　　　C. MxNet　　　　D. TensorFlow

2. 在 OpenCV 中，直方图所在的模块是(　　)。

A. Core　　　　B. highgui　　　　C. imgproc　　　　D. Feature2D

3. 在 OpenCV 中，纹理计算所在的模块是(　　)。

A. Core　　　　B. highgui　　　　C. imgproc　　　　D. Feature2D

4. 在 OpenCV 中，深度学习模型推理模块是(　　)。

A. Core　　　　B. highgui　　　　C. imgproc　　　　D. DNN

5. 在 PyTorch 中，梯度计算所在的模块是(　　)。

A. torch.utils　　B. torch.autograd　　C. torch.nn　　　D. torch.optim

6. 在 PyTorch 中，卷积核参数优化所在的模块是(　　)。

A. torch.utils　　B. torch.autograd　　C. torch.nn　　　D. torch.optim

7. 在 PyTorch 中，DataLoader 数据管理所在的模块是(　　)。

A. torch.utils　　B. torch.autograd　　C. torch.nn　　　D. torch.optim

8. 下列是深度学习框架的是(　　)。

A. PyTorch　　　　B. OpenCV　　　　C. PIL　　　　D. pandas

二、填空题

1. 如果定义了向量 x=torch.arange(10)，则执行 print(x)的输出是_____。

2. 如果定义了矩阵 a = torch.arange(6).reshape(3,2)，则执行 print(a.sum(axis=0))的输出是_____。

3. 对于一个 36×36 的灰度图像，使用如下卷积：

nn.Conv2d(in_channels=1,out_channels=6,kernel_size=5,stride=1)

运算后,输出的特征图的通道数是_____,分辨率是_____。

4. 对于输入特征图 $10 \times 36 \times 36$,使用如下池化:

$$\text{nn.MaxPool2d(kernel\_size} = 2, \text{stride} = 2)$$

运算后,输出的特征图是_____。

三、分析讨论题

1. 绘制 LeNet5 深度卷积神经网络结构。

2. 定义一个输入向量和一个权重向量,手动计算以交叉熵损失为函数对于权重向量的梯度,并使用 PyTorch 代码进行验证。

3. 解释说明:学习率、输入批量大小和动量值等基本概念。

4. 对于"基于 LeNet5 网络实现对磨粒图谱分类"的代码,修改训练周期、学习率等超参数,增加卷积层数,并通过收集一种图像分类数据,如花卉分类图像数据集、车辆分类图像数据集等,实现高精度的图像分类。

实　验

实验 1：基于传统图像处理方法的边缘检测

实验目的：

(1) 理解图像边缘检测的基本原理；

(2) 编程实现基本的图像边缘检测算法，显示图像边缘检测结果；

(3) 比较不同图像边缘检测算法的优劣，选取适宜的边缘检测方法。

实验要求：

(1) 至少选择 3 张不同边缘检测难度的图像，编程实现至少 3 种图像边缘检测算法对图像进行检测，要求包括 Canny 边缘检测和 Sobel 边缘检测；

(2) 比较不同边缘检测算法的计算耗时、不同参数下的边缘检测精度，展示检测效果；

(3) 比较分析不同图像边缘检测算法的优、缺点和适用场景。

实验环境：

(1) 使用 Python 或 C++ 编程语言；

(2) 使用机器视觉库 OpenCV 3.3 或以上版本。

提交作业：

(1) 基于传统图像处理方法的边缘检测实验报告；

(2) 代码及图像数据（可作为附件）。

实验 2：基于传统图像处理方法的图像分割

实验目的：

(1) 理解图像分割的基本原理；

(2) 编程实现基本的图像分割算法，显示图像分割结果；

(3) 比较不同图像分割算法的优劣，选取适宜的分割方法。

实验要求：

(1) 至少选择 3 张不同分割难度的图像，编程实现至少 3 种图像分割算法对图像进行分割，要求包括最大类间方差法和聚类算法；

(2) 比较不同分割算法的计算耗时、不同参数下的分割精度，展示分割效果；

(3) 比较分析不同图像分割算法的优、缺点和适用场景。

实验环境:

(1)使用 Python 或 C++ 编程语言;

(2)使用机器视觉库 OpenCV 3.3 或以上版本。

提交作业:

(1)基于传统图像处理方法的图像分割实验报告;

(2)代码及图像数据(可作为附件)。

实验 3:基于深度学习的图像分类

实验目的:

(1)熟悉卷积神经网络结构;

(2)理解卷积层、池化、全连接等典型运算;

(3)理解神经网络的学习过程;

(4)设计实现用于图像分类的深度卷积神经网络。

实验要求:

(1)对于磨粒图数据集,使用 LeNet5 或 VGG16 网络作为特征提取网络,进行分类实验,输出训练过程的 Loss 函数变化过程,以及在验证集上的测量精度;

(2)收集新数据并定义数据集,使用 LeNet5 或 VGG16 网络作为特征提取网络,进行分类实验,输出训练过程的 Loss 函数变化过程,以及在验证集上的测量精度;

(3)对网络结构进行修改,如增加或减少卷积层数,修改超参数,分析对分类结果的影响。

实验环境:

(1)使用 Python 或 C++ 编程语言;

(2)使用机器视觉库 OpenCV 3.3 或以上版本;

(3)使用 PyTorch、MindSpore 或 TensorFlow 深度学习框架。

提交作业:

(1)基于深度卷积神经网络的图像分类实验报告;

(2)代码及图像数据(可作为附件)。

实验 4:基于深度学习的目标检测

实验目的:

(1)理解深度卷积神经网络中目标检测方法;

(2)设计实现用于目标检测的深度卷积神经网络。

实验要求:

(1)收集数据并定义数据集,使用 LeNet5、VGG16、ResNet50、ResNet101 任意一个网络作为特征提取网络,结合 SSD 或 RPN 网络实现目标检测,输出训练过程的 Loss 函数变化过程,以及在验证集上的测量精度;

（2）对网络结构进行修改，如增加或减少卷积层数，修改超参数，分析对目标检测精度的影响；

（3）修改参数优化方法，或更改学习率等，观察训练过程中 Loss 的变化。

实验环境：

（1）使用 Python 或 C++ 编程语言；

（2）使用机器视觉库 OpenCV 3.3 或以上版本；

（3）使用 PyTorch、MindSpore 或 TensorFlow 深度学习框架。

提交作业：

（1）基于深度卷积神经网络的目标检测实验报告；

（2）代码及图像数据（可作为附件）。

参 考 文 献

1. 网络资料

[1] PyTorch 教程,https://pytorch.org/tutorials/.

[2] TensorFlow 教程,https://tensorflow.google.cn/guide/? hl=zh-CN.

[3] MindSpore 教程,https://www.mindspore.cn/tutorials/zh-CN/r1.5/index.html.

[4] LeNet5 代码,https://www.cnblogs.com/lokvahkoor/p/12240599.html.

2. 参考标准

[1] NB/T 47013—2015《承压设备无损检测》

[2] SY/T 4109—2013《石油天然气钢质管道无损检测》

3. 参考书籍

[1] GONZALEZ C,等. 数字图像处理[M]. 3 版. 北京:电子工业出版社,2017.

[2] 杨其明. 磨粒分析——磨粒图谱与铁谱技术[M]. 北京:中国铁道出版社,2002.

[3] 钟秉林,黄仁. 机械故障诊断学[M]. 北京:机械工业出版社,1997.

[4] 丁士圻. 人工神经网络基础[M]. 哈尔滨:哈尔滨工程大学出版社,2008.

4. 学位论文

[1] 许可. 卷积神经网络在图像识别上的应用的研究[D]. 杭州:浙江大学,2012.

[2] 丁杰. 嵌入式深度神经网络的模型压缩与前向加速技术研究[D]. 合肥:中国科学技术大学,2018.

[3] 康帅. 基于 Mask R-CNN 的天车挂钩安全检测系统研究[D]. 北京:北京科技大学,2020.

[4] 刘靖谊. 基于深度学习的 X 射线底片缺陷辅助检测系统[D]. 北京:北京科技大学,2020.

[5] 魏书琪. 钢铁制造流程中基于深度卷积神经网络的工业字符识别[D]. 北京:北京科技大学,2019.

[6] 陈新坂. 基于图像识别的钢板缺陷检测系统[D]. 北京:北京科技大学,2019.

[7] 高丽园. 基于深度学习框架 Caffe 的磨粒识别研究[D]. 北京:北京科技大学,2018.

[8] 黄蓉. 基于图像处理技术的磨粒图识别研究[D]. 北京:北京科技大学,2018.

[9] 王维绅. CTOD 试验材料断裂面的图像测量系统研究[D]. 北京:北京科技大学,2017.

[10] 熊慧江. 基于机器视觉的表面缺陷检测方法研究[D]. 哈尔滨:哈尔滨工业大学,2014.

[11] 张明星. X 射线钢管焊缝缺陷的图像处理与识别技术研究[D]. 成都:电子科技大学,2015.

[12] 黄晔. 基于 BP 神经网络的焊缝缺陷建模及其识别算法研究[D]. 西安:西安石油大学,2016.

[13] 郭延龙. 焊缝 X 射线图像缺陷检测技术研究[D]. 上海:华东理工大学,2012.

5. 会议论文

[1] 袁成清,李健,韦习成,等.图像数字化处理系统在铁谱技术中的应用[C].摩擦学及表面工程学术会议,1999.

[2] XIE Y. On the Systems Engineering of Tribo-Systems[C]. Proc of IST93,1993.

[3] SZEGEDY C,LIU W,JIA Y,et al. Going Deeper with Convolutions[C]. Computer Vision and Pattern Recognition,2014.

[4] KAREN S,ANDREW Z. Very Deep Convolutional Networks for Large-Scale Image Recognition[C]. Computer Vision and Pattern Recognition,2014.

[5] STRIGL D,KOFLER K,PODLIPNIG S. Performance and Scalability of GPU-Based Convolutional

Neural Networks[C]. Euromicro International Conference on Parallel, Distributed and Network-Based Processing. IEEE,2010.

[6] REN S, HE K, GIRSHICK R, et al. Faster R-CNN: Towards Real-Time Object Detection with Region Proposal Networks[C]. International Conference on Neural Information Processing Systems. MIT Press,2015.

[7] SERMANET P, EIGEN D, ZHANG X, et al. OverFeat: Integrated Recognition, Localization and Detection Using Convolutional Networks[C]. In ICLR,2014.

[8] SCHULDT C, LAPTEV I, CAPUTO B. Recognizing Human Actions: A Local SVM Approach[C]. International Conference on Pattern Recognition. IEEE,2004.

[9] DEHAK N, CHOLLET G. Support Vector Gmms for Speaker Verification[C]. Speaker and Language Recognition Workshop. IEEE Odyssey 2006.

[10] WOO S, PARK J, LEE J Y, et al. CBAM: Convolutional Block Attention Module[C]. Proceedings of the European Conference on Computer Vision (ECCV),2018.

6. 期刊论文

[1] STAEHOWIAK G, W. Numerical characterization of wear particles morphology and angularity of particles and surfaces[J]. Tribology International,1998(31): 139-157.

[2] PENG Z, KIRK T B Wear Computer image analysis of wear particles in three-dimensions for machine condition monitoring[J]. Wear,1998(223): 157-166.

[3] PENG Z X. An integrated intelligence system for wear debris analysis[J]. Wear, 2002 (252): 730-743.

[4] THOMAS, A D H, DAVIES T, LUXMOORE A R. Computer image analysis for identification of wear particles[J]. Wear,1991(142): 213-226.

[5] XU K, LUXMOORE A R, JONES L M, et al. Integration of neural networks and expert systems for microscopic wear particle analysis[J]. Knowledge-Based Systems,1998,11(3-4): 213-227.

[6] LECUN Y, BOSER B, DENKER J, et al. Backpropagation Applied to Handwritten Zip Code Recognition[J]. Neural Computation,2014,1(4): 541-551.

[7] HINTON G E, OSINDERO S, TEH Y W. A fast learning algorithm for deep belief nets [J]. Neural Computation,2006,18(7): 1527-1554.

[8] HINTON G E, SALAKHUTDINOV R R. Reducing the dimensionality of data with neural networks[J]. Science,2015,313(5786): 504-507.

[9] KRIZHEVSKY A, SUTSKEVER I, HINTON G E. Image Net Classification with Deep Convolutional Neural Networks[J]. Advances in Neural Information Processing Systems,2012,25 (2): 2012.

[10] LIN M, CHEN Q, YAN S. Network in network[J]. arXiv preprint arXiv,2013,(1312): 4400.

[11] DONG C, CHEN C L, HE K, et al. Image Super-Resolution Using Deep Convolutional Networks [J]. IEEE Transactions on Pattern Analysis & Machine Intelligence,2016,38(2): 295-307.

[12] RUSSAKOVSKY O, DENG J, SU H, et al. ImageNet Large Scale Visual Recognition Challenge [J]. International Journal of Computer Vision,2015,115(3): 211-252.

[13] PAUPLIN O, JIANG J. DBN-based structural learning and optimization for automated handwritten character recognition[J]. Pattern Recognition Letters,2012,33(6): 685-692.

[14] RAVYSE I, JIANG D, JIANG X, et al. DBN Based Models for Audio-Visual Speech Analysis and

Recognition[C]. Advances in Multimedia Information Processing-PCM,2006.

[15] FUKUSHIMA K. Neocognitron：A hierarchical neural network capable of visual pattern recognition[J]. Neural Networks,1988,1(2)：119-130.

[16] FUKUSHIMA K. Analysis of the process of visual pattern recognition by the neocognitron[J]. Neural Networks,1989,2(6)：413-420.

[17] Hecht-Nielsen, Robert. Theory of the backpropagation neural network[J]. Neural Networks,1988, 1(1)：65-93.

[18] PARK J,WOO S,LEE J Y,et al. BAM：Bottleneck Attention Module[J]. arXiv：1807. 06514,2018.

[19] SHAO J,DU D,CHANG B,et al. Automatic weld defect detection based on potential defect tracking in real-time radiographic image sequence[J]. Ndt & E International,2012,46(1)：14-21.

[20] LI Q,ZHAO T,ZHANG L,et al. Ferrograghy Wear Particles Image Recognition Based on Extreme Learning Machine[J]. Journal of Electrical and Computer Engineering,2017,2017(2)：1-6.

[21] 陈翠平. 基于深度信念网络的文本分类算法[J]. 计算机系统应用,2015,24,(2)：121-126.

[22] 柴瑞敏,曹振基. 基于改进的稀疏深度信念网络的人脸识别方法[J]. 计算机应用研究,2015,32 (7)：2179-2183.

[23] 李彦冬,郝宗波,雷航. 卷积神经网络研究综述[J]. 计算机应用,2016,36(9)：2508-2515.

[24] 李旭冬,叶茂,李涛. 基于卷积神经网络的目标检测研究综述[J]. 计算机应用研究,2017,34(10)：2881-2886.

[25] 王俊涛,宋永伦,朱铮涛,等. 铝合金焊缝 X 射线底片智能评定技术[J]. 现代制造工程,2003(4)：55-57.

[26] 孙怡,孙洪雨,白鹏,等. X 射线焊缝图像中缺陷的实时检测方法[J]. 焊接学报,2004,25(2)：115-118.

[27] 徐伟,詹英. 分析压力管道的无损检测技术[J]. 低碳世界,2018(12)：326-327.

[28] 周伟,余华民. 图像处理和模式识别技术在焊缝射线检验中的应用[J]. 无损探伤,1990(5)：1-6.

[29] 董家顺,王兴东,李殿杰,等. 基于改进 K-Means 算法的钢管表面缺陷视觉检测方法[J]. 武汉科技大学学报,2020,43(6)：439-446.

[30] 熊皋,孔宪梅,汪家道,等.可共享的磨粒识别及磨损诊断系统[J].机械科学与技术,2002,21(3)：421-423.

[31] 汪家道,孔宪梅,等.节点自删除神经网络及其在磨粒识别中的应用[J]. 清华大学学报(自然科学版),1998,38(4)：42-46.

[32] 左洪福,吴振锋,杨忠. 双 BP 神经网络在磨损颗粒自动识别中的应用[J]. 航空学报,2001,21(4)：372-375.

[33] 李艳军,左洪福,等. 基于磨粒显微形态分析的发动机磨损状态监测与故障诊断技术[J]. 应用基础与工程科学学报,2002,8(4)：431-437.

[34] 李艳军,罗锋. 基于神经网络信息融合的发动机磨损磨粒识别[J]. 润滑与密封,2009,34(4)：31-34.

[35] 柏子游,张勇,虞烈. 一种彩色图像的色彩分割方法[J]. 模式识别与人工智能,1999,(2)：241-244.

[36] 吴明赞,陈淑燕,陈森发,等. 基于粗集—神经网络的磨粒模式识别[J]. 摩擦学学报,2002,22(3)：235-237.

[37] 周新聪,萧汗梁,严新平,等. 一种新的磨粒图像特征参数[J]. 摩擦学学报,2002,22(2)：138-141.

[38] 王伟华,殷勇辉,王成焘. 基于径向基函数神经网络的磨粒识别系统[J]. 摩擦学学报,2003,23(4)：

77-80.

[39] 陈桂明,谢友柏,江良洲. 图像颜色特征提取在铁谱图像分类及磨粒识别中的应用研究[J]. 中国机械工程,2006,17(15):1576-1580.

[40] 孙志军,薛磊,许阳明,等. 深度学习研究综述[J]. 计算机应用研究,2012,29(8):2806-2810.

[41] 刘混举,徐世平. 基于油液分析状态监测的预知维修方法[J]. 矿山机械,1996(6):46-47.

[42] 刘晋冀,刘混举. 武王焖油液分析状态监测技术及其应用[J]. 山西机械,2000(4):3-6.

[43] 赵荣华. 有关冶金轧钢设备润滑的问题研究[J]. 科技与企业,2013(13):357-358.